市政专业高职高专系列教材

Shizheng Gongcheng Shigong Ziliao Guanli

市政工程施工资料管理

杨仲元　王云江　主编

中国建筑工业出版社

图书在版编目（CIP）数据

市政工程施工资料管理/杨仲元，王云江主编．—北京：中国建筑工业出版社，2012.5（2023.6重印）

（市政专业高职高专系列教材）

ISBN 978-7-112-14129-6

Ⅰ.①市… Ⅱ.①杨… ②王… Ⅲ.①市政工程-工程施工-资料管理 Ⅳ.①TU99

中国版本图书馆CIP数据核字（2012）第042104号

本书的主要内容包括市政工程施工资料认知、市政工程施工资料分类、市政道路工程施工资料编制、市政排水工程施工资料编制、市政桥梁工程施工资料编制、市政工程施工资料归档、施工资料编制软件应用等七部分。全书内容注重吸收最新的施工资料编制规范，紧密结合工程实际，重点突出，便于教与学。

本书适用于高职高专市政工程专业的学生及相关专业的技术人员、管理人员、资料员、监理员和质量监督管理人员使用，同时也可以作为成人高校相应专业的继续教学与职业培训教材。

* * *

责任编辑：李玲洁 王 磊 田启铭

责任设计：张 虹

责任校对：刘梦然 陈晶晶

市政专业高职高专系列教材

Shizheng Gongcheng Shigong Ziliao Guanli

市政工程施工资料管理

杨仲元 王云江 主编

*

中国建筑工业出版社出版、发行（北京西郊百万庄）

各地新华书店、建筑书店经销

北京红光制版公司制版

建工社（河北）印刷有限公司印刷

*

开本：787×1092毫米 1/16 印张：17¼ 字数：426千字

2012年8月第一版 2023年6月第九次印刷

定价：**36.00**元

ISBN 978-7-112-14129-6

（22124）

前　言

随着城市建设的蓬勃发展，社会公众对市政基础设施工程的关注度及对工程质量、服务水平的要求也越来越高。为了加强市政工程施工资料的规范化管理、提高工程质量和企业的管理水平，建设部于2002年9月5日颁布了《市政基础设施工程施工技术文件管理规定》，从2002年9月起在全国正式施行。

市政工程施工资料是工程项目施工全过程技术管理和工程实体质量的真实记录，是为施工项目的质量、安全目标、进度目标、成本目标和文明施工目标等项目目标的动态控制。市政工程施工资料管理必须按统一规定表格格式填写在施工过程中所做的文字记录、图纸、表格、音像等应当归档的资料，提供工程的检查、验收、管理、使用、维护、改建和扩建的依据。

为了拓宽市政高职生的知识面，提高资料员的职业核心岗位能力，有利于学生掌握工程施工全过程的施工资料编制与管理，编者结合长期的工程经验和教学规律，编写了《市政工程施工资料管理》教材。同时，本书注重实用，力求系统地反映施工资料管理工作的编制规范，重点展示了道路工程、桥梁工程和排水工程的施工技术资料整理案例，具有真实性、示范性和可操作性。

本书包括市政工程施工资料认知、市政工程施工资料分类、市政道路工程施工资料编制、市政排水工程施工资料编制、市政桥梁工程施工资料编制、市政工程施工资料归档、施工资料编制软件应用等七个部分。

参加本书编写工作的有浙江交通职业技术学院杨仲元（项目1、项目2、项目3），浙江建设职业技术学院高颖（项目4），浙江建设职业技术学院王云江（项目5），宁夏建筑职业技术学院马精凭（项目6），杭州品茗科技有限公司俞琦莺（项目7）。本书的主编为杨仲元和王云江，副主编为高颖和马精凭，主审为重庆交通大学敬洪群和黑龙江建设职业技术学院王晶。

本书还参考了书后所附参考文献的部分内容，在此向作者表示衷心感谢。

由于编者水平所限，书中不足之处在所难免，谨请广大读者批评指正。

编　者

2012年4月

目　　录

绪　论

一、市政工程资料概述

1. 市政工程的定义

市政工程包括市政工程设施、公用事业基础设施、市容和环境卫生等。其中，市政工程设施包括城市规划范围内的道路、桥梁、下水道、排水管渠、隧道、防洪、污水处理厂(站)、广场和城市照明灯等设施。公用事业基础设施包括供水、供气、供热、公共交通(公共汽车、电车、地铁、轻轨、索道缆车等）等。市容和环境卫生包括市容市貌的设施建设、维护和管理等。

(1) 城市道路

城市道路是城市组织生产、安排生活必需的车辆、行人交通来往的道路，是联系城市中心区、工业区、生活居住区、对外交通枢纽以及文化教育，休息设施和风景游览场所等，并与市郊公路贯通的交通纽带。城市道路可分为快速路、主干路、次干路和支路。

(2) 桥梁

桥梁是城市交通基础设施中的一个重要组成部分，是城市道路的节点，是道路跨越江河及其他道路等天然或人工障碍的延伸。城市桥梁既是工程设施，又是艺术品，可为城市风貌增添光彩、美化城市。

(3) 城市排水

城市排水是城市排水系统方式的总称。城市排水系统是由收集、输送、处理和排放城市污水和雨水的工程设施组成的总体。

排水设施是收集、接纳、输送、处理、处置及利用城市污水和雨水的设施的总称。包括接纳、输送城市污水的管网、沟渠、河道、泵站、起调蓄功能的湖、河、塘以及污水处理厂和处置污泥的相关设施。

(4) 城市供水

城市供水是将原水经由净配水厂处理后，由城市给水管网系统输送到用户。其中，净配水厂内的主要设施有沉淀池、清水池、滤池、加药间、送水泵房以及附属设施等，将原水经过混凝、沉淀、过滤、消毒后送到供水管网。管网系统主要由输水管道、加压泵站、阀门和计量装置组成。

(5) 污水处理厂

污水处理厂是城市某一区域内的城市污水通过排水管道集中于一个或几个处所，并利用由各种处理单元组成的污水处理系统进行净化处理，最终使处理后的污水和污泥达到规定要求后排放水体或再利用的生产场所。

污水处理厂的设施有格栅、泵阀、沉淀池、曝气池、沉淀池、污泥浓缩池、消化池以及附属设施等。

污水处理厂处理方法有物理处理方法、化学处理方法、生物处理方法三种。

(6) 隧道

隧道是用作通道的周围被土封闭的工程建筑物。隧道是由主体建筑物和附属设施组成。前者主要包括洞身衬砌和洞门，后者主要包括通风、电力照明、防排水、安全设备和管理用房等。

(7) 城市广场

城市广场是指占有城市广阔空间的露天的场地，是市民集会庆典、观光旅游、贸易展览、休息娱乐、交通往来的场所，广场还具有美化绿化城市环境、缓解人群拥堵、安全防火、防灾避难以及提供群众活动场所等多项功能。

(8) 供气和供热

城市供气和供热是指一个或多个气（热）源通过管网以一定标准向城镇或其中某些区域工商业和居民用户供气与供热。

2. 市政工程文件的定义

市政工程文件是指在施工准备阶段、施工阶段、施工试验、竣工阶段等工程建设过程中形成的各种形式的信息记录。根据收集、整理单位和资料类别的不同，市政工程资料可划分为以下5种类型的文件资料：

A类：基建文件；

B类：监理资料；

C类：施工资料；

D类：竣工图及竣工资料；

E类：工程资料组卷。

基建文件是指在工程开工以前，在立项、审批、征地、勘察、设计、招投标等工程准备阶段形成的文件；监理文件是指监理单位在工程设计、施工等监理过程中形成的文件；施工文件是指施工单位在工程施工过程中形成的文件；竣工图是指在工程竣工验收后，真实反映建设工程项目施工结果的图样；竣工验收文件是指在建设工程项目竣工验收活动中形成的文件。

3. 市政工程施工资料的定义

市政工程施工资料是指在工程施工过程中，施工单位执行工程建设强制性标准和国家、地方有关规定而填写、收集、整理的文字记录、图纸、表格、音像材料等必须归档保存的文件。

二、市政工程施工资料管理的目的与意义

市政工程资料是对工程建设项目实施全过程进行检查、验收、质量评定、维修管理的依据，是城市建设档案的重要组成部分。

市政工程施工资料是工程资料的客观见证。工程实体在形成过程中应有相应的各类资料作为见证。管理好施工资料，能满足工程建设竣工验收的需要、建设资源开发利用的需要、城镇规范化建设的需要。

市政工程施工资料管理主要面向市政工程资料员的工作岗位，在市政工程建设过程中如何形成各种形色的记录，并按一定原则分类、组卷、归档，为城市基础设施新建、扩建、改建、维修、管理提供详实的重要依据。

为了加强市政工程施工资料的规范管理，使其真实反映工程实体质量和管理水平，主要根据《中华人民共和国建筑法》、《建设工程质量管理条例》、《市政基础设施工程施工技术文件管理规定》等法律法规，编制与归档工程建设过程中的各类资料。

三、市政工程施工资料的编制依据

市政工程施工资料的编制依据是《中华人民共和国建筑法》、《建设工程计量管理条例》、《城市建设档案管理规定》及其他有关规范和标准。具体相关规范和标准包括如下：

（1）《市政基础设施工程施工技术文件管理规定》（城建［2002］221号）；

（2）《城镇道路工程施工与质量验收规范》（CJJ 1—2008）；

（3）《城市桥梁工程施工与质量验收规范》（CJJ 2—2008）；

（4）《给水排水管道工程施工及验收规范》（GB 50268—2008）；

（5）《给水排水构筑物工程施工及验收规范》（GB 50141—2008）；

（6）《城镇供热管网工程施工及验收规范》（CJJ 28—2004）；

（7）《城镇燃气输配工程施工及验收规范》（CJJ 33—2005）。

项目1 市政工程施工资料认知

知识目标

1. 掌握施工资料的内容；
2. 能够叙述施工资料管理职责；
3. 掌握施工资料的组卷方法和要求。

任务1 施工资料内容编制

一、施工组织设计

施工单位在施工前，必须编制施工组织设计；大中型的工程应根据施工组织总设计编制分部位、分阶段的施工组织设计。

施工组织设计必须经上一级技术负责人进行审批加盖公章方为有效，并须填写施工组织设计审批表（合同另有规定的，按合同要求办理）。在施工过程中发生变更时，应有变更审批手续。

施工组织设计应包括下列主要内容：

（1）工程概况：工程规模、工程特点、工期要求、参建单位等。

（2）施工平面布置图。

（3）施工部署与管理体系：施工阶段、区划安排；进度计划及工、料、机、运计划表和组织机构设置。组织机构中应明确项目经理、技术责任人、施工管理负责人及其他部门主要责任人。

（4）质量目标设计：质量总目标、分项质量目标、实现质量目标的主要措施、办法及工序、部位，单位工程技术人员名单。

（5）施工方法及技术措施，包括冬、雨期施工措施及采用的新技术、新工艺、新材料、新设备等。

（6）安全措施。

（7）文明施工措施。

（8）环保措施。

（9）节能、降耗措施。

（10）模板及支架、地下沟槽基坑支护、降水、施工便桥便线、构筑物顶进、推进、沉井、软基处理、预应力钢筋张拉工艺、大型构件吊运、混凝土浇筑、设备安装、管道吹洗等专项设计。

二、施工图设计文件会审、技术交底

工程开工前，应由建设单位组织有关单位对施工图设计文件进行会审，并按单位工程填写施工图设计文件会审记录。设计单位应按施工程序或需要进行设计交底，设计交底应

包括设计依据、设计要点、补充说明、注意事项等，并做交底纪要。施工单位应在施工前进行施工技术交底。施工技术交底包括施工组织设计交底及工序施工交底，各种交底的文字记录，应有交底双方签认手续。

三、原材料、成品、半成品、构配件、设备合格证书与检验报告

1. 一般规定

（1）必须有出厂质量合格证书和出厂检（试）验报告，并归入施工资料。

（2）合格证书、检（试）验报告为复印件的必须加盖供货单位印章方为有效，并注明使用工程名称、规格、数量、进场日期、经办人签名及原件存放地点。

（3）凡使用的新技术、新工艺、新材料、新设备，应有法定单位鉴定证明和生产许可证，产品要有质量标准、使用说明和工艺要求。使用前应按其质量标准进行检（试）验。

（4）进入施工现场的原材料、成品、半成品、构配件，在使用前必须按现行国家有关标准的规定抽取试样，交由具有相应资质的检测、试验机构进行复试，复试结果合格方可使用。

（5）对按国家规定只提供技术参数的测试报告，应由使用单位的技术负责人依据有关技术标准对技术参数进行判别并签字认可。

（6）进场材料凡复试不合格的，应按原标准规定的要求再次进行复试，再次复试的结果合格方可认为该批材料合格，两次报告必须同时归入施工资料。

（7）必须按有关规定实行有见证取样和送检制度，其记录、汇总表纳入施工技术文件。

（8）总含碱量有要求的地区、应对混凝土使用的水泥、砂、石、外加剂、掺合料等的含碱量进行检测，并按规定要求将报告纳入施工资料。

2. 水泥

（1）水泥生产厂家的检（试）验报告应包括后补的28天强度报告。

（2）水泥使用前复试的主要项目为：胶砂强度、凝结时间、安定性、细度等。试验报告应有明确结论。

3. 钢材（钢筋、钢板、型钢）

（1）钢材使用前应按有关标准的规定，抽取试样做力学性能试验；当发现钢筋脆断，焊接性能不良或力学性能显著不正常等现象时，应对该批钢材进行化学成分检验或其他专项检验；如需焊接时，还应做可焊接性试验，并分别提供相应的试验报告。

（2）预应力混凝土所用的高强钢丝、钢绞线等张拉钢材，除按上述要求检验外，还应按有关规定进行外观检查。

（3）钢材检（试）验报告的项目应填写齐全，要有试验结论。

4. 沥青

沥青使用前复试的主要项目为：延度、针入度、软化点、老化、粘附性等（视不同的道路等级而定）。

5. 涂料

防火涂料应具消防主管部门的认定证明材料。

6. 焊接材料

应有焊接材料与母材的可焊性试验报告。

7. 砌块（砖，料石、预制块等）

用于承重结构时，使用前复试项目为：抗压、抗折强度。

8. 砂、石

工程所使用的砂、石应按规定批量取样进行试验。试验项目一般有：筛分析、表观密度、堆积密度和紧密密度、含泥量、泥块含量、针状和片状颗粒的总含量等。结构或设计有特殊要求时，还应按要求加做压碎指标值等相应项目试验。

9. 混凝土外加剂、掺合料

各种类型的混凝土外加剂、掺合料使用前，应按规定中的要求进行现场复试并出具试验报告和掺量配合比试配单。

10. 防水材料及粘结材料

防水卷材、涂料，填缝、密封、粘结材料，沥青玛琋脂、环氧树脂等应按国家相关规定进行抽样试验，并出具试验报告。

11. 防腐、保温材料

其出厂质量合格证书应标明该产品质量指标、使用性能。

12. 石灰

石灰在使用前应按批次取样，检测石灰的氧化钙和氧化镁含量。

13. 水泥、石灰、粉煤灰类混合料

（1）混合料的生产单位按规定，提供产品出厂质量合格证书。

（2）连续供料时，生产单位出具合格证书的有效期最长不得超过7天。

14. 沥青混合料

沥青混合料生产单位应按同类型、同配比，每批次至少向施工单位提供一份产品质量合格证书。连续生产时，每2000t提供一次。

15. 商品混凝土

（1）商品混凝土生产单位应按同配比、同批次、同强度等级提供出厂质量合格证书。

（2）总含碱量有要求的地区，应提供混凝土碱含量报告。

16. 管材、管件、设备、配件

（1）厂（场）、站工程成套设备应有产品质量合格证书、设备安装使用说明等。工程竣工后整理归档。

（2）厂（场）、站工程的其他专业设备及电气安装的材料、设备、产品按现行国家或行业相关规范、规程、标准要求进行进场检查、验收，并留有相应文字记录。

（3）上述（1）、（2）两项供应厂家应提供相关的检测报告。

（4）进口设备必须配有相关内容的中文资料。

（5）混凝土管、金属管生产厂家应提供有关的强度、严密性、无损探伤的检测报告。施工单位应依照有关标准进行检查验收。

17. 预应力混凝土张拉材料

（1）应有预应力锚具、连接器、夹片、金属波纹管等材料的出厂检（试）验报告及复试报告。

（2）设计或规范有要求的桥梁预应力锚具，锚具生产厂家及施工单位应提供锚具组装件的静载锚固性能试验报告。

18. 混凝土预制构件

(1) 钢筋混凝土及预应力混凝土梁、板、墩、柱、挡墙板等预制构件生产厂家，应提供相应的能够证明产品质量的基本质量保证资料。如：钢筋原材复试报告、焊（连）接检验报告；达到设计强度值的混凝土强度报告（含28天标准养护及同条件养护的）；预应力材料及设备的检验、标定和张拉资料等。

(2) 一般混凝土预制构件如栏杆、地袱、挂板、防撞墩、小型盖板、检查井盖板、过梁、缘石（侧石）、平石、方砖、树池砌件等，生产厂家应提供出厂合格证书。

(3) 施工单位应依照有关标准进行检查验收。

19. 钢结构构件

(1) 作为主体结构使用的钢结构构件，生产厂家应依照本规定提供相应的能够证明产品质量的基本质量保证资料。如：钢材的复试报告、可焊性试验报告；焊接（缝）质量检验报告；连接件的检验报告；机械连接记录等。

(2) 施工单位应依照有关标准进行检查验收。

20. 井圈、井盖、踏步等

各种地下管线的各类井室的井圈、井盖、踏步等，应有生产单位出具的质量合格证书。

21. 支座、变形装置、止水带等

支座、变形装置、止水带等产品应有出厂质量合格证书和设计有要求的复试报告。

四、施工检（试）验报告

凡有见证取样及送检要求的，应有见证记录、有见证试验汇总表。

1. 压实度（密度）、强度试验资料

(1) 填土、路床压实度（密度）资料。

1) 按土质种类做的最大干密度与最优含水量试验报告。

2) 按质量标准分层、分段取样的填土压实度试验记录。

(2) 道路基层压实度和强度试验资料。

1) 石灰类、水泥类、二灰类等无机混合料基层的标准击实试验报告。

2) 有按质量标准分层分段取样的压实度试验记录。

3) 道路基层强度试验报告。

①石灰类、水泥类、二灰类等无机混合料应有石灰、水泥实际剂量的检测报告。

②石灰、水泥等无机稳定土类道路基层应有7天龄期的无侧限抗压强度试验报告。

③其他基层强度试验报告。

(3) 道路面层压实度资料。

1) 有沥青混合料厂提供的标准密度。

2) 有按质量标准分层取样的实测干密度。

3) 有路面弯沉试验报告。

2. 水泥混凝土抗压、抗折强度、抗渗、抗冻性能试验资料

(1) 应有试配申请单和有相应资质的试验室签发的配合比通知单。施工中如果材料发生变化时，应有修改配合比的通知单。

(2) 应有按规范规定组数的试块强度试验资料和汇总表。

1）标准养护试块28天抗压强度试验报告。

2）水泥混凝土桥面和路面应有28天标准养护的抗压、抗折强度试验报告。

3）结构混凝土应有同条件养护试块抗压强度试验报告作为拆模、卸支架、预应力张位、构件吊运、施加临时荷载等的依据。

4）冬期施工混凝土，应有检验混凝土抗冻性能的同条件养护试块抗压强度试验报告。

5）主体结构，应有同条件养护试块抗压强度试验报告，以验证结构物实体强度。

6）当强度未能达到设计要求而采取实物钻芯取样试压时，应同时提供钻芯试压报告和原标准养护试块抗压强度试验报告。如果混凝土钻芯取样试压强度仍达不到设计要求时，应由设计单位提供经设计负责人签署并加盖单位公章的处理意见资料。

（3）凡设计有抗渗、抗冻性能要求的混凝土，除应有抗压强度试验报告外，还应有按规范规定组数标准养护试块的抗渗、抗冻试验报告。

（4）商品混凝土应以现场制作的标准养护28天的试块抗压、抗折、抗渗、抗冻指标作为评定的依据，并应在相应试验报告上标明商品混凝土生产单位名称、合同编号。

（5）应有按现行国家标准进行的强度统计评定资料（水泥混凝土路面、桥面要有抗折强度评定资料）。

3. 砂浆试块强度试验资料

（1）有砂浆试配申请单、配比通知单和强度试验报告。

（2）预应力孔道压浆每一工作班留取不少于三组的7.07cm×7.07cm×7.07cm试件、其中一组作为标准养护28天的强度资料，其余两组作为移运和吊装时强度参考值资料。

（3）有按规定要求的强度统计评定资料。

（4）使用沥青玛琋脂、环氧树脂砂浆等粘结材料，应有配合比通知单和试验报告。

4. 钢筋焊、连接检（试）验资料

（1）钢筋连接接头采用焊接方式或采用锥螺纹、套管等机械连接接头方式的，均应按有关规定进行现场条件下连接性能试验，留取试验报告。报告必须对抗弯、抗拉试验结果有明确结论。

（2）试验所用的焊（连）接试件，应从外观检查合格后的成品中切取，数量要满足国家现行规范规定。试验报告后应附有效的焊工上岗证复印件。

（3）委托外加工的钢筋，其加工单位应向委托单位提供质量合格证书。

5. 其他试（检）验资料

（1）钢结构、钢管道、金属容器等及其他设备焊接检（试）验资料应按国家相关规范执行。

（2）桩基础应按有关规定，做检（试）验并出具报告。

（3）检（试）验报告应由具相应资质的检测、试验机构出具。

五、施工记录

1. 地基与基槽验收记录

（1）地基与基槽验收时，应按下列要求进行记录。

1）核对其位置、平面尺寸、基底标高等内容是否符合设计规定。

2）核对基底的土质和地下水情况是否与勘察报告相一致。

3）对于深基础，还应检查基坑对附近建筑物、道路、管线等是否存在不利影响。

（2）地基需处理时，应由设计、勘察部门提出处理意见，并绘制处理的部位、尺寸、标高等示意图。处理后，应按有关规范和设计的要求，重新组织验收。一般基槽验收记录可用隐蔽工程验收记录代替。

2. 桩基施工记录

（1）桩基施工记录应附有桩位平面示意图。分包桩基施工的单位应将施工记录全部移交给总包单位。

（2）打桩记录。

1）有试桩要求的应有试桩或试验记录。

2）打桩记录应记入桩的锤击数、贯入度、打桩过程中出现的异常情况等。

（3）钻孔（挖孔）灌注桩记录。

1）钻孔桩（挖孔桩）钻进记录。

2）成孔质量检查记录。

3）桩混凝土灌注记录。

3. 构件、设备安装与调试记录

（1）钢筋混凝土大型预制构件、钢结构等吊装记录，内容包括构件类别、编号、型号、位置、连接方法、实际安装偏差等，并附简图。

（2）厂（场）、站，工程大型设备安装调试记录，内容包括：

1）设备安装设计文件；

2）设备安装记录：设备名称、编号、型号、安装位置、简图、连接方法、允许安装偏差和实际偏差等，特种设备的安装记录还应符合有关部门及行业规范的规定；

3）设备调试记录。

4. 施加预应力记录

（1）预应力张拉设计数据和理论张拉伸长值计算资料。

（2）预应力张拉原始记录。

（3）预应力张拉设备——油泵、千斤顶、压力表等应有由法定计量检测单位进行校验的报告和张拉设备配套标定的报告并绘有相应的P-T曲线。

（4）预应力孔道灌浆记录。

（5）预留孔道实际摩阻值的测定报告书。

（6）孔位示意图、其孔（束）号、构件编号与张拉原始记录一致。

5. 沉井下沉观测记录

沉井下沉时，应填写沉井下沉观测记录。

6. 混凝土浇筑记录

现场浇筑C20（含）强度等级以上的结构混凝土，均应填写混凝土浇筑记录。

7. 管道、箱涵顶推进记录

8. 构筑物沉降观测记录（设计有要求的要做沉降观测记录）

9. 施工测温记录

10. 有特殊要求的工程的施工记录

其他有特殊要求的工程，如厂（场）、站工程的水工构筑物及防水、钢结构及管道工程的保温等工程项目，应按有关规定及设计要求，提供相应的施工记录。

六、测量复核及预检记录

1. 测量复核记录

（1）施工前建设单位应组织有关单位向施工单位进行现场交桩。施工单位应根据交桩记录进行测量复核并留有记录。

（2）施工设置的临时水准点、轴线桩及构筑物施工的定位桩、高程桩的测量复核记录。

（3）部位、工序的测量复核记录。

（4）应在复核记录中绘制施工测量示意图，标注测量与复核的数据及结论。

2. 预检记录

（1）主要结构的模板预检记录，包括几何尺寸、轴线、标高、预埋件和预留孔位置、模板牢固性和模内清理、清理口留置、脱模剂涂刷等检查情况。

（2）大型构件和设备安装前的预检记录应有预埋件、预留孔位置、高程、规格等检查情况。

（3）设备安装的位置检查情况。

（4）非隐蔽管道工程的安装检查情况。

（5）补偿器预拉情况、补偿器的安装情况。

（6）支（吊）架的位置、各部位的连接方式等检查情况。

（7）油漆工程。

七、隐蔽工程检查验收记录

凡被下道工序、部位所隐蔽的，在隐蔽前必须进行质量检查，并填写隐蔽工程检查验收记录。隐蔽检查的内容应具体，结论应明确。验收手续应及时办理，不得后补。需复验的要办理复验手续。

八、工程质量检验评定资料

（1）工序施工完毕后，应按照质量检验评定标准进行质量检验与评定，及时填写工序质量评定表。表中内容应填写齐全，签字手续完备规范。

（2）部位工程完成后应汇总该部位所有工序质量评定结果，进行部位工程质量等级评定。签字手续应完备、规范。

（3）单位工程完成后，由工程项目负责人主持，进行单位工程质量评定，填写单位工程质量评定表，该表由工程项目负责人和项目技术负责人签字，加盖公章作为竣工验收的依据之一。

九、功能性试验记录

1. 一般规定

功能性试验是对市政基础设施工程在交付使用之前所进行的使用功能的检查。功能性试验按有关标准进行，并由有关单位参加，填写试验记录，由参加各方签字，手续完备。

2. 市政基础设施工程功能性试验主要项目

（1）道路工程的弯沉试验；

（2）无压力管道严密性试验；

（3）桥梁工程设计有要求的动、静载试验；

（4）水池满水试验；

（5）消化池气密性试验；

（6）压力管道的强度试验、严密性试验和通球试验等；

（7）其他施工项目如设计有要求，按规定及有关规范做使用功能试验。

十、质量事故报告及处理记录

发生质量事故，施工单位应立即填写工程质量事故报告，质量事故处理完毕后须填写质量事故处理记录。工程质量事故报告及质量事故处理记录必须归入施工资料。

十一、设计变更通知单与洽商记录

设计变更通知单、洽商记录是施工图的补充和修改，应在施工前办理。内容应明确具体，必要时附图。

（1）设计变更通知单，必须由原设计人和设计单位负责人签字并加盖设计单位印章方为有效。

（2）洽商记录必须有参建各方共同签认方为有效。

（3）设计变更通知单、洽商记录应原件存档。如用复印件存档时，应注明原件存放处。

（4）分包工程的设计变更、洽商，由工程总包单位统一办理。

十二、竣工总结与竣工图

1. 竣工总结

竣工总结主要应包括下列内容：工程概况；竣工的主要工程数量和质量情况；使用了何种新技术、新工艺、新材料、新设备；施工过程中遇到的问题及处理方法；工程中发生的主要变更和洽商；遗留的问题及建议等。

2. 竣工图

工程竣工后应及时进行竣工图的整理。绘制竣工图须遵照以下原则：

（1）凡在施工中，按图施工没有变更的，在原施工图上加盖“竣工图”的标志后，可作为竣工图。

（2）无大变更的，应将修改内容按实际发生的描绘在原施工图上，并注明变更或洽商编号，加盖“竣工图”标志后作为竣工图。

（3）凡结构形式改变、工艺改变、平面布置改变、项目改变以及其他重大改变，或虽非重大变更，但难以在原施工图上表示清楚的，应重新绘制竣工图。

（4）改绘竣工图，必须使用不褪色的黑色绘图墨水。

十三、竣工验收

（1）工程竣工报告

工程竣工报告是由施工单位对已完成工程进行检查，确认工程质量符合有关法律、法规和工程建设强制性标准，符合设计及合同要求而提出工程的告竣文书。该报告应经有关单位负责人审核签字加盖单位公章。实行监理的工程，工程竣工报告必须经总监理工程师签署意见。

（2）工程竣工验收证书

任务2　施工资料管理职责认知

（1）市政工程施工资料由施工单位负责编制，建设单位、施工单位负责保存，其他参建单位按其在工程中的相关职责做好相应工作。

建设单位应按《建设工程文件归档整理规范》(GB/T 50328—2001)的要求，于工程竣工验收后三个月内报送当地城建档案管理机构。

(2) 实行总承包的工程项目，由总承包单位负责编制、整理各分包单位编制的有关施工技术文件。

(3) 市政基础设施工程技术文件应随施工进度及时整理，所需表格应按本规定中的要求认真填写、字迹清楚、项目齐全、记录准确、完整真实。

(4) 市政基础设施施工资料应由各岗位负责人签认，必须由本人签字（不得盖图章或由他人代签）。工程竣工，文件组卷成册后必须由单位技术负责人和法人代表或法人委托人签字并加盖单位公章。

(5) 建设单位与施工单位在签订施工合同时，应对施工资料的编制要求和移交期限做出明确的规定。建设单位应在施工资料中按有关规定签署意见。实行监理的工程应有监理单位按规定对认证项目的认证记录。

(6) 建设单位在组织竣工验收前，应提请当地的城建档案管理机构对施工资料进行预验收，验收不合格不得组织竣工验收。城建档案管理机构在收到施工资料七个工作日内提出验收意见，七个工作日不提出意见，视为同意。

(7) 不得随意涂改、伪造、随意抽撤损毁或丢失文件，对于弄虚作假、玩忽职守而造成文件不符合真实情况的，由有关部门追究责任单位和个人的责任。

任务3　施工资料组卷

一、组卷原则

施工资料要按单位工程进行组卷，分册装订。案卷规格及图纸制定方式按城建档案管理部门要求办理。

二、组卷排列顺序

卷内文件排列顺序一般为封面、目录、文件材料和备考表。

1. 文件封面应具有工程名称、开竣工日期、编制单位、卷册编号、单位技术负责人和法人代表或法人委托人签字并加盖单位公章。

2. 文件材料部分排列宜按以下顺序：

(1) 施工组织设计；

(2) 施工图设计文件会审、技术交底记录；

(3) 设计变更通知单、洽商记录；

(4) 原材料、成品、半成品、构配件、设备出厂质量合格证书、出厂检（试）验报告和复试报告（须一一对应）；

(5) 施工试验资料；

(6) 施工记录；

(7) 测量复核及预检记录；

(8) 隐蔽工程检查验收记录；

(9) 工程质量检验评定记录；

(10) 使用功能试验记录;
(11) 事故报告;
(12) 竣工测量资料;
(13) 竣工图;
(14) 工程竣工验收文件。

三、组卷成册

案卷规格及图纸折叠方式按城建管理部门的要求办理。一般是用棉线装订成册，三个孔，绳结打在卷后面，不能用铁钉之类，内衬硬纸板条，装订后封上侧边封、底封。备考表不用装订。每册的厚度不要大于3cm，有的档案馆要求每册一样厚。卷内目录中的日期填写文件形成日期。封面上的日期应填卷内全部文件形成的起止日期。卷封面、卷内目录、卷内备考表不编页码。封面上的工程名称，应有市名与工程名称。工程名称不能多于51个字格，其中:“一”算一个字格，“××”算两个字格。册名中不能使用“……”和“××××”、“(一)”等类型的名称。

工程竣工、文件组卷成册后必须由施工技术负责人和法定代表人(或委托人)签字并加盖单位公章。

项 目 小 结

施工资料内容包括施工组织设计，施工图设计文件会审，技术交底，材料、成品、半成品、构配件、设备合格证书与检验报告，施工检(试)验报告，施工记录，测量复核及预检记录，工程质量检验评定资料，功能性试验记录，质量事故报告及处理记录，设计变更通知单与洽商记录，竣工总结与竣工图，竣工验收。

市政工程施工资料由施工单位负责编制，建设单位、施工单位负责保存，其他参建单位按其在工程中的相关职责做好相应工作。建设单位应按《建设工程文件归档整理规范》(GB/T 50328—2001) 的要求，于工程竣工验收后三个月内报送当地城建档案管理机构。

卷内文件排列顺序一般为封面、目录、文件材料和备考表。案卷规格及图纸折叠方式按城建管理部门的要求办理。一般是用棉线装订成册，三个孔，绳结打在卷后面，不能用铁钉之类，内衬硬纸板条，装订后封上侧边封、底封。备考表不用装订。

文件封面应具有工程名称、开竣工日期、编制单位、卷册编号、单位技术负责人和法人代表或法人委托人签字并加盖单位公章。

复习思考题

1. 市政工程施工资料由谁负责编制?
2. 施工单位根据什么规范进行施工资料管理?
3. 文件封面包括哪些内容?

项目2　市政工程施工资料分类

知识目标

1. 能够叙述施工质量管理记录表填写内容；
2. 会解释施管表的类型和填写；
3. 能够叙述施工质量评定表填写内容；
4. 会解释质评表的类型和填写；
5. 能够叙述材料试验表填写内容；
6. 会解释试验表的类型和填写；
7. 能够叙述施工过程管理记录表填写内容；
8. 会解释施记表的类型和填写；
9. 能够叙述施工质量检验记录表填写内容；
10. 会解释质检表的类型和填写。

任务1　施工质量管理记录表分类

一、施管表1——单位工程技术文件目录

此表为每单位工程资料之总目录，装订资料时附在第一卷的最前面。

1. 文件材料部分的排列宜按以下顺序

（1）施工组织设计；

（2）施工图设计文件会审、技术交底记录；

（3）设计变更通知单、洽商记录；

（4）原材料、成品、半成品、构配件、设备出厂质量合格证书、出厂检（试）验报告和复试报告（须一一对应）；

（5）施工试验资料；

（6）施工记录；

（7）测量复核及预检记录；

（8）隐蔽工程检查验收记录；

（9）工程质量检验评定记录；

（10）使用功能试验记录；

（11）事故报告；

（12）竣工测量资料；

（13）竣工图；

（14）工程竣工验收文件。

2. 文件编号：如1-2，1为总的卷数，2为本卷项目编号。

3. 类别：资料所属性质的类别，如施管表、质检表、试验表等。

4. 页号：本项目在卷中的页码位置。

单位工程技术文件目录

表 2-1

施管表 1

共 7 页

单位工程名称：××市××道路工程　　　　第 1 页

序　号	文件编号	项　目	页　号	附　录
1	1-1	施管表		
2	1-2	施管表		
3	1-3	施管表		
4	1-4	施管表		
5	1-5	施管表		

单位工程技术文件目录

共 7 页

单位工程名称：××市××道路工程　　　　第 2 页

序　号	文件编号	项　目	页　号	附　录
1	2-1	质检表		
2	2-2	质检表		
3	2-3	质检表		
4	2-4	质检表		
5	2-5	质检表		

单位工程技术文件目录

共 7 页

单位工程名称：××市××道路工程　　　　第 3 页

序　号	文件编号	项　目	页　号	附　录
1	3-1	试验表		
2	3-2	试验表		
3	3-3	试验表		
4	3-4	试验表		
5	3-5	试验表		
6	3-6	试验表		

单位工程技术文件目录

共 7 页

单位工程名称：××市××道路工程　　　　第 4 页

序　号	文件编号	项　目	页　号	附　录
1	4-1	施记表		

续表

序　　号	文件编号	项　　目	页　　号	附　　录
2	4-2	施记表		
3	4-3	施记表		
4	4-4	施记表		
5	4-5	施记表		

单位工程技术文件目录

共7页

单位工程名称：××市××道路工程　　第5页

序　　号	文件编号	项　　目	页　　号	附　　录
1	5-1	质评表		
2	5-2	质评表		
3	5-3	质评表		

单位工程技术文件目录

共7页

单位工程名称：××市××道路工程　　第6页

序　　号	文件编号	项　　目	页　　号	附　　录
1	6-1	竣工图		

单位工程技术文件目录

共7页

单位工程名称：××市××道路工程　　第7页

序　　号	文件编号	项　　目	页　　号	附　　录
1	7-1	工程竣工验收文件		

二、施管表2——竣工验收证书

竣工验收证书是由施工单位对已完工程进行检查，确认工程质量符合有关法律、法规和工程建设强制性标准，符合设计及合同要求而提出的工程告竣文书。该报告应经有关单位负责人审核签字加盖单位公章。

实行监理的工程，工程竣工报告必须经总监理工程师签署意见并加盖单位公章。

存在问题及处理意见栏中填验收检查时发现的问题，一般无什么大问题也可不填。但如工程出过事故，事故处理情况应作简要说明。验收范围及数量栏应扼要填写。各参与单位均应签字盖章。

竣工验收证书　　**表 2-2**

施管表 2

<table>
<tr><td>工程名称</td><td>××市××路工程</td><td>开工日期</td><td>××年××月××日</td><td colspan="2" rowspan="2">对工程的质量评价
工程已按施工合同要求完成，经验收检查，外观项目，量测项目及资料核查均符合有关标准的规定，全部达到合格，同意验收</td></tr>
<tr><td>施工单位</td><td>××市政工程有限公司</td><td>竣工日期</td><td>××年××月××日</td></tr>
<tr><td>合同造价（万元）</td><td>662.0</td><td>施工决算（万元）</td><td>678.0</td><td>竣工验收日期</td><td>××年××月××日</td></tr>
</table>

<table>
<tr><td rowspan="3">验收范围及数量：
一、验收范围
本工程起点桩号 K1＋640～K2＋135。主要工程量有道路、排水工程。
二、验收数量
1. 道路工程：本工程全长约 495m，宽 30m。道路标准横断面为 30m。沥青混凝土路面 14850m²，人行道花岗岩道板 2670m²，90×20×30 花岗岩侧石 890m，90×20×20 花岗岩侧石 1780m，45×20×6 花岗岩侧石 1780m，45×20×12 虾红花岗岩平石 890m。
2. 排水工程：
（1）雨水管道：铺设 D300 管 129.8m，D500 管 16.5m，D600 管 319.5m，D800 管 90m，D1000 管 87m，D1200 管 60.4m；
（2）污水管道：D300 管 121.1m，D500 管 496m；
（3）检查井 43 只。</td><td colspan="4">参加竣工验收单位意见</td></tr>
<tr><td>建设单位</td><td>同意验收
签名：×××　（盖章）</td><td>设计单位</td><td>同意验收
签名：×××　（盖章）</td></tr>
<tr><td>监理单位</td><td>同意验收
签名：×××　（盖章）</td><td>施工单位</td><td>同意验收
签名：×××　（盖章）</td></tr>
<tr><td>存在问题及处理意见：
无</td><td>勘察单位</td><td>同意验收
签名：×××　（盖章）</td><td>邀请单位</td><td>同意验收
签名：×××　（盖章）</td></tr>
</table>

三、施管表3——施工组织设计审批表

施工单位在施工之前，必须编制施工组织设计，大中型的工程应根据施工组织总设计编制分部位、分阶段的施工组织设计。施工组织设计（方案）必须经上级技术负责人进行审批加盖单位公章方为有效，并须填写施工组织设计（方案）审批表（合同另有规定的，按合同要求办理）。在施工过程中发生变更时，应有变更审批手续。

施工组织设计审批表是施工单位上级技术负责部门和建设、监理单位进行审批时使用，不同的审批单位进行审批时，应分别填写签认盖章。有关部门会签意见一栏填写对施工组织设计（方案）的意见和发现的问题，并如何进行完善、修改等。结论一栏填写施工组织设计（方案）的评价，是否可行，是否同意，或要求重新编写、局部重新编写等。

参见项目3任务1的表3-2（施管表3）。

四、施管表4——施工图设计文件会审记录

施工图设计文件未经会审不得进行施工，其会审的内容主要如下：

（1）施工图设计是否符合国家有关的技术标准、规范，是否经济合理。

（2）施工图设计是否符合施工技术装备条件，如需要采取特殊技术措施时，技术上有无困难，能否保证施工安全和工程质量。

（3）有无特殊材料（含新材料）要求的品种、规格、数量等，且是否满足工程需要。

（4）工程结构与安装之间有无重大矛盾。

（5）施工图设计及说明是否齐全、清楚、明确。

（6）施工图设计所示的结构尺寸、标高、坐标、管线与实际地形地貌、原有构筑物、道路等是否相互阻碍。

参见项目3任务1的表3-3（施管表4）。

五、施管表5——施工技术交底记录

施工技术交底包括工程各部位、工序（特别是关键部位、重点工序）、特殊（复杂）结构、新材料、新工艺、新技术的交底。交底双方应有签认手续。

施工技术交底记录也可用作施工图交底及施工组织设计（方案）交底。

参见项目3任务1的表3-4（施管表5）。

六、施管表6——工程洽商记录

工程洽商记录是在施工过程中遇到的有关技术、经济等问题而需要由施工、设计、监理、建设等单位进行洽商的记载。

（1）洽商记录是对施工图的小补充和小修改，应在施工前办理，内容应明确具体，必要时附图。

（2）洽商记录必须有参建各方共同签认方为有效。若涉及设计变更的需出变更设计。

（3）洽商记录应原件存档。如用复印件存档时，应注明原件存放处。

（4）分包工程的洽商，由工程总包单位统一办理。

（5）编号按记录发生的时间顺序自然编排。

参见项目3任务2的表3-15（施管表6）。

任务2 施工质量评定表分类

一、质评表1——单位工程质量评定表

单位工程质量评定表是单位工程完工后，进行单位工程的质量检查评定使用，应在通过部位或工序质量检查评定的基础上进行。

表内各部位（工序）的合格率、质量等级等，根据“部位质量检查评定表”的数据填写，表内每一行与“部位质量检查评定表”相对应。

市政工程中的独立核算项目，应是一个单位工程，采用分期单独核算的同一市政工程，应是若干个独立工程。如果所有部位的工序为“合格”，则该单位工程评为“合格”，在评定合格的基础上，全部部位（工序）检验项目合格率的平均值达到85%，则该单位工程应评为“优良”。

承包单位评定意见是在对单位工程所有工序、部位质量检查评定结果进行统计基础上，做出是否与设计文件和现行的质量检验评定标准相符的意见。

单位工程完成后，由工程项目负责人主持，进行单位工程质量评定，填写表2-3（质评表1）。由工程项目负责人和项目技术负责人签字，加盖公章作为竣工验收的依据之一。

监理单位评定意见是在承包单位自检评定的基础上，由项目总监理工程师组织各专业监理工程师对承包单位的质量评定意见进行审核，并做出是否与设计文件和现行质量评定标准相符的意见。

单位工程质量评定表　　**表2-3**

质评表1

工程名称：××市××路道路工程　　施工单位：××市政工程有限公司

序号	部位（工序）名称	合格率（%）	质量等级	备　注
1	路基	85.6	合格	
2	基层	89.7	合格	
3	面层	88.3	合格	
4	附属构筑物	86.2	合格	
5	道路半成品	87.5	合格	
平均合格率（%）		87.5		
评定等级	同意评为合格	评定等级	合格 （单位盖章）	

单位工程技术负责人：×××　　质检员：×××　　××年××月××日

二、质评表 2——工程部位质量评定表

工程部位质量评定表是各工程部位完工后，进行质量检查评定时使用，应在通过工序质量检查评定的基础上进行填写。每一部位填写一张表格。表内各工序的合格率、质量等级等，根据对各工序的质量检查评定表进行统计结果的填写，表内每一行的数据与该部位的多张工序质量检查评定表的统计结果相对应。

市政工程质量的检验及评定一般按工序、部位、单位工程三级进行。如市政桥梁工程按主要部位划分为基础、下部构造、上部构造、桥面及附属工程等部位。若所有部位的工序均为合格，则该单位工程应评为合格。在评定合格的基础上，全部工序检查项目合格率的平均值达到 85%，则该部位应评为优良。

市政工程中除桥梁以外，道路工程与排水工程有时不划分部位，所以道路工程与排水工程也可以按工序、单位工程两级进行。也可以按长度将一个单位工程人为地划分成若干个部位。排水工程也有将污水管作为一个部位，雨水管作另一个部位的。具体如何划分应根据工程实际情况来定。

承包单位评定意见是在对该部位所含所有工序的质量检查评定结果进行统计的基础上，进行计算，对其质量进行综合评定，提出评定意见。

监理单位评定意见是在承包单位自检评定的基础上，由项目总监理工程师组织各专业监理工程师，对该部位的各个工序进行复查，提出评定意见。

工程部位质量评定表　　**表 2-4**

质评表 2

施工单位：××市政工程有限公司

工程名称：××市××——路排水工程　　部位名称：污水管道

序号	工　序　名　称	合格率（%）	质量等级	备　　注
1	沟槽开挖	85.1	合格	
2	平基	88.5	合格	
3	安管	89.2	合格	
4	管座	84.9	合格	
5	检查井	85.6	合格	
6	无压力管道严密性试验	100	合格	
7	回填	83.4	合格	

续表

序号	工　序　名　称	合格率（%）	质量等级	备　　注
平均合格率（%）		88.1		
评定意见	同意该部位评定为合格	评定等级	合格	

施工项目技术负责人：×××　　质检员：×××　　施工负责人：×××　　××年××月××日

三、质评表3——工序质量评定表

市政道路工程、市政桥梁工程、市政排水管渠工程质量的检验及评定应按工序、部位及单位工程三级进行。

市政道路工程的工序划分为路基、基层、面层、附属构筑物等。市政桥梁的工序划分为土石方、模板、钢筋、预应力筋、水泥混凝土、桩基、沉井基础、钢结构、构件安装、砌体、装饰、其他工程等。市政排水管渠工程的工序划分为沟槽、平基、管基、安管、接口、顶管、检查井、闭水、回填、渠道、泵站沉井、模板、钢筋、现场浇筑水泥混凝土结构、砖砌结构、构件安装、水电设备安装、铸铁管安装、钢管安装等。

外观检查项目按评定标准中相关内容填写；量测项目按质量评定标准是与规定项目作比较的，因此在实测栏中应填实测值，若量测项目在标准中是规定允许偏差值时，在实测栏中填实测偏差值。

当该工程不划分部位时，可按工序、单位工程两级进行。评定标准为合格率。

市政工程的质量评定分“合格”与“优良”两个等级。

符合下列要求者，应评为“合格”。

(1) 主要检查项目的合格率应达到100%；

(2) 非主要检查项目的合格率均达到70%，且不符合质量评定标准要求的点，其最大偏差应在允许偏差的1.5倍之内，在特殊情况下，如最大偏差超过允许偏差1.5倍，但不影响下道工序施工、工程结构和使用功能，仍可评为合格。

符合下列要求者，应评为“优良”。

(1) 符合“合格”标准的条件；

(2) 全部检查项目合格率的平均值应达到85%。

工序的质量如不符合质量评定标准规定，应及时进行处理，返工重做的工程，应重新评定其质量等级，加固补强后改变结构外形或造成永久缺陷的工程一律不得评为优良。

在施工班组自检互检的基础上，由检验人员进行工序交接检验、评定工序质量等级后填写此表。工序施工完毕后，应及时填写工序质量评定表。表中内容应填写齐全，签字手续完备规范，签字各栏均应有相关方签字，交方与接方是同一班组也应签字。表中部位名称是指工程所属的工程部位，一般不分部位的工程可以填写工序所有的位置名称，如左线路灯基础等。桩号、位置是指本记录段所在的里程桩号及其位置。

表 2-5
质评表 3

工序质量评定表 A

单位工程名称：××市××路　部位名称：道路工程　工序名称：沥青混凝土面层　桩号位置：0+085～0+360 快车道

主要工程数量			面积 6200m²，7cm 粗粒式+5cm 中粒式+3cm 细粒式																	
序号	外观检查项目		质量情况															评定意见		
1	CJJ 1—90　5.2.1		表面平整，坚实，无脱落、掉渣、裂缝、推挤、烂边、粗细粒集中等现象															符合 CJJ 1—90 标准的相关要求		
2	CJJ 1—90　5.2.2		用 10t 以上压路机碾压后，无明显轮迹																	
3	CJJ 1—90　5.2.3		接槎紧密、平顺、烫缝不枯焦																	
4	CJJ 1—90　5.2.4		面层与路缘石及其他构筑物接顺，无积水现象																	
序号	量测项目	规定值或允许偏差（mm）	实测值或实测值偏差															应检点数	合格点数	合格率（%）
			1	2	3	4	5	6	7	8	9	10	11	12	13	14	15			
1	压实度	≥95%	详	见	试	验	报	告	单									3	3	100
2	厚度	+20，−5	−3	+8	+2													3	3	100
3	弯沉	<设计值	详	见	试	验	报	告	单									112	112	100
4	平整度	5	5	4	6	2	1	3	0	3	2	3	5	6	4	1	1			
			2	1	2	3	5	6	7	0	1	2	3	2	5	4	3			
			1	3	3	5	4	2	1	2	2	6	2	3	5	1	2			
			6	2	3	4	4	2	1	3	6	2						55	48	87.3
5	宽度	−20	−8	−1	−12	−5	+9	−10	−5									7	6	85.7
交方班组	×××（签字）	接方班组	×××（签字）			监理意见	签字：×××								平均合格率（%）					
															评定等级					

施工项目技术负责人：×××（签字）　施工员：×××（签字）　质检员：×××（签字）　××年××月××日

工序质量评定表

表 2-6

质评表 3a

单位工程名称：××市××路××桥梁工程　　部位名称：上部结构 16m 简支梁空心边板　工序名称：混凝土构件　　桩号位置：L15—6 号

主要工程数量		16m 简支梁空心板长主度 15960mm，宽度 1695mm，高度 800mm，混凝土方量 8.5m³	
序号	外观检查项目	质　量　情　况	评定意见
1	CJJ 2—90　8.0.1	混凝土的原材料、配合比符合规定，强度符合设计要求	符合 CJJ 2—90 标准的相关要求
2	CJJ 2—90　8.0.2	混凝土空心板表面无蜂窝、露筋等现象	
3	CJJ 2—90　8.0.5	允许偏差符合下表	

序号	量测项目	规定值或允许偏差（mm）	实测值或实测值偏差 1	2	3	4	5	6	7	8	9	10	11	12	13	14	15	应检点数	合格点数	合格率（%）
1	混凝土抗压强度	符合规定	见	混	凝	土	抗	压	强	度	试	验	报	告						100
2	断面尺寸 宽	0　−10	−1	−11	−6	−5	−4											5	4	80
3	断面尺寸 高	+10　−5	−2	+3	−3	+8	−4											5	5	100
4	断面尺寸 壁厚	±5	−4	−3	+2	+3	−3											5	5	100
5	长度	0　−10	0	−4	−5	−2												4	4	100
6	侧向弯曲	$L/1000$ 且不大于 10	5	3														2	2	100
7	麻面	每侧≤1%	0.2%	0														2	2	100
8	平整度	8	0	5														2	2	100
9																				

交方班组	×××（签字）	接方班组	×××（签字）	监理意见	签字：×××	平均合格率（%）	97.5
						评定等级	合格

施工项目技术负责人：×××（签字）　　施工员：×××（签字）　　质检员：×××（签字）　　××年××月××日

任务3　质量检查表分类

一、质检表1——材料、构配件检查记录

材料、构配件检查记录表是一张查验合格证、出厂检（试）验报告的汇总表。材料、构配件检查记录内的产品名称、规格、数量、检查量必须与出厂合格证明检（试）验报告等单据的数量相对应。主要检测项目应齐全，一般均应有明确结论。合格证明检（试）验报告一般为原件，如为复印件的必须加盖供货单位印章方为有效，并注明使用工程名称、规格、数量、进场日期、经办人签名及原件存放地点。

除一般常用材料外，市政工程常用的三渣及沥青混合料，有如下规定：

（1）水泥、石灰、粉煤灰混合料，生产单位应按规定，提供产品出厂质量合格证书。连续供料时生产单位出具合格证书的有效期最长不得超过7天。

（2）沥青混合料生产单位应按同类型、同配比、每批次至少向施工单位提供一份产品质量合格证书。连续生产时，每2000t提供一次。

（3）凡使用新技术、新工艺、新材料、新设备的，应有法定单位鉴定证明和生产许可证。产品要有质量标准、使用说明和工艺要求。使用前应按其质量标准进行检（试）验。

参见项目3任务2的表3-16（质检表1）。

二、质检表2——设备、配（备）件检查记录

质检表2是一张开箱检查记录，应按栏目内容填写。

设备、配（备）件检查记录表适用于市政工程中的设备（配件）在进场（或到岸）检查验收时使用。如为建设单位负责采购的设备（配件），本表适用于建设单位向承包单位交货的检查记录，其中供货单位则为建设单位。

设备（配件）检查一般在进场（或到岸）时进行，检查由供货单位（供货商或建设单位）和购货单位（承包单位）相关人员参加。

（1）设备（配件）名称、规格型号、编号、总数量、检查数量应对照购销合同（或供货商提供）的供货清单提供的信息在现场检查时核对后填入对应栏目内。

（2）检查记录中的技术证件、设备与附件应对照购销合同的技术要求条款核对实际提供的是否与合同要求的相符（技术参数、规格、数量等）后填写对应栏目；而外观情况主要检查实际有无缺、损等外观质量缺陷；测试情况是对需要进行测试检查的设备和配件，在现场（或现场取样送样）进行测试，将测试结果填入此栏。

（3）缺损附备件明细表是对有缺陷的附备件，填入其名称、规格、计量单位、数量及需要注明的其他情况。

（4）检查结论是供货方、承包单位双方根据现场检查的情况分别填入各自的检查意见。

（5）供货单位栏由参加检查的相关负责人填写意见并签名确认或加盖单位公章；承包单位根据现场组织检查结果写出自评意见，并由材料部门、技术部门、施工部门、质量部门的参加人员亲笔签名确认。

参见项目3任务2的表3-11（质检表2）。

三、质检表 3——预检工程检查记录

预检工程检查记录表由施工项目负责人组织施工员、测量员、质检员组织预检填写。下列内容应填写预检记录：

（1）主要结构的支架、模板预检记录，包括几何尺寸、轴线、标高、预埋件和预留孔位置，支架、模板牢固，模内清理、清理口留置、脱模剂涂刷等检查情况。

（2）大型构件和设备安装前的预检记录应有预埋件、预留孔的位置、高程、规格等检查情况。

（3）设备安装的位置检查情况。

（4）非隐蔽管道工程的安装检查情况。

（5）补偿器预拉情况及安装情况。

（6）支（吊）架的位置、各部位的连接方式等检查情况。

（7）油漆工程。

预检内容及检查情况应根据具体的项目，按照施工规范或设计文件的要求确定现场检查内容并填入是否符合验收规范要求。例如：检查模板支撑、尺寸、轴线、标高是否与设计文件相符；模板及支撑有无松动或模板下沉等现象；模板接缝是否严密，有无砂浆，模内是否清理干净；凡需起拱的构件模板，其预留拱度是否符合规定等。

处理意见一栏是在检查后，质量有缺陷需进行处理。

参见项目 3 任务 2 的表 3-12（质检表 3）。

四、质检表 4——隐蔽工程检查记录

凡被下道工序或部位所隐蔽的，在隐蔽前必须进行质量检查，并填写隐蔽工程检查验收记录。隐蔽检查的内容应具体，结论应明确。验收手续应及时办理，不得后补。需复验的要办理复验手续。

隐蔽项目包括：

（1）地基与基础，包括土质情况、槽基几何尺寸、标高、地基处理、基底密实度。

（2）主体结构各部位钢筋，内容包括：钢筋品种、规格、数量、间距、接头情况及除锈、代用变更情况。

（3）桥梁等结构预应力筋、预留孔道的直径、位置、坡度、接头处理、孔道绑扎牢固等的情况。

（4）雨、污水管道：混凝土管座、管道及附属构筑物隐蔽部位。

1）隐检项目：填写要进行质量检查和隐蔽验收的工序名称。

2）隐检内容及检查情况：如果需要进行实测项目的检验，按质量检验评定标准的要求，填写实测结果。一般应按监理单位或其他第三方检查意见填写。

3）验收意见：监理工程师根据隐蔽工程质量检查验收的情况，填写验收的意见并亲笔签名确认。

4）处理情况：如果所有隐蔽项目经检查都符合验收规范和设计要求，则不需要处理，如果经检查发现问题，则提出处理意见、进行整改和处理后的结论。复核项目要办理复验手续，填写复验日期并由复验人做出结论。

参见项目 3 任务 2 的表 3-13（质检表 4）。

五、质检表5——地基钎探记录

当施工单位将基槽开挖完毕后，由勘察设计、施工和监理单位三方的技术负责人共同到施工现场进行验槽。

用ϕ22～ϕ25mm的钢筋作钢钎，钎尖呈60°锥状，长度为1.8～2.0m，每300mm做一刻度，钎探时，用质量为4～5kg的穿心锤将钢钎打入土中，落锤高500～700mm，记录每打入300mm的锤击数，据此可判断土质的软硬情况。

钎孔的布置和深度应根据地基土质的复杂程度和基槽形状、宽度而定。孔距一般为1～2m，对于较软弱的人工填土及软土，钎孔间距不应大于1.5m，发现洞穴等应加密探点，以确定洞穴的范围。钎孔的平面布置可采用行列式和错开的梅花形，条形基槽宽小于80cm时，钎探在中心打一排孔；槽宽大于80cm，可打两排错开孔，钎孔的深度约1.5～2m。

六、质检表6——焊缝质量综合评级汇总表

(1) 工程部位（桩号）：根据焊缝所在构件的具体位置（部位）填写。

(2) 要求焊缝等级：按设计文件或相应的质量检验评定标准的要求填写。焊缝质量检查包括外观质量检查和内部质量检查，其中内部质量检查包括射线、超声波和磁粉探伤检查等，视不同的焊缝等级及采用的质量验收标准而确定检查方法和频率。

(3) 焊缝编号：按照施工图设计文件的编号填写。

(4) 焊工代号：填写负责焊缝作业工作人员的“焊工证”中的号码。

(5) 外观质量：不同的焊缝等级的外观质量要求不同，按照质量验收规范的要求和依据现场的检查评定结果如实填写。

(6) 内部质量等级：根据焊缝探伤检验报告填写，并应填写射线、超声波和磁粉探伤检查中的最低要求。

(7) 焊缝质量综合评价：根据检查情况，判断外观质量和内部质量是否符合设计要求，评定其质量等级为合格或不合格。具体要求参照有关质量标准的相关规定。

焊缝抽检的数量应按设计或相应规范、标准，如设计无明确要求一般可按30%抽取。

焊缝质量综合评价等级一般按工程部位或构件进行，不同的工程部位或构件应分别进行综合评定，其质量等级由监理工程师签名确认。

七、质检表7——防腐层质量检查记录

1) 管道长度：根据组织检查验收段的实际长度填写；

2) 防腐材料：按实际使用的材料名称和规格填写；

3) 防腐等级、管道规格、执行标准、设计最小厚度、设计绝缘电压：按照设计文件要求填写；

4) 检查情况：根据现场组织质量检查验收时实际测量结果填写。

管道防腐层，厚度及粘结按20根管道为一组抽检。每组抽检一根管道，每根管道抽检3个断面，每个断面抽检4点，取其中最小值。不合格就扩大一倍数量再抽检。再抽检合格即可通过，再抽检如仍不合格，则该批20根管全部不合格，均需返工，外观及电绝缘性，应全数检查。

承包单位根据企业自行组织的检查结果写出自检意见，项目经理（或驻地负责人）亲笔签名确认；监理工程师根据现场抽查结果填写监理意见并亲笔签名确认。

八、质检表8——电气安装工程分项自检、互检记录

1）具体项目及标准要求：填写电气安装工程分项涉及的所有检查项目及相应标准或设计文件要求的允许值（或偏差值）。

2）自检、互检、质检、评定：填写对电气安装工程中的各检查项目分别进行自检、互检、质检的结果，并判断是否满足电气安装工程的合格标准，分别评为合格或不合格。

3）自检、互检结论：承包单位根据企业自行组织检查结果写出自检意见，并由项目经理（或驻地负责人）亲笔签名确认。

九、质检表9——电气接地装置平面示意图与隐检记录

1）接地类别：电器接地装置一般分为防雷接地、保护接地、防静电接地、计算机接地（或屏蔽接地）四类。

2）组数：电器接地装置（接地极、接地体）的数量，一般为一组，特殊情况也有两组或多组。

3）设计要求：指接地体的电阻设计要求值，若非设计注明，则防雷接地不大于10Ω，保护接地不大于4Ω，计算机接地（屏蔽接地）不大于4Ω，防静电接地不大于100Ω。两组联合时填入较大值。

4）图号：填写设计图编号。

5）接地装置平面示意图：把接地体装置实际安装情况用简图表示，注明平面分布位置、间距等。

6）接地装置敷设情况检查表：

沟槽尺寸：填写电器接地装置沟槽的几何尺寸（长、宽、深度等）；

土质情况：填写接地极及接地体周边天然土的种类；

接地体规格、接地体规格：填写接地极、接地体实际使用材料的规格，如ϕ20圆钢、40mm×40mm扁钢等；

打进深度：填写接地极打进天然土体深度（从自然地面起算）；

焊接情况：填写焊接工艺（如：搭接焊）及其质量情况；

防腐处理：填写焊接部位防腐处理的措施及其质量情况；

接地电阻：填写在检查过程中多个量测接地电阻的最大值。实际量测到最大值必须不大于设计要求，否则必须进行处理，然后重新进行检验，直到合格为止。

7）检验结论：承包单位根据企业自行检查结果写出自评意见，并由项目经理（或驻地负责人）亲笔签名确认。

8）监理工程师根据现场抽查结果，查验承包单位提交的相关原始记录文件，对照设计要求填写监理意见并亲笔签名确认。

十、质检表10——中间检查交接记录

中间检查交接记录表是土木建筑类施工单位在完成基础、管（线）沟及预埋件，预留孔等工程交付给安装施工单位前进行中间检查所填写的交接记录。验收意见应按接方意见填写。

任务4 材料试验表分类

一、试验表1——主要原材料及构配件出厂证明及复试报告目录

(1) 本表是一张复试报告的汇总表。进入施工现场的原材料、成品、半成品、构配件，在使用前必须按现行国家有关标准的规定抽取试样，交由具有相应资质的检测、试验机构进行复试，复试结果合格方可使用。

(2) 水泥使用前复试的主要项目为：胶砂强度、凝结时间、安定性、细度等。试验报告应有明确的结论。水泥是按每一编号为一取样单位，而编号又与水泥厂的年产量有关，小厂取低值，大厂取高值。年产量10万吨以下的小厂，200t一个编号，即每200t取一试样，而年产量60万t的厂是1000t一个编号。即1000t取一试样。试样必须在20个以上的不同部位采集，混合均匀，重量不小于12kg。

(3) 钢筋：按同一牌号、同一炉罐号、同一规格的钢筋，每批取一组试样。每批对热轧钢筋不超过60t。对冷拉钢筋不超过20t。一般一组试件包括2个拉伸实验，2个弯曲实验。盘条可做1个拉伸实验，2个弯曲实验。

钢筋焊接件：闪光对焊300个接头作为一批，取6个试件，3个作拉伸，3个作弯曲。电弧焊300个接头作为一批，取3个接头作为拉伸实验。

(4) 沥青复试的主要项目为：延度、针入度、软化点、老化、粘附性等。(视不同道路等级而定)

(5) 砌块（砖、料石、预制块等）用于承重结构时，复试项目为：抗压、抗折强度。烧结普通砖：每3.5～10万块，且不超过一条生产线的日产量取一组试样，共抽取15块，10块进行抗压强度试验，5块备用。

(6) 砂、石料：工程使用的砂、石应按规定批量（火车、货船、汽车运输的，以400t或600t为一验收批）取样进行试验。砂石按规定批量取样进行筛分析、表观密度、堆积密度和紧密密度、含泥量、泥块含量、针片状颗粒的总含量等试验。结构或设计有特殊要求时，还应按要求加做压碎指标值等相应项目试验。

(7) 名称：指材料（如水泥、钢筋）、构配件（如支座、预制块）等。

品种：如水泥、普通硅酸盐、支座、橡胶、预制块。

(8) 型号（规格）：如水泥：强度等级32.5级、支座：200mm×250mm×37mm、预制块：315mm×315mm×50mm。

(9) 使用部位：如道路面层、桥梁、人行道等。

(10) 其他编号要按实填写。

参见项目3任务3的表3-20（试验表1）。

二、试验表2——有见证试验汇总表

本表由施工单位汇总填写。试验项目按照现行质量标准规定填写，应送试件总组数为按照设计文件和现行的施工验收规范规定应进行各类试验的总数；有见证试验组数按照实际发生的数量填写。

参见项目3任务3的表3-17（试验表2）。

三、试验表3——见证记录

(1) 本记录是建设单位或工程监理单位人员对涉及结构安全的试块、试件和材料的见证取样和送检而签署的证明文件。凡填写本记录的试块、试件和材料必须送至经过省级以上建设行政主管部门对其资质认可和质量技术监督部门对其计量认证的质量检测单位（以下简称“检测单位”）进行检测。

(2) 凡有见证取样及送检要求的，应有见证记录、有见证试验汇总表。下列试块、试件和材料必须实施见证取样和送检并填写本记录。

1）用于承重结构的混凝土试块；

2）用于承重墙体的砌筑砂浆试块；

3）用于承重结构的钢筋及连接接头试件；

4）用于承重墙的砖和混凝土小型砌块；

5）用于拌制混凝土和砌筑砂浆的水泥；

6）用于承重结构的混凝土中使用的掺加剂；

7）地下、屋面、厕浴间使用的防水材料；

8）国家规定必须实行见证取样和送检的其他试块、试件和材料。

(3) 需要填写本记录的涉及结构安全的试块、试件和材料的见证取样和送检的比例不得低于有关技术标准中规定应取样数量的30%。二材（水泥、钢材）、二块（混凝土试块、砂浆试块）有的城市要求100%的见证。

(4) 见证人员应由建设单位或该工程的监理单位具备建筑施工试验知识的专业技术人员担任，并应由建设单位或该工程的监理单位书面通知施工单位、检测单位和负责该项工程的质量监督机构。在施工过程中，见证人员应按照见证取样和送检计划，对施工现场的取样和送检进行见证，取样人员应在试样或其包装上作出标识、封志，标识和封志应标明工程名称、取样部位、取样日期、样品名称和样品数量，并由见证人员获取。

(5) 本见证记录应由见证人员填制，见证人员和取样人员应对试样的代表性和真实性负责。

(6) 见证取样的试块、试件和材料送检时，应由送检单位填写委托单，委托单应有见证人员和送检人员签字。检测单位应检查委托单及试样上的标识和封志，确认无误后方可进行检测。

(7) 检测单位应严格按照有关管理规定和技术标准进行检测，出具公正、真实、准确的检测报告。见证取样和送检的检测报告必须加盖“见证取样检测”的专用章。

参见项目3任务3的表3-18、表3-19（试验表3）。

四、试验表4——水泥试验报告

(1) 水泥使用前复试的主要项目为：胶砂强度、凝结时间、安定性、细度、标准稠度、用水量等。

(2) 硅酸盐水泥细度由“比表面积”控制，其他水泥的细度一般由0.08mm筛筛余。

(3) 试验报告要根据试验结果和相应的产品标准给出一个明确的结论。

参见项目3任务3的表3-21（试验表4）。

五、试验表5——砂子试验报告

市政工程用砂应按规定批量进行试验，试验项目一般有：筛分析、表观密度、堆积密度和紧密密度、含泥量、泥块含量等。试验报告要根据试验结果和相应的产品标准给出一个明确的结论。

参见项目3任务3的表3-22（试验表5）。

六、试验表6——石子试验报告

市政工程用石子应按规定批量进行试验，试验项目一般有：筛分析、表观密度、堆积密度和紧密密度、含泥量、泥块含量、针片状含量等，结构或设计有特殊要求时，还应按要求加做压碎指标值等相应试验项目。试验报告要根据试验结果和相应的产品标准给出一个明确的结论。

参见项目3任务3的表3-23（试验表6）。

七、试验表7——钢筋原材试验报告

（1）钢筋一般复试只需做力学性能试验，当发现脆断、焊接性能不良或力学性能显著不正常等现象时，应对钢筋进行化学成分分析或其他专项检验；如需焊接，还应做焊接性试验，并分别提供相应的试验报告；

（2）普通钢筋检验一般以同批次、同炉号、同类型60t为一检验批。不同品种、规格和用途的钢筋、其检验批划分，应按照相应的质量标准、规范规定执行。

（3）试验报告应根据试验结果和相应的产品标准给出试验结论。

参见项目3任务3的表3-24、表3-25（试验表7-1、试验表7-2）。

八、试验表8——钢筋机械接头试验报告

（1）钢筋机械接头分为挤压套筒接头连接、锥螺纹接头连接、直螺纹套筒接头、熔融金属充填套筒接头连接等，钢筋机械接头应按现行标准的规定进行现场条件下连接性能试验，留取试验报告。报告必须对试验结果有明确结论。

（2）试验所用的各种机械连接试件，应从外观检查合格后的成品中切取，数量要满足现行国家规范规定（钢筋机械接头一般以500个为一批）。

（3）钢筋机械接头根据其性能等级分为Ⅰ级、Ⅱ级、Ⅲ级。

参见项目3任务3的表3-26（试验表8）。

九、试验表9——钢筋焊接接头试验报告

（1）钢筋焊接力学性能试验一般做拉伸强度试验，闪光对焊和压力焊还需要做冷弯试验。

（2）试验所用的焊（连）接试件，应从外观检查合格后的成品中切取，数量要满足现行国家规范规定（钢筋焊接力学性能试验一般以同类型300个接头为一验收批）。

（3）焊工必须持有效的焊工证，试验室应当在收样时要求委托单位提供焊工姓名及其有效的焊工证号等信息，以便在报告的备注栏处注明焊工姓名和其有效的焊工证号。

（4）钢筋连接接头采用焊接方式应按有关规定进行现场条件下连接性能，留取试验报告。报告必须对抗折、抗拉试验结果有明确结论。

参见项目3任务3的表3-27（试验表9）。

十、试验表10——砖试验报告

根据生产厂家的生产能力以3.5万～15万块为一验收批，砖的抗压强度变异系数是小于等于2.1还是大于2.1，分别采用抗压强度标准值法或单块最小抗压强度法进行评定。

参见项目3任务3的表3-28（试验表10）。

十一、试验表11——沥青试验报告

道路石油沥青使用前的一般复试项目为延度、针入度（液体沥青为黏度）、软化点，对于城市快速路还需要沥青老化试验和沥青与粗集料的粘附性试验等；乳化沥青、改性沥青以及其他沥青的试验项目，应根据道路等级、结构层类别、沥青的品种以及相应施工及验收规范的规定来确定。

试验报告要根据试验结果和相应的设计要求或验评标准给出一个明确的结论。

参见项目3任务3的表3-29（试验表11）。

十二、试验表12——沥青胶结材料试验报告

根据"胶结材料配合比通知单"配制沥青胶结材料。试验报告要根据试验结果和相应的产品标准给出一个明确的结论。

十三、试验表13——防水卷材试验报告

在防水卷材的质量检测中，大于1000卷抽5卷，每500～1000卷抽4卷，100～499卷抽3卷，100卷以下抽2卷，进行规格尺寸和外观质量检验。在外观质量检验合格的卷材中，任取1卷做物理性能试验。试验完后根据试验结果和相应的产品标准对产品进行评定。

十四、试验表14——防水涂料试验报告

防水涂料每10t为一检验批，不足10t按一批抽样计。试验完后根据试验结果和相应的产品标准对产品进行评定。

十五、试验表15——材料试验报告

材料试验报告是其他材料需要进行试验时使用的通用表格。试验规程可根据材料的具体用途或客户的要求分别选用，并按照相应的标准、规范给出明确的结论。

十六、试验表16——环氧煤沥青涂料性能试验记录

（1）表干：手指轻触防腐层不粘手或漆没有粘到手；

实干：手指推防腐层不移动；

固化：手指甲刻没有刻纹；

（2）电火花检查：用电火花检漏仪检查有无打火花现象。

（3）粘结力检查：是以小刀割开一舌形切口，用力撕开切口处的防腐层，观察管道表面是仍为漆皮所覆盖，有没有露出金属表面。根据试验结果，依照有关标准对试样进行评定。

十七、试验表17——混凝土配合比申请单、通知单

通常情况下可根据本单位常用材料设计出常用的各种混凝土配合比备用，在使用过程中，据原材料情况及混凝土质量检验的结果给予调整，但属于以下情况者，应重新进行配合比设计。

（1）重要工程或混凝土性能指标有特殊要求者。

（2）所用原材料的产地、品种、或质量有显著变化者。

（3）混凝土试件的留置应在浇筑地点随机抽取，取样的频率应符合下列规定：

1）每100盘，且不超过100盘的同配合比的混凝土，取样次数不小于一次；

2）每一工作班拌制的同配合比的混凝土不足100盘时，其取样次数不小于一次。

参见项目3任务3的表3-31（试验表17）。

十八、试验表18——混凝土抗压强度试验报告

拌制混凝土前，需要进行混凝土配合比设计。

混凝土强度是指按照标准方法制作和养护的150mm的标准尺寸的立方体试件，在28d龄期，用标准试验方法测得抗压强度总体分布中的一个值，强度低于该值的百分率不超过5%。混凝土强度等级采用C表示。

每组三个试件，其强度代表值的确定，应符合下列规定：

（1）每组试件的强度代表值取三个试件强度的算术平均值。

（2）当一组试件的最大值或最小值与中间值之差超过中间值的15%时，取中间值为该组试件的强度代表值。

（3）当一组试件中强度的最大值和最小值与中间值之差均超过中间值的15%时，该组试件的强度不应作为评定的依据。

参见项目3任务3的表3-32（试验表18）。

十九、试验表19——混凝土抗折强度试验报告

测定混凝土抗折强度，以提供设计参数，检查混凝土施工质量。

参见项目3任务3的表3-33（试验表19）。

二十、试验表20——混凝土抗渗性能试验报告

（1）拌制抗渗混凝土前需要先进行混凝土配合比设计。

（2）该试验测得的6个试件中有3个试件端面呈有渗水现象时的水压力为F（MPa），则达不到抗渗要求，抗渗等级以P表示。

二十一、试验表21——混凝土强度（性能）试验汇总表

混凝土强度（性能）试验汇总表是混凝土抗压、抗折等强度和抗渗性能试验汇总表。

表内各种项目的填写，按照混凝土抗压、抗折、抗渗性能表所对应的项目填写。

参见项目3任务3的表3-34（试验表21）。

二十二、试验表22——混凝土试块强度统计、评定记录

本表每一行与“混凝土强度（性能）试验汇总表”对应。应按单位工程（或部位）对不同的部位、不同的强度等级（不同的配比）分别进行统计评定。

以现场制作的混凝土标准养护试件强度值进行统计评定（评价混凝土强度质量）。

主体结构要对混凝土同条件养护试件进行统计评定（验证混凝土结构实体强度质量）。

表内各项目的填写根据实际发生的数量或试验结果填写，并按有关标准的要求进行评定。

参见项目3任务3的表3-35（试验表22）。

二十三、试验表23——砂浆配合比申请单、通知单

配合比设计之前首先要对原材料进行试验，如果不是使用生活饮用水也要先试验。

参见项目3任务3的表3-37（试验表23）。

二十四、试验表24——砂浆抗压强度试验报告

拌制砂浆前需要先进行砂浆配合比设计。砌筑砂浆单组强度的数值取舍原则及合格判断按有关规定执行。

参见项目3任务3的表3-38（试验表24）。

二十五、试验表 25——砂浆试块强度试验汇总表

本表的每一次填写均与砂浆抗压强度试验报告相对应。

参见项目 3 任务 3 的表 3-36（试验表 25）。

二十六、试验表 26——砂浆试块强度统计评定记录

“部位”一栏按砂浆取样点处于工程的具体位置填写，一般分基础、墙身等，不同强度等级的砂浆分别填写。

本表的每一行与“砂浆试块强度检查汇总表”相对应。应按单位工程（或构筑物）对不同的部位（施工段）、不同的强度等级（不同的配比）分别进行统计评定。其他填写与“混凝土试块抗压强度检查评定表”一致。

参见项目 3 任务 3 的表 3-39（试验表 26）。

二十七、试验表 27——石灰类无机混合料中石灰剂量检验报告

建设部《市政基础设施工程施工技术文件管理规定》中：“石灰类、水泥类、二灰类无机结合料稳定类基层应有石灰、水泥实际剂量的监测报告”。

无机结合料稳定材料水泥（石灰）剂量试验的检测频率及数量参照相关规定执行。

二十八、试验表 28——土的最大干密度与最优含水量试验报告

土的最大干密度与最优含水量采用标准击实试验方法测定，标准击实按其单位体积的击实功不同而分为轻型击实和重型击实两种方法；非经特别注明，市政工程一般采用重型击实法。

标准击实的试验结论就是根据击实曲线得到试样在最优含水量状态下的最大干密度。

路基填土的标准击实试验应按照不同的土质、取土点分别取样进行；施工过程中发现最大干密度发生变化而失去代表时，必须加做试验。对于基层、垫层等路面结构层的标准击实试验应按照不同的集料、级配、胶结材料及其不同的剂量等分别取样进行本试验；施工过程中因为材料的变化而使最大干密度失去代表性时，必须加做本试验。无机结合料稳定土的击实试验，加有水泥的试样拌合后，应在 1h 内完成击实试验，拌合后超过 1h 的试样应予作废（石灰稳定土和石灰粉煤灰除外）。

参见项目 3 任务 3 的表 3-40（试验表 28）。

二十九、试验表 29——土的压实度试验记录

对于一般黏质土，测定路基土方质量密度的方法采用环刀法。

$$\text{压实度}=\frac{\text{密度}}{\text{标准密度}}\times 100\%$$

参见项目 3 任务 3 的表 3-41（试验表 29）。

三十、试验表 30——土的压实度（管沟类）试验记录

本表适用于市政排水工程的管坑压实度的试验记录。

三十一、试验表 31——压实度（灌砂法）试验记录

灌砂法适用于在现场测定基层（或底基层）砂石路面及路基上的各种材料压实层，密度和压实度。

参见项目 3 任务 3 的表 3-42（试验表 31）。

三十二、试验表 32——道路基层混合料抗压强度试验记录

本试验每组的试件数量结合料最大粒径小于 10mm 时，每组试件数量为 6 个；当结合料最大粒径大于 10mm 不大于 25mm 时，每组试件数量为 9 个；当结合料最大粒径大于 25mm 不大于 40mm 时，每组试件数量为 13 个。

如无特殊要求，养护龄期为 7 天（6 天湿养+1 天浸水）。

参见项目 3 任务 3 的表 3-43（试验表 32）。

三十三、试验表 33——沥青混合料压实度（蜡封法）试验记录

$$沥青混合料压实度=\frac{压实沥青混合料密度}{沥青混合料标准密度}\times 100\%$$

对钻取的路面芯样要按照沥青混合料的种类选择体积法、水比重法、表干法等密度试验方法。

现场密度试验可以采用钻芯法、灌砂法、核子密度仪法等，各种试验方法得出的结论有争议时，以钻芯法结果为准。

一个验收段的试验结果要计算出相应的压实度代表值，再根据设计或相应的验收标准做出评定。

三十四、试验表 34——回弹弯沉记录

路面弯沉试验的检测方法可采用贝克曼梁弯沉仪或自动弯沉仪进行检测。

路面弯沉试验数据按评定段进行统计评定，一般市政道路以 100～500mm 为一评定段，每一评定段评定点数不超过 50 个点。

贝克曼梁弯沉仪有长度分别为 3.6m 和 5.4m 两种规格。在半刚性基层沥青路面或水泥混凝土路面上测定时，宜用长度为 5.4m 的弯沉仪，且用 BZZ-100 标准车，当采用长度为 3.6m 的弯沉仪测定时，应进行支点变形修正。

当沥青路面总厚度≥5cm 时，应进行温度修正。

保证系数按照道路等级由设计单位提供，或参照相关的质量标准、规范进行选用。

季节修正系数是在非不利季节进行弯沉试验时，进行分段评定需要进行修正，修正系数的具体数值，按照设计文件或参照相关的技术标准选用。

试验时应当通知相关单位派员到场进行见证检验。

参见项目 3 任务 3 的表 3-44、表 3-45（试验表 34-1、试验表 34-2）。

三十五、试验表 35——无压力管道严密性试验记录

无压力管道严密性试验也称闭水试验，一般在管坑回填前进行，试验时应当通知相关单位派员到场进行见证检验。

试验水位为试验段上游管内顶以上 2m，试验过程中要向井内不断补水保持这一水位，试验要平行做三次。试验总时间不小于 30min，允许渗水标准以 GB 50268—1997 及 CECS 122：2001 中的规定为准。

三十六、试验表 36——水池满水试验记录

市政给水厂及污水厂等水池必须进行满水试验，以验证池体的抗渗能力能否达到设计或质量标准的要求，进行本试验时应当通知相关单位派员到场进行见证检验。

24h 水位下降的计量要用水位测针。精度要准确到 0.1mm，并要扣除蒸发及水温差对水位变化产生的影响。

三十七、试验表 37——污泥消化池气密性试验记录

污水处理厂、城市垃圾处理厂等污泥池必须进行气密性试验，以验证池体的密封性能

否达到设计或质量标准的要求。进行本试验时应当通知相关单位派员到场进行见证检验。

三十八、试验表38——供水管道水压试验记录

供水管道在管坑回填前，必须进行水压试验，以验证供水管道的强度和严密性能否达到设计或质量标准的要求。

供水管道水压试验采用放水法或注水法进行。用放水做实验时，放水的流量大小要适当，不能太大也不能小到像一根水线一样。试验压力一般由设计单位提供；设计单位没有提供时，一般可选1.5倍工作压力。

任务5　施工过程管理记录表分类

一、施记表1——导线点复测记录

施记表是施工过程中的记录，由施工单位完成。这些表格要求尽可能完整的填写，不要随意省缺。要求做的相关工作均要按要求完成。

施工前施工单位应对导线点进行复核并留有记录。

二、施记表2——水准点复测记录

施工前施工单位应对水准点进行复核并留有记录。复测的水准点既包括固定水准点，也包括施工时设置的临时水准点。

参见项目5任务1的表5-7（施记表2）。

三、施记表3——测量复核记录

测量复核是要求施测人除外的另一人进行复测，复测成果与原施测成果对照，两者之差允许偏差范围内，由复测人在记录表上签字。

示意图：把测量的主要点、线、标志物等用平面示意图标注清楚。

注：需要实施复测者亲笔签字。

参见项目5任务2的表5-13～表5-25（施记表3）。

四、施记表4——沉井工程下沉记录

1）工程名称：填写沉井的名称。

2）沉井的尺寸：根据实际加工尺寸填写。

3）预制日期：若为预制混凝土构件或钢构件填写构件出厂日期；现场加工的混凝土构件则填写开始预制日期。

4）下沉前混凝土强度：填写最近浇筑井（节）段混凝土的同条件或标准养护试块适用结果。

5）设计刃脚标高：按照设计文件填写。

6）测点编号：可以直接用数字或者“东、南、西、北”或者“前、后、左、右”等。

7）测量点标高及推算刃脚标高：填写各测点及测点处对应的刃脚标高值。

8）倾斜：填写沉井（箱）的横向（垂直于路线前进方向）或纵向（路线前进方向）的倾斜度。

9）位移：填写沉井（箱）测点所在平面形心的横向（垂直于路线前进方向）或纵向（路线前进方向）偏移值。

10）地质情况：根据下沉过程取出的岩样如实填写。

11）水位标高：填写河（海）水位标高实测值。

五、施记表 5——打桩记录

（1）表头

1）桩号、桩机型号按实填写。

2）设计桩尖标高、设计最后 50cm 贯入度：按设计文件要求填写。

3）接桩形式：按设计文件的接桩形式填写，主要形式有：法兰盘接头、预埋钢圈焊接接头、硫磺砂浆锚接法接头、后张预应力接头、钢管桩可采用对焊接或钢板焊接接头。

4）桩锤重量：如实填写。

5）停打桩尖标高：指实际停打标高后，桩的有效截面所达到的标高，预制桩有效截面不包括桩尖锥形部分。

6）桩断面尺寸及长度：按实际完成情况填写。

（2）表内内容

1）桩号：指桩承台编号。

2）每阵锤击数：一般一阵为十击。

3）每阵打入深度：指本阵锤击使桩下降尺寸的总和。

4）每次平均贯入度：本阵打入深度/本阵锤击次数。

5）累计次数：锤击次数的总和。

6）最后 50cm 锤击数：按实际填写。

7）最后 50cm 贯入度：最后 50cm 锤击时每次的入土深度。

8）记录每根桩的打桩时间。

六、施记表 6——钻孔桩钻进记录（冲击钻）

1）墩（台）号：桩所在的墩、承台编号。

2）桩位编号：桩在墩、承台内位置编号。

3）桩径、设计桩尖标高：按设计图纸要求填写。

4）地面标高、护筒长度、护筒顶标高、护筒埋置深度、钻头形式直径、钻头质量：按实际测量结果填写。

5）工作内容一栏冲程、冲击次数、冲进深度按实填写。

参见项目 5 任务 2 的表 5-9（施记表 6）。

七、施记表 7——钻孔桩钻进记录（旋转钻）

1）墩（台）号：桩所在的墩、承台编号。

2）桩位编号：桩在墩、承台内位置编号。

3）地面标高、护筒顶标高、护筒底标高、护筒埋深、孔外水位标高：按实际测量结果填写。

4）钻机类型及编号、钻头类型及编号：按施工桩机的铭牌填写。

5）工作内容一栏一般有探孔、埋设护筒、钻进、循环、停机、接杆等一系列实际发生的情况，钻进深度按杆计算或用测绳实测结果填写。

6）孔底标高、孔斜度：按照实测值填写。

7）孔位偏差：桥轴线或路线前进或构筑物长边方向的偏差为纵向偏差，其垂直方向的偏差为横向偏差。

8）地质情况：按钻孔过程实际取出的岩样性状如实填写，特别是岩质变化的界面标高一定要注明。

9）泥浆相对密度及黏度：应分别填写泥浆泵进浆口及桩顶出（排）浆口处实测结果；凡有停钻应分别记录停、复钻时的实测结果，正常钻进时每台班不少于两次。

10）其他：当有监理工程师对钻进过程进行旁站或对钻孔排出的岩样进行分析时，监理工程师应在本栏内签名确认。

11）钻孔中出现的问题及处理方法：出现时才填。

参见项目5任务2的表5-10（施记表7）。

八、施记表8——钻孔桩记录汇总表

1）序号：按自然数顺序排列。

2）墩（台）号：桩所在的墩、承台编号。

3）桩号：桩在墩、承台内位置编号。

4）设计直径：按设计图纸要求填写。

5）终孔直径：终孔直径（D）由混凝土的实际灌注量（V）和实际灌注时间（或高度）（H）计算而得：

$$D = 2 \times \sqrt{V/(\pi H)}$$

6）设计孔底标高：按设计图纸要求填写。

7）终孔孔底标高：按验收的实际情况填写。

8）灌注前孔底标高：按设计图纸要求填写。

九、施记表9——钻孔桩成孔质量检查记录

（1）护筒顶标高：一般护筒顶应高出原地面20cm左右。

（2）设计孔底标高：按设计图要求填写。

（3）设计直径：按实际成孔的直径填写。

（4）成孔直径：此直径按规定要求小于设计值，主要是由于偏心，扩孔L，造成实际灌注、混凝土量增大，一般计算方法$D=\sqrt{4S/\pi h}$，其中D为成孔直径，S为实际混凝土量，h为实际成孔的长度。

（5）钻孔中出现的问题处理方法，一般钻孔桩出现问题有：

1）流砂：一般处理方法是用20cm以上块石、黏土、碎石等护壁料，低锤密打，边冲边挤，将块石等逐渐挤入砂层或加钢护筒；

2）漏水：处理方法是用黏土在护筒周围填土；

3）坍孔：处理方法是查明位置，然后回填黏土、碎石，用钻头反复冲压，以夯实坍孔周边土壤；

4）偏孔：发现偏孔后，分析原因，填入片石或混凝土高于偏孔位置0.3～0.5m后重新钻；

5）卡钻：如果孔壁坍落后探头石卡住钻头刃部，则应摇动大绳以晃动钻头，使石块掉下；

6）掉钻头：钻头掉入孔底后。应组织有关人员研究处理措施，设法将钻头捞起。如果在钻孔的过程中，没有出现问题，则不需要填写此栏。

（6）灌注前孔底标高：要求清理孔底沉渣才测量。

（7）骨架总长：按设计值填写。

（8）骨架底面标高：应按设计图要求填写。

（9）骨架每节长：每节骨架的总长（钢筋骨架可根据吊装设备的起吊高度，采取分段制作，每段长度不宜超过 10m）。

（10）连接方法：一般钢筋接头采用电弧焊焊接，箍筋与主筋焊接采用点焊。

（11）检查意见。

在施工过程中，没有出现问题，则填写："经检查，符合设计、施工验收规范，同意下一工序施工"。如果检查发现问题，提出整改意见，进行重新整改，整改后要进行复验，符合验收规范，才进行下一工序施工。

参见项目 5 任务 2 的表 5-11（施记表 9）。

十、施记表 10——钻孔桩水下混凝土灌注记录

1）桩编号：桩或槽段在构筑物编号。

2）设计桩底标高、桩设直径：填写设计图纸要求值。

3）灌注前孔底标高：填写钢筋骨架就位后开始灌注前，实测的孔底标高。

4）护筒顶标高、钢筋骨架底标高：按照实测值填写。

5）混凝土强度等级：按照设计文件填写。

6）坍落度：填写由具有相应资质试验室提供的水下混凝土坍落度值。

7）实灌混凝土数量：填写开始灌注至每次观测时实际灌注混凝土的数量，分别填入盘数（现场搅拌混凝土）或车数（商品混凝土）及折算的立方数。

8）护筒顶至混凝土面深度、护筒顶至导管下口深度：填写每次观测时实测高度。一般情况下导管插入混凝土深度宜保持 2～6m，首次灌注时贮斗内混凝土的初存量必须满足导管底端能埋入混凝土中 1m 以上深度内。

参见项目 5 任务 2 的表 5-12（施记表 10）。

十一、施记表 11——预应力张拉数据表

表内各项数据的计算工作若由施工或监理单位的人员进行，则必须经由项目设计负责人审定并办理签名确认手续。

1）预应力钢筋种类：按设计文件要求及实际填写，常用的有Ⅲ～Ⅳ级钢、碳素钢、刻痕钢丝、冷拔低碳钢丝、钢绞线等。

2）抗拉标准强度：按产品出厂合格证书（或出厂检验报告）或施工图设计文件规定值填写。

3）张拉方式：指单端张拉或两端张拉。

4）张拉初始应力、张拉控制应力、控制张拉力、超张张拉力等根据施工图设计文件或相应的设计、施工技术规范并结合实际适用的预应力钢筋品种、规格、数量和截面积计算确定。

5）孔道累计转角：每根预应力钢筋（在其沿垂面上）的曲线孔道偏转角度之和。

6）孔道长度：孔道长度（m）一般取一个曲线孔道的一半，如几个曲线应分别计算。

7）孔道摩擦系数：指应力钢筋与孔道壁的摩擦系数，可以查经验数据表或由试验室测得到。

8）孔道偏差系数：单位长度（m）孔道局部偏差对摩擦的影响系数，由经验数据或试验室实测值计算而得。

9）计算伸长量 ΔL：指按每束预应力筋的平均张拉力 P_P、预应力钢筋弹性模量实测值 E_p 预应力筋长度 L 和预应力筋的截面积 A_P 计算得到理论伸长值：$\Delta L = P_P \times L / A_P \times E_P$。

参见项目 5 任务 2 的表 5-57（施记表 11）。

十二、施记表 12——预应力张拉记录

1）控制应力值 σ_{com}：一般 $\sigma_{com}=0.75\sim0.8\sigma_y$，$\sigma_y$ 为材料允许应力。初始应力 σ_0 一般为（0.1～0.25）σ_{com}，超张拉应力一般为 $1.05\sigma_{com}$ 或 $1.03\sigma_{com}$（对于夹片等具有自锚性能的锚具）。

2）预应力钢筋种类、规格、初始应力、控制应力值、超张拉控制应力值、理论伸长值：按表 5-12（施记表 10）提供的相应的数值及其说明填写。

3）张拉机具设备编号：按照实际适用的机具设备的铭牌（必须与标定合格证书对应的编号相一致）填写。

4）油表读数：根据应力张拉数据表的初始应力、控制应力值、超张拉控制应力值，查相应的计量标定的 P-T 曲线得到对应的压力表读数填入相应的空格内。

5）如预应力张拉，要求张拉设备——油泵、千斤顶、压力表等应有由法定计量检测单位进行校验的报告和张拉设备配套标定的报告并绘有相应的 P-T 曲线。如未按此要求做，张拉成果将不予认可。

注：预应必须有监理工程师旁站见证。

参见项目 5 任务 2 的表 5-59（施记表 12）。

十三、施记表 13——预应力张拉孔道压浆记录

1）部位（构件）编号：名称按施工图设计文件的名称填写，如板、梁、柱等；编号可按设计文件提供的编号或施工企业自行编号，如第几跨的第几号梁（板）等。

2）水泥品种及等级：按照施工图设计文件提供的数据填写，设计文件没有提供的。参照相应的施工技术规范填写。

3）起止时间：应注明开始灌浆的具体时间以及完成时具体时间。

4）压强：填写压力表读数，一般以 0.5～0.7MPa 为宜。

5）冒浆情况：填写在排气（出浆）孔能否正常排出浓浆的情况；

6）水泥浆用量：可填写使用水泥浆的重（质）量或体积（升）。

7）净浆温度：记录水泥浆的实测温度值。

参见项目 5 任务 2 的表 5-60（施记表 13）。

十四、施记表 14——混凝土浇筑记录

1）浇筑部位：填写浇筑混凝土构造物所在的具体位置。

2）天气情况及室外气温：根据实测结果填写。

3）设计强度等级：按照设计图要求或配合比通知单的设计强度等级填写。

4）商品混凝土：如实填写供应商名称和合同号，供料强度等级按照实际填写。

5）配合比通知单编号；材料名称、规格产地按实际使用的材料填写。

6）每立方米用量、每盘用量：按照配合比试验单填写。

7）材料含水质量：按照实测各种材料的含水量填写。

8）实际每盘用量：按照各种材料的实测含水量进行修正后的施工配合比填写。

9）现场拌合混凝土配合比：在排气（出浆）孔能正常排出浓浆的情况下填写。

10）混凝土完成数量：按照施工图计算的浇筑部位的混凝土体积。

11）完成时间：指浇筑结束时间。

12）入模温度：指混凝土拌合物入模前的实测温度。

13）实测坍落度：填写随机检测的实测值，每台班至少要抽查并记录4次，每车次至少要抽查并记录1次。

14）混凝土浇筑中出现的问题及处理方法：记录施工过程中发生的问题、处理情况及需要补充说明的其他情况。

15）数量（组）：应按照国家有关的规范执行。混凝土试块按其是否实行见证和试块的养护方法，可分无见证标养、有见证标养、同条件养护试块等。

参见项目5任务2的表5-61（施记表14）。

十五、施记表15——构件吊装施工记录

1）吊装机具：常用的机具一般有汽车吊机、履带吊机、轮胎吊机、门式吊机、架桥机等。

2）构件型号名称：按照设计文件或构件生产厂家提供的出厂合格证书提供的资料填写。

3）安装位置：是指吊装构件在其对应工程部位中的具体位置。

4）安装标高：一般填写构件两端支承（座）点实测标高值。

5）就位情况：填写构件两端支承（座）点纵（Y）、横（X）方向的实测偏差值。

6）固定方法：填写采用的固定方法（常有焊接、栓接、锚接、隼接和直接置于支座上等）及实际固定状况，按设计或施工方案的要求填写。

7）接缝处理：一般有现浇混凝土、铆接、焊接等。

参见项目5任务2的表5-62（施记表15）。

十六、施记表16——顶管工程顶进记录

1）顶进方向：施工记录段的顶管前进方向。

2）管径、管材种类、接口形式、顶管工作坑位置：应按实际情况填写。

3）顶进作业每台班至少填写一行记录，内容包括顶进长度、测量记录、高程偏差、中心偏差、管前掏土长度、表压、使用镐数等根据每次实测结果填写；每一顶管作业段要连续填写，故每张表应分别记录第×页共×页。

4）备注：填写位置的校正、地下水变化情况、出现的问题及其处理方法。

十七、施记表17——箱涵顶（推）进记录

1）顶（推）进方式：一般可分为正顶、反顶、对顶等。

2）箱体重量：按设计图纸计算最大值填写。

3）设计最大顶（推）力：根据施工图设计文件及地质勘探资料计算的最大顶（推）力值填写。

4）顶进作业每班应填写顶进记录内容包括：

①进尺：按千斤顶的实际有效行程或观测点沿顶进方向前进的距离。

②高程：分别记录顶进段前、中、后三个观测点的设计计算值和实测高程值。

③中线：填写顶进段中线水平方向偏差的最大值。

④顶（推）力：按千斤顶压力表读数查其计量标定的 P-T 曲线所得的顶力值。

⑤土质情况：顶进开始、结束和遇到地质情况有突变时应填写清楚。

⑥备注：填写位置的校正、水位情况、顶进过程出现的问题及处理的情况。

十八、施记表 18——沉降观测记录

1）本表分时段进行观测记录。

2）右边空白处应填观测点布置简图，即把各测点的平面分布情况如实表示清楚。

3）表格内的观测点按照布置简图标注的观测点填写；表格内每行的其余项目根据每次测量的数据如实记录，并由测量人亲笔签名。

4）备注：填写需要补充说明的其他情况。

十九、施记表 19——混凝土测温记录

1）工程部位：所施工的混凝土在相应的工程结构中所属部位。

2）混凝土入模温度、混凝土浇筑时大气温度、混凝土养护日期以及测温孔温度，按实际量测结果填写。

3）测温孔布置图：画出各测温孔的平面或立面位置，把测温孔的编号表示清楚并与表内测温孔的编号一一对应。

项 目 小 结

记录表	分 类
施管表	*施管表 1——单位工程技术资料目录表 *施管表 2——竣工验收证书 *施管表 3——施工组织设计审批表 *施管表 4——施工图设计文件会审记录 *施管表 5——施工技术交底记录 施管表 6——工程洽商记录
质评表	*质评表 1——单位工程质量评定表 *质评表 2——工程部位质量评定表 *质评表 3——工序质量评定表
质检表	*质检表 1——材料、构配件检查记录 *质检表 2——设备、配（备）件检查记录 *质检表 3——预检工程检查记录 *质检表 4——隐蔽工程检查记录 质检表 5——地基钎探记录 质检表 6——焊缝质量综合评级汇总表 质检表 7——防腐层质量检查记录 质检表 8——电气安装工程分项自检、互检记录 质检表 9——电气接地装置平面示意图与隐检记录 质检表 10——中间检查交接记录

续表

记录表	分　　类
试验表	* 试验表1——主要原材料及构配件出厂证明及复试报告目录 * 试验表2——有见证试验汇总表 * 试验表3——见证记录 * 试验表4——水泥试验报告 * 试验表5——砂子试验报告 * 试验表6——石子试验报告 * 试验表7——钢筋原材试验报告 * 试验表8——钢筋机械接头试验报告 * 试验表9——钢筋焊接接头试验报告 * 试验表10——砖试验报告 * 试验表11——沥青试验报告 * 试验表12——沥青胶结材料试验报告 试验表13——防水卷材试验报告 试验表14——防水涂料试验报告 试验表15——材料试验报告 试验表16——环氧煤沥青涂料性能试验记录 * 试验表17——混凝土配合比申请单、通知单 * 试验表18——混凝土抗压强度试验报告 * 试验表19——混凝土抗折强度试验报告 试验表20——混凝土抗渗性能试验报告 * 试验表21——混凝土强度（性能）试验汇总表 * 试验表22——混凝土试块强度统计、评定记录 * 试验表23——砂浆配合比申请单、通知单 * 试验表24——砂浆抗压强度试验报告 * 试验表25——砂浆试块强度试验汇总表 * 试验表26——砂浆试块强度统计评定记录 试验表27——石灰类无机混合料中石灰剂量检验报告 * 试验表28——土的最大干密度与最优含水量试验报告 * 试验表29——土的压实度试验记录 试验表30——土的压实度（管沟类）试验记录 * 试验表31——压实度（灌砂法）试验记录 * 试验表32——道路基层混合料抗压强度试验记录 试验表33——沥青混合料压实度（蜡封法）试验记录 * 试验表34——回弹弯沉记录 * 试验表35——无压力管道严密性试验记录 试验表36——水池满水试验记录 试验表37——污泥消化池气密性试验记录 试验表38——供水管道水压试验记录

续表

记录表	分 类
施记表	施记表 1——导线点复测记录 * 施记表 2——水准点复测记录 * 施记表 3——测量复核记录 施记表 4——沉井工程下沉记录 施记表 5——打桩记录 * 施记表 6——钻孔桩钻进记录（冲击钻） * 施记表 7——钻孔桩钻进记录（旋转钻） 施记表 8——钻孔桩记录汇总表 * 施记表 9——钻孔桩成孔质量检查记录 * 施记表 10——钻孔桩水下混凝土灌注记录 * 施记表 11——预应力张拉数据表 * 施记表 12——预应力张拉记录 * 施记表 13——预应力张拉孔道压浆记录 * 施记表 14——混凝土浇筑记录 * 施记表 15——构件吊装施工记录 施记表 16——顶管工程顶进记录 施记表 17——箱涵顶（推）进记录 施记表 18——沉降观测记录 施记表 19——混凝土测温记录

注：* 有样表。

复习思考题

1. 施工质量管理记录表和施工过程管理记录表的区别是什么？
2. 施工质量管理记录表有哪些？
3. 质评表有哪些表格？
4. 质量检查表有哪些表格？

项目3　市政道路工程施工资料编制

知识目标

1. 掌握施工准备阶段的道路工程施工资料编制内容；
2. 掌握施工准备阶段的道路工程施工资料表格填写；
3. 掌握施工阶段的道路工程施工资料表格填写；
4. 掌握竣工阶段的道路工程施工资料表格填写。

任务1　施工准备阶段的施工技术文件编制

一、施工组织设计（专项方案）

1. 施工组织设计（方案报审表）

施工组织设计（方案）报审表　　**表3-1**

工程名称：××市××路道路工程　　编号：

致：××监理有限公司（监理单位）

我方已根据施工合同的有关规定完成了××工程实施性施工组织设计方案的编制，并经我单位上级技术负责人审查批准，请予以审查。

附：实施性施工组织设计方案　　1份

承包单位(章)　××市政工程有限公司
项目经理　×××
日期　××年××月××日

专业监理工程师审查意见：

专业监理工程师　×××
日期　××年××月××日

总监理工程师审查意见：

项目监理机构(章)
总监理工程师　×××
日期　××年××月××日

2. 施工组织设计审批表

施工组织设计审批表　　**表3-2**

××年 ××月 ×× 日　　**施管表3**

工程名称	××市××路工程	施工单位	××市政工程有限公司

有关部门：

××工程实施性施工组织设计已按有关要求编制完成。本施工组织设计根据××工程实际施工情况，充分考虑了各个关键工序和重点工序的衔接和协调关系，制定了具体的可行性的施工技术方案和工艺操作方法，确定了工程施工总体目标：

1. 质量目标：工程质量等级确保合格。

2. 安全目标：杜绝施工安全事故，确保无重大伤亡事故，无等级火警事故，创建安全标准化工地。

3. 工期目标：根据合同要求××个日历天。

4. 文明施工目标：按××市建设工程质量监督总站××号文件的有关文明施工要求执行。文明施工，争创整洁、有序、文明标准化工地。

现将由本项目部人员编制而成的实施性施工组织设计呈上，请公司有关领导审批

编制人：项目技术负责人×××（签名）
审核人：项目经理×××（签名）
××工程项目部（盖章）
××年8月25日

结论：该施工组织设计，技术上可行，进度目标、质量安全目标能够实现。符合有关规范、标准。符合合同要求。同意按此施工组织设计实施施工

审批单位（盖章）		审批人	公司总工程师：×××（签名）

二、施工图设计文件会审记录

施工图设计文件会审记录　　**表 3-3**

施管表 4

<table>
<tr><td>工程名称</td><td colspan="3">××市××路工程</td></tr>
<tr><td>图纸会审部位</td><td>××路工程</td><td>日期</td><td>××年××月××日</td></tr>
<tr><td colspan="4">会审中发现的问题：
1. 道路平面图中桩号 K2＋135 处因路面拓宽，没有明确标注尺寸，请明确。
2. 道路两侧挡土墙中的泄水孔，按几米的间距来放，请明确。
3. 道路两侧外预留检查井外面是否预留管道，请明确预留管长度及检查井井盖标高。
4. 图纸 P55 页桥台台身及台帽钢筋共 3.19t，但实际 5.19t，缺少 2.0t 钢筋。
5. 部分污水管平均埋深在 5m 以上，设计管道式承插管，接口容易压扁及施工图中设计的 HDPE12kN/m² 承插管市场上无法采购，请设计明确</td></tr>
<tr><td colspan="4">处理情况：
1. 从道路中心线起，拓宽处车行道宽度为 13.5m，人行道宽度为 3m。
2. 3m。
3. 根据实际借地情况预留 3m，井盖标高与人行道持平。
4. 钢筋数量按设计详图 5.19t 计算。
5. 将排水工程总说明中注明的环刚度≥12kN/m² 的 HDPE 双壁波纹管改为环刚度≥12kN/m² 的 HDPE 双壁缠绕管，其余管道不变，按原图施工</td></tr>
</table>

参加会审单位及人员

单位名称	姓 名	职 务	单位名称	姓 名	职 务
××城建指挥部	×××	总工	××监理有限公司	×××	总监理工程师
××城建指挥部	×××	工程师	××监理有限公司	×××	监理工程师
××建筑设计院	×××	高工	××市政工程有限公司	×××	项目经理
××建筑设计院	×××	工程师	××市政工程有限公司	×××	工程师

填表人：

三、施工技术交底记录

施管表5的记录表格内容有：土路基、塘渣垫层、碎石垫层、水泥稳定土基层、热拌沥青混合料面层、水泥混凝土面层等。下表是水泥稳定土基层的施工技术交底记录。

施工技术交底记录　　**表3-4**

××年××月××日　　**施管表5**

工程名称	××市××路工程（道路工程）	分部工程	基层
分项工程名称	水泥稳定土基层		
交底内容： 1. 对原材料的要求：1）水泥应选用初凝时间大于3h、终凝时间不小于6h的42.5级普通硅酸盐水泥。水泥应有出厂合格证书与生产日期，进场后要及时进行复试确认合格后方可使用；2）土宜选用粗粒土、中粒土；土的均匀系数不应小于5，宜大于10，塑性指数宜为10～17；土中小于0.6mm颗粒的含量应小于30%；3）粒料最大粒径不得超过37.5mm； 2. 混合料配合比应符合要求，计量准确；含水量应符合施工要求，并搅拌均匀； 3. 厂拌混合料搅拌厂应向现场提供产品合格证及水泥用量、粒料级配、混合料配合比、R7强度标准值； 4. 施工前应通过试验确定压实系数。水泥稳定砂砾的压实系数宜为1.30～1.35； 5. 水泥稳定土类材料自搅拌至摊铺完成，不应超过3h； 6. 应在最佳含水量时进行碾压，宜采用12～18t压路机作初步稳定碾压，混合料初步稳定后用大于18t的压路机碾压，压实表面平整、无明显轮迹，且达到有关规定要求的压实度； 7. 当使用振动压路机时，应符合环境保护和周围建筑物及地下管线、构筑物的安全要求； 8. 水泥稳定土类材料，宜在水泥初凝前碾压成活； 9. 基层宜采用洒水养护，保持湿润，养护期间不得有车辆行驶； 10. 常温下成活后养护7d，且在抽取的7d无侧限抗压试块强度经检查合格，及弯沉值和压实度经检测都合格后方可进行下道工序施工			
交底单位	××	接收单位	××
交底人	×××	接收人	×××

四、开工报告

1. 工程开工/复工报审表

工程开工/复工报审表　　**表 3-5**

工程名称：××市××路工程　　编号：

致：××监理有限公司（监理单位）

我方承建的××市××路工程，已完成了各项工作，具备了开工/复工条件，特此申请施工，请核查并签发开工/复工指令。

附：开工报告　　1份

承包单位（章）

项 目 经 理　×××

日　　　期　××年××月××日

审查意见：

该工程具备开工条件，同意开工

项目监理机构（章）

总 监 理 工 程 师　×××

日　　　期　×× 年××月××日

2. 开工报告

开　工　报　告　　**表3-6**

施工单位：××市政工程有限公司　　报告日期：××年××月××日

工程编号	××	开工日期	××年××月××日
工程名称	××市××路工程	竣工日期	××年××月××日
建设单位	××城建指挥部	工程造价	××万元整
监理单位	××监理有限公司	合同工期	××历天
工程项目负责人	×××	电话	××
监理代表	×××	电话	××
建设单位代表	×××	电话	××
填表人	×××	电话	××

建设单位签章	同意开工 项目经理：×××	监理单位签章	同意开工 项目经理：×××	施工单位签章	同意开工 项目经理：×××

五、质量保证条件自查表

施工单位质量保证条件自查表　　　　**表 3-7**

<table>
<tr><td>工程名称</td><td colspan="2">××市××路工程</td><td colspan="2">工程造价</td><td>××万元</td></tr>
<tr><td>施工单位</td><td colspan="2">××市政工程有限公司</td><td colspan="2">资质等级</td><td>××级</td></tr>
<tr><td>单位地址</td><td colspan="5">××市××区××路××号</td></tr>
<tr><td>邮编</td><td colspan="2">××</td><td colspan="2">联系电话</td><td>××</td></tr>
<tr><td rowspan="7">工程管理人员情况</td><td>职 务</td><td>姓 名</td><td>专业职称</td><td>岗位证书号</td><td>岗位责任制</td></tr>
<tr><td>项目经理</td><td>×××</td><td>工程师</td><td>××</td><td>项目经理</td></tr>
<tr><td>技术负责</td><td>×××</td><td>高 工</td><td>××</td><td>技术科</td></tr>
<tr><td>施工员</td><td>×××</td><td>助 工</td><td>××</td><td>施工科</td></tr>
<tr><td>质检员</td><td>×××</td><td>技术员</td><td>××</td><td>质检科</td></tr>
<tr><td>安全员</td><td>×××</td><td>技术员</td><td>××</td><td>安全科</td></tr>
<tr><td>资料员</td><td>×××</td><td>技术员</td><td>××</td><td>资料科</td></tr>
<tr><td colspan="6">工程管理组织机构情况：
已 组 织</td></tr>
<tr><td colspan="6">工程质量责任制落实情况：
已 落 实</td></tr>
<tr><td colspan="6">工程质量控制程序：
已 建 立</td></tr>
<tr><td colspan="6">施工组织设计编制情况：
已 编 制</td></tr>
<tr><td colspan="6">项目经理：×××　　　　　　××年××月××日</td></tr>
<tr><td colspan="6">施工单位法人代表：×××　　　　　　××年××月××日（盖章）</td></tr>
</table>

六、水准点复测记录

水准点复测记录 **表 3-8**

工程名称：××市××路工程 施工单位：××市政公司 复测部位：道路工程 **施记表 2**

日期：××年××月××日

测点	后视 (1)	前视 (2)	高差（mm） + (3)＝(1)－(2)	高差（mm） － (3)＝(1)－(2)	高程 (m) (4)	备 注
TBM1	0.712				6.774	平 6.774
TBM2	0.901	0.762	50		6.724	平 6.725
TBM3		0.809		92	6.816	平 6.815
回测						
TBM3	0.855				6.814	
TBM2	0.313	0.943	88		6.726	
TBM1		0.269		48	6.774	
总和	2.781	2.783	138	140		

计算：

实测闭合差 $f'=-2\text{mm}$ 容许闭合差 $f=\pm 40\sqrt{L}=\pm 40\times 0.1=\pm 4\text{mm}$

结论：$f'<f$ 满足施工要求

观测：××× 复测：××× 计算：××× 施工项目技术负责人：

任务2　施工阶段的施工技术文件编制

一、报验申请表

报验申请表有：土路基、级配碎石垫层、水泥稳定层、沥青混合料面层、水泥混凝土面层、人行道板、平侧石、雨水口等。

水泥稳定层　报验申请表　　**表3-9**

工程名称：××市××路工程　　编号：

致：××监理有限公司（监理单位）

我单位已完成了K1+760～K1+900南侧车行道水泥稳定层工作，现报上该工程报验申请表，请予以审查和验收。

附件：1. 测量复核记录　1份

2. 隐蔽工程检查验收记录　1份

3. 检验批质量检验记录　1份

承包单位(章)

项目经理　×××

日　期　××年×月×日

审查意见：

符合要求，同意报验

项目监理机构（章）

总/专业监理工程师　×××

日　期　××年×月×日

二、测量复核记录

测量复核记录有：土路基、级配碎石垫层、水泥稳定层、沥青混合料面层、水泥混凝土面层、人行道板、平侧石、雨水口等。

测量复核记录 **表 3-10**

施记表 3

<table>
<tr><td>工程名称</td><td colspan="3">××市××路工程</td><td colspan="2">施工单位</td><td colspan="2">××市政工程有限公司</td></tr>
<tr><td>复核部位</td><td colspan="3">K1+760~K1+900
南侧车行道水泥稳定层</td><td colspan="2">日 期</td><td colspan="2">××年××月××日</td></tr>
<tr><td>原施测人</td><td colspan="3"></td><td colspan="2">测量复核人</td><td colspan="2"></td></tr>
<tr><td rowspan="17">测量复核情况
（示意图）</td><td colspan="7">临时水准点：
BM2 6.393
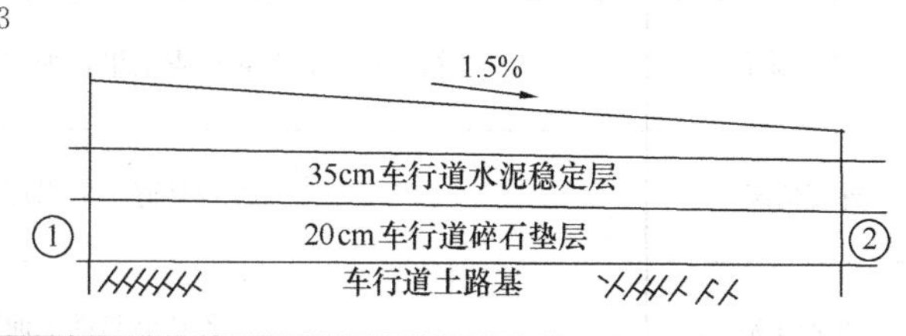
</td></tr>
<tr><td>测 点</td><td>后 视</td><td>视线高</td><td>前 视</td><td>实测高程</td><td>设计高程</td><td>高差
（mm）</td></tr>
<tr><td>BM2</td><td>1.674</td><td>8.067</td><td></td><td></td><td></td><td></td></tr>
<tr><td>K1+780①</td><td></td><td></td><td>1.860</td><td>6.207</td><td>6.190</td><td>17</td></tr>
<tr><td>②</td><td></td><td></td><td>1.994</td><td>6.073</td><td>6.085</td><td>−12</td></tr>
<tr><td>K1+800①</td><td></td><td></td><td>1.816</td><td>6.251</td><td>6.250</td><td>1</td></tr>
<tr><td>②</td><td></td><td></td><td>1.913</td><td>6.154</td><td>6.145</td><td>9</td></tr>
<tr><td>K1+820①</td><td></td><td></td><td>1.775</td><td>6.292</td><td>6.280</td><td>12</td></tr>
<tr><td>②</td><td></td><td></td><td>1.903</td><td>6.164</td><td>6.175</td><td>−11</td></tr>
<tr><td>K1+840①</td><td></td><td></td><td>1.807</td><td>6.26</td><td>6.250</td><td>10</td></tr>
<tr><td>②</td><td></td><td></td><td>1.915</td><td>6.152</td><td>6.145</td><td>7</td></tr>
<tr><td>K1+860①</td><td></td><td></td><td>1.867</td><td>6.2</td><td>6.190</td><td>10</td></tr>
<tr><td>②</td><td></td><td></td><td>1.998</td><td>6.069</td><td>6.085</td><td>−16</td></tr>
<tr><td>K1+880①</td><td></td><td></td><td>1.936</td><td>6.131</td><td>6.130</td><td>1</td></tr>
<tr><td>②</td><td></td><td></td><td>2.038</td><td>6.029</td><td>6.025</td><td>4</td></tr>
<tr><td>K1+900①</td><td></td><td></td><td>2.002</td><td>6.065</td><td>6.070</td><td>−5</td></tr>
<tr><td>②</td><td></td><td></td><td>2.098</td><td>5.969</td><td>5.965</td><td>4</td></tr>
<tr><td></td><td colspan="7">宽度（mm） 设计：7500 实测：7572 7584 7599 7616
偏差值（mm） 72 84 99 116</td></tr>
<tr><td>复核结论</td><td colspan="7">符合设计及规范要求 ×××（监理工程师签字）</td></tr>
<tr><td>备 注</td><td colspan="7"></td></tr>
</table>

计算者：××× 施工项目技术负责人：×××

三、设备、配（备）件检查记录

设备、配（备）件检查记录 **表 3-11**

质检表 2

工程名称：××市××路工程 施工单位：××市政工程有限公司

<table>
<tr><td colspan="2">名 称</td><td colspan="2">轴流泵</td><td colspan="2">检查日期</td><td>××年××月××日</td></tr>
<tr><td colspan="2">检查型号</td><td colspan="2">500QZ-70G</td><td colspan="2">总数量</td><td>3台</td></tr>
<tr><td colspan="2">编 号</td><td colspan="2">7086-02</td><td colspan="2">检查数量</td><td>3台</td></tr>
<tr><td rowspan="4">预检记录</td><td>技术证件</td><td colspan="5">出厂合格证、说明书、性能曲线、配（备）件明细表</td></tr>
<tr><td>备件与附件</td><td colspan="5">箱体良好，开箱检查结果：配（备）齐全，无缺损现象</td></tr>
<tr><td>外观情况</td><td colspan="5">外观良好，无损坏锈蚀情况</td></tr>
<tr><td>测试情况</td><td colspan="5">各功能与性能曲线相符</td></tr>
<tr><td rowspan="6">检查情况</td><td colspan="6">缺损附备件明细表</td></tr>
<tr><td>序号</td><td>名称</td><td>规格</td><td>单位</td><td>数量</td><td>备注</td></tr>
<tr><td></td><td></td><td></td><td></td><td></td><td></td></tr>
<tr><td></td><td></td><td></td><td></td><td></td><td></td></tr>
<tr><td></td><td></td><td></td><td></td><td></td><td></td></tr>
<tr><td></td><td></td><td></td><td></td><td></td><td></td></tr>
<tr><td rowspan="4">处理意见</td><td rowspan="4">检查包装箱完整，随机文件齐全，外观良好，测试情况符合设计与规范要求，同意验收</td><td rowspan="4">供货单位</td><td rowspan="4">××材料采购中心</td><td rowspan="4">检查人员</td><td>材料部门</td><td>×××</td></tr>
<tr><td>技术部门</td><td>×××</td></tr>
<tr><td>施工部门</td><td>×××</td></tr>
<tr><td>质量部门</td><td>×××</td></tr>
</table>

四、预检工程检查记录

预检工程检查记录 **表3-12**

××年××月××日 **质检表3**

工程名称	××市××路工程	施工单位	××市政工程有限公司
检查项目	水泥混凝土路面模板安装	预检部位	K1+760～K1+900南侧车行道
预检内容	施工方式：小型机具 1. 支模前应核对路面标高、面板分块、胀缝和构造物位置 2. 模板应安装稳固、顺直、平整，无扭曲，相邻模板连接应紧密平顺，不应错位 3. 严禁在基层上挖槽嵌入模板 4. 模板安装完毕，应进行检验，合格后方可使用 5. 中线允许偏差：≤15mm 6. 宽度允许偏差：≤15mm 7. 顶面高程允许偏差：±10mm 8. 横坡允许偏差：±0.20%×路宽mm 9. 相邻板高差允许偏差：≤2mm 10. 模板接缝宽度允许偏差：≤3mm 11. 侧面垂直度允许偏差≤4mm 12. 纵向顺直度允许偏差≤4mm 13. 顶面平整度允许偏差≤2mm		
检查情况	施工方式：小型机具 1. 支模前核对路面标高、面板分块、胀缝和构造物位置正确 2. 模板安装稳固、顺直、平整，无扭曲，相邻模板连接紧密平顺，无错位 3. 在基层上无挖槽嵌入模板 4. 模板安装完毕，进行检验，已合格 5. 中线（允许偏差≤15mm） 实测：5 4 8 7 6. 宽度（允许偏差≤15mm） 实测：11 6 22 9 4 13 12 7. 顶面高程（允许偏差±10mm） 实测：+2 +8 +12 −2 −16 +23 −9 8. 横坡（允许偏差±0.20%×路宽mm） 实测：+3 +5 −9 +24 +8 −12 +7 9. 相邻板高差（允许偏差≤2mm） 实测：1 0 2 1 1 2 1 10. 模板接缝宽度（允许偏差≤3mm） 实测：2 1 3 0 1 1 0 11. 侧面垂直度（允许偏差≤4mm） 实测：4 1 2 2 1 3 2 12. 纵向顺直度（允许偏差≤4mm） 实测：2 3 2 2 13. 顶面平整度（允许偏差≤2mm） 实测：1 0 0 1 2 1		
处理意见			

参加检查人员签字

施工项目技术负责人	测量员	质检员	施工员	班组长	填表人
×××	×××	×××	×××	×××	×××

五、隐蔽工程检查（验收）记录

隐蔽工程检查（验收）记录有：车行道土路基、车行道级配碎石垫层、车行道水泥稳定碎石层等。

隐蔽工程检查验收记录　　　　**表 3-13**

××年××月××日　　　　**质检表 4**

<table>
<tr><td>工程名称</td><td colspan="2">××市××路工程</td><td colspan="2">施工单位</td><td colspan="2">××市政工程有限公司</td></tr>
<tr><td>隐蔽项目</td><td colspan="2">车行道水泥稳定碎石层</td><td colspan="2">隐检范围</td><td colspan="2">K1＋760～K1＋900 南侧</td></tr>
<tr><td>检查情况及隐检内容</td><td colspan="6">1. 水泥稳定层压实度，详见试验报告
2. 7d 无侧限抗压强度符合设计要求，详见试验报告
3. 外观检查，表面应平整、坚实、无粗细料骨料集中现象，无明显轮迹、推移、裂缝，接茬平顺，无贴皮、散料
4. 纵断面高程（允许偏差－15，15）　实测：3、6、11、－14、12、－4、－6
5. 中线偏位（允许偏差≤20）　实测：72、84、99、116
6. 平整度（允许偏差≤10）　实测：6、3、5、4、4、8、8
7. 宽度（允许偏差不小于设计值＋B）　实测：156、65、47、178
8. 横坡（允许偏差±0.3%且不反坡）　实测：7、15、－7、5、3、16、－5、15、15、－11、16、－6、16、8
9. 厚度（允许偏差＋20 －10%层厚）　实测：4</td></tr>
<tr><td>验收意见</td><td colspan="6">符合设计及规范要求</td></tr>
<tr><td>处理情况</td><td colspan="6">同意下道工序施工

复查人：×××（监理工程师签字）　　×××年××月××日</td></tr>
<tr><td colspan="2">建设单位</td><td colspan="2">监理单位</td><td colspan="2">施工项目
技术负责人</td><td>质检员</td></tr>
<tr><td colspan="2">×××</td><td colspan="2">×××</td><td colspan="2">×××</td><td>×××</td></tr>
</table>

六、检验批质量检验记录

检验批质量检验记录

表 3-14

表 A.0.1

编号：______

<table>
<tr><td>工程名称</td><td colspan="5">××市××路工程</td></tr>
<tr><td>施工单位</td><td colspan="5">××市政工程有限公司</td></tr>
<tr><td>单位工程名称</td><td colspan="2">道路工程</td><td>分部工程名称</td><td colspan="2">基层</td></tr>
<tr><td>分项工程名称</td><td colspan="2">水泥稳定碎石层</td><td>验收部位</td><td colspan="2">K1＋760～K1＋900
车行道南侧</td></tr>
<tr><td>工程数量</td><td>长 140.0m，
宽 7.5m</td><td>项目经理</td><td>××</td><td>技术负责人</td><td>××</td></tr>
<tr><td>制表人</td><td>××</td><td>施工负责人</td><td>××</td><td>质量检验员</td><td>××</td></tr>
<tr><td>交方班组</td><td>××</td><td>接方班组</td><td>××</td><td>检验日期</td><td>××年××月××日</td></tr>
</table>

<table>
<tr><td rowspan="2">序号</td><td rowspan="2">主控项目</td><td rowspan="2">检验依据/允许偏差
（规定值或±偏差值）
(mm)</td><td colspan="12">检查结果/实测点偏差值或实测值</td></tr>
<tr><td>1</td><td>2</td><td>3</td><td>4</td><td>5</td><td>6</td><td>7</td><td>8</td><td>9</td><td>应测点数</td><td>合格点数</td><td>合格率（%）</td></tr>
<tr><td>1</td><td>水泥</td><td>第 7.5.1.1 条</td><td colspan="9">符合第 7.5.1.1 条要求，详见试验报告</td><td></td><td></td><td>100%</td></tr>
<tr><td>2</td><td>土类</td><td>第 7.5.1.2 条</td><td colspan="9">符合第 7.5.1.2 条要求，详见试验报告</td><td></td><td></td><td>100%</td></tr>
<tr><td>3</td><td>粒料</td><td>第 7.5.1.3 条</td><td colspan="9">符合第 7.5.1.3 条要求，详见试验报告</td><td></td><td></td><td>100%</td></tr>
<tr><td>4</td><td>水</td><td>第 7.2.3.1 条</td><td colspan="9">符合第 7.2.3.1 条要求，详见试验报告</td><td></td><td></td><td>100%</td></tr>
<tr><td>5</td><td>基层压实度</td><td>第 7.8.2.2.2 条≥97%</td><td colspan="9">均≥97%，详见试验报告</td><td></td><td></td><td>100%</td></tr>
<tr><td>6</td><td>7d 无侧限抗压强度</td><td>第 7.8.2.3 条</td><td colspan="9">7d 无侧限抗压强度符合设计要求，详见试验报告</td><td></td><td></td><td>100%</td></tr>
<tr><td rowspan="2">序号</td><td rowspan="2">一般项目</td><td rowspan="2">检验依据/允许偏差
（规定值或±偏差值）
(mm)</td><td colspan="12">检查结果/实测点偏差值或实测值</td></tr>
<tr><td>1</td><td>2</td><td>3</td><td>4</td><td>5</td><td>6</td><td>7</td><td>8</td><td>9</td><td>应测点数</td><td>合格点数</td><td>合格率（%）</td></tr>
<tr><td>1</td><td>外观质量</td><td>第 7.8.2.4 条</td><td colspan="9">表面平整、坚实、接缝平顺，无明显粗、细骨料集中现象，无推移、裂缝、贴皮、松散、浮石现象。</td><td></td><td></td><td>100%</td></tr>
<tr><td>2</td><td>纵断面高程</td><td>(−15，15)</td><td>3</td><td>6</td><td>11</td><td>−14</td><td>12</td><td>−4</td><td>−6</td><td></td><td></td><td>7</td><td>7</td><td>100%</td></tr>
<tr><td>3</td><td>中线偏位</td><td>≤20</td><td>72</td><td>84</td><td>99</td><td>116</td><td></td><td></td><td></td><td></td><td></td><td>4</td><td></td><td>100%</td></tr>
<tr><td>4</td><td>平整度</td><td>≤10</td><td>6</td><td>3</td><td>5</td><td>4</td><td>4</td><td>8</td><td>8</td><td></td><td></td><td>7</td><td>7</td><td>100%</td></tr>
<tr><td>5</td><td>宽度</td><td>不小于设计值＋B</td><td>156</td><td>65</td><td>47</td><td>178</td><td></td><td></td><td></td><td></td><td></td><td>4</td><td>4</td><td>100%</td></tr>
<tr><td rowspan="2">6</td><td rowspan="2">横坡</td><td rowspan="2">±0.3%且不反坡</td><td>7</td><td>15</td><td>−7</td><td>5</td><td>3</td><td>16</td><td>−5</td><td>15</td><td>15</td><td rowspan="2">14</td><td rowspan="2">14</td><td rowspan="2">100%</td></tr>
<tr><td>−11</td><td>16</td><td>−6</td><td>16</td><td>8</td><td></td><td></td><td></td><td></td></tr>
<tr><td>7</td><td>厚度</td><td>±10</td><td>4</td><td></td><td></td><td></td><td></td><td></td><td></td><td></td><td></td><td>1</td><td>1</td><td>100%</td></tr>
<tr><td colspan="3">平均合格率（%）</td><td colspan="12">100%</td></tr>
<tr><td colspan="3">检验结论</td><td colspan="12">符合 CJJ 1—2008 规范要求，自评合格</td></tr>
<tr><td colspan="2">监理（建设）单位意见</td><td colspan="13">符合设计及规范要求，同意下道工序施工　　　　×××（监理工程师签字）</td></tr>
</table>

七、工程洽商记录

工 程 洽 商 记 录　　　　**表 3-15**

第 ×× 号　　　　××年××月××日　　　　**施管表 6**

工程名称	××市××路工程	施工单位	××市政工程有限公司

洽商事宜：关于白马湖二期开工典礼场地平整事宜为迎接××年 10 月 10 日白马湖二期开工典礼仪式提供一个舒适的舞台场地，经建设单位要求，相关工作由本项目部落实完善。接通知，我方立即组织人员，调遣机械，采用先挖掘机平整，再人工整平，并在此基础上摊铺了 9cm 厚的碎石，使路基更加坚实整洁。具体清单详见如下及平面图：

1. 舞台场地平整面积 2060.25m^2：

$$(57.1\times17.5)+[(28.2+57.1)/2\times10]+(28.2\times22.5)=2060.25m^2$$

2. 9cm 厚碎石垫层 185.43m^3；2060.25×0.09＝185.43m^3

3. 挖掘机 5.5 个台班

4. 人工：35 工日

5. 绿化 1500 元：项目部及操场盆景租用 1 天费用为 1500 元。

望核实签复，谢谢！

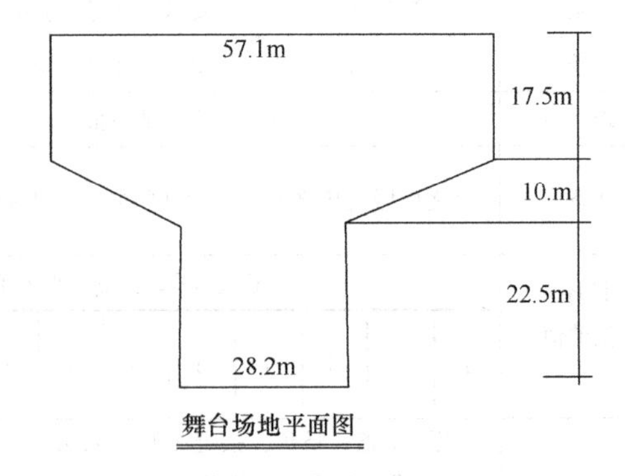

舞台场地平面图

参加单位及人员	建设单位	设计单位	监理单位	施工单位
	×××	×××	×××	×××

八、材料、构配件检查记录

材料、构配件检查记录有：水泥、石子、砂、钢筋、普通砖、沥青混合料、人行道板、青石板、侧石、平石等。

材料、构配件检查记录 **表 3-16**

质检表 1

工程名称	××市××路工程					
施工单位	××市政有限公司		检验日期		××年××月××日	
序号	名 称	规格型号	数量	合格证号	检 查 记 录	
					检查量	检测手段
1	水泥	P. O 42. 5	200t	SP—175	1 组 25kg	目测测量， 核对合格证书，送检

检查结论：

☑合格

☐不合格

监理（建设）单位	施 工 单 位	
	质 检 员	材 料 员
×××	×××	×××

任务3　施 工 试 验 记 录

一、有见证试验汇总表

有见证试验汇总表

表 3-17

试验表 2

工程名称：××市××路工程（道路工程）
施工单位：××市政有限公司
建设单位：××城建指挥部
监理单位：××监理有限公司
见证人：×××、×××
试验室名称：××市政材料测试站

试验项目	应送试件总组数	有见证试验组数	不合格组数	备注
水泥复试	5组	5组	无	
石子复试	3组	3组	无	
黄砂复试	3组	3组	无	
混凝土配合比试验	1组	1组	无	
砂浆配合比试验	1组	1组	无	
砂碎石级配	20组	20组	无	
ϕ8钢筋冷拉弯曲试验	5组	5组	无	
ϕ10钢筋冷拉弯曲试验	7组	7组	无	
ϕ12钢筋冷拉弯曲试验	12组	12组	无	
ϕ22钢筋冷拉弯曲试验	12组	12组	无	
ϕ20钢筋闪光对焊焊接试验	6组	6组	无	
ϕ20钢筋单面焊接试验	8组	8组	无	
ϕ20钢筋双面焊接试验	8组	8组	无	
红砖抗压试验	1组	1组	无	
原土样最大干密度和最佳含水量（轻、重型）	1组	1组	无	

注：此表由施工单位汇总填写。　　制表人：×××　　×××年××月××日

二、见证记录

见证记录有：水泥、石子、砂、钢筋、普通砖、沥青混合料、人行道板、青石板、侧石、平石等原材料。

1. 配合比见证记录

见　证　记　录

表 3-18

试验表 3

编号：YC—001

工程名称：××市××路道路工程

取样部位：道路工程、桥梁工程、排水工程

样品名称：水泥、砂、石子等原材取样数量：水泥 25kg，砂 40kg，石子 80kg

取样地点：现场　取样日期：×× 年 5 月 22 日

见证记录：

（1）水泥

试验：水泥细度、标准稠度、凝结时间、安定性、胶砂流动度

品种及强度等级：P. O 42.5　　代表数量：200t

出厂编号：SP—175　　出厂日期：××年 5 月 21 日

质保单：0000582　　生产厂家：××水泥有限公司

（2）石子

产地：萧山　　代表数量：600t

试验：筛分析、表观密度、紧密密度、堆积密度、含泥量、泥块含量、针片状含量、压碎指标值

（3）砂

产地：富阳　　代表数量：600t

试验：筛分析、表观密度、紧密密度、堆积密度、含泥量、含水率、泥块含量

（4）砂碎石级配振实密度：用于 UPVC 等管道垫层

（5）C25、C30 混凝土和 M10 砂浆配合比　各 1 组

C25：用于桥梁工程基础、排水工程基础

C30：用于道路工程水泥混凝土路面、桥梁工程下部结构和上部结构

M10：用于道路工程附属构筑物砂浆铺设及抹灰、排水工程检查井粉刷

有见证取样和送检印章：________

取样人签字：×××

见证人签字：×××

填制本记录日期：×× 年 5 月 22 日

2. 钢筋原材料见证记录

见　证　记　录

表 3-19

试验表 3

编号：YC—002

工程名称：××市××路道路工程

取样部位：道路工程水泥混凝土路面、附属构筑物（收水井）

样品名称：钢筋　取样数量：4 组

取样地点：现场　取样日期：×× 年 8 月 18 日

见证记录：

钢筋拉伸、冷拉弯曲试验，详见下表：

序号	物质名称	规格	钢号	质保单编号	炉号	数量（t）	产地	使用部位
1	钢筋	$\phi8$	Q235	1080701—839	10701594	45t	江苏	水泥混凝土路面、附属构筑物（收水井）
2	钢筋	$\phi10$	Q235	00102	600373	56t	江苏	
3	钢筋混凝土用热轧带肋钢筋	$\phi12$	HRB335	0005280	4—07—4—1079	58.79t	常州中天	
4	钢筋混凝土用热轧带肋钢筋	$\phi22$	HRB335	GCZBS00001012	30703396	56.69t	常州中天	

有见证取样和送检印章：

取样人签字：×××

见证人签字：×××

填制本记录日期：×× 年 8 月 18 日

三、主要原材料及构配件出厂证明及复试报告目录

主要原材料及构配件出厂证明及复试报告目录　　表 3-20

工程名称：××市××路道路工程

施工单位：××市政工程有限公司　　试验表1

名称	品种	型号（规格）	代表数量	单位	使用部位	出厂证或出厂试验单编号	进场复试报告编号	见证记录编号	备注
水泥		P.O 42.5	200	t	道路、桥梁、排水工程	SP-175/000582	Hs0413	YC001	
水泥		P.O 42.5	200	t	道路工程水泥混凝土路面	SP-358/0001798	Hs0618	YC002	
砂		河砂	600	t	道路、桥梁、排水工程	产地：富阳	03-19	YC001	
砂		河砂	600	t	道路工程水泥混凝土路面	产地：富阳	05-27	YC003	
石子			600	t	道路、桥梁、排水工程	产地：萧山	2003071B0015-007	YC001	
石子			600	t	道路工程水泥混凝土路面	产地：萧山	2003071B0015-211	YC004	
钢筋	Q235	$\phi 8$	45	t	道路工程水泥混凝土路面，附属构筑物	1080701-839（质保单）10701594（炉号）	03-47	YC005	
钢筋	Q235	$\phi 10$	56	t		00102（质保单）600373（炉号）	03-47	YC005	
钢筋	HRB335	$\phi 12$	58.79	t		0005280（质保单）4-07-4-1079（炉号）	03-48	YC005	
钢筋	HRB335	$\phi 22$	56.69	t		GCZBS00001012（质保单）30703396（炉号）	03-48	YC005	
烧结普通砖		240mm×150mm×53mm	1万	块	道路工程附属构筑物	0000695	200312A0022	YC006	
沥青混合料		粗粒式	2800	m^2	道路工程路面	20100625-1027	20100625-1	YC007	
沥青混合料		中粒式	2200	m^2		20100626-1046	20100626-1	YC008	
沥青混合料		细粒式	2000	m^2		20100627-0098	20100627-1	YC009	
人行道板		20cm×100cm×6cm	1000	m^2	道路工程附属构筑物	0002798	20100827	YC010	
青石板		500mm×300mm×45mm	1000	m^2		00101395	20100809	YC011	
平石		100cm×50cm×15cm	2500	m		00105985	20100810	YC012	
侧石		100cm×50cm×15cm	2500	m		00105985	20100811	YC013	

四、原材料、(半) 成品出厂合格证及进场前抽检试验报告

1. 水泥试验报告

水泥试验报告

表 3-21

试验表 4

试验编号：hs0413

委托单位：××市政工程有限公司　工程名称：××市××路××道路工程

水泥品种及强度等级：P.O 42.5　厂别及牌号：××水泥有限公司

出厂日期：××年 5 月 21 日　取样日期：××年 5 月 22 日

出厂编号：SP—175　代表数量：200t　试验委托人：×××

(1) 细度：0.08mm 筛筛余 5.8 %　(2) 标准稠度：25.9 %

(3) 凝结时间　初凝 3 h 57 min

终凝 5 h 09 min

(4) 安定性：沸煮法：合格　(5) 胶砂流动度

(6) 其他　(7) 强度

龄期 / 类别	3 天	28 天	快测	备注
抗折强度 (MPa)	4.8	8		
抗压强度 (MPa)	22.8	45.5		

结论：经测试，以上所检项目均符合 GB 175—2007 标准中普硅强度等级 42.5 水泥的要求。本次检测非全项试验。

负责人：×××　审核：×××　计算：×××　试验：×××

试验日期：××年 5 月 23 日至××年 6 月 20 日

报告日期：××年 6 月 20 日

2. 砂子试验报告

砂子试验报告

表 3-22

试验表 5

试验编号 03-19

委托单位：××市政工程有限公司试验委托人：×××　工程名称：××市××道路工程

砂子产地：萧山　收样日期：××年 5 月 20 日　试验日期：××年 5 月 22 日

(1) 筛分析：1. Mx 2.46

2. 颗粒级配 5/6.1，2.5/16.6，1.25/27.7，0.63/40.5，0.315/80.3，0.16/94.1

(2) 表观密度 2.56 g/cm³　(3) 紧密密度 1.54 g/cm³

(4) 堆积密度 1.42 g/cm³　(5) 含泥量 1.1 %

(6) 泥块含量 0.7 %　(7) 吸水率 %

(8) 含水率 3.5 %　(9) 轻物质含量 %

(10) 坚固性 (重量损失) %　(11) 有机物含量 %

(12) 云母含量 %　(13) 碱活性 %

结论：依据 GB/T 14684—2001《建筑用砂》标准，对所送样品进行检测，判定该砂为中砂。

负责人：×××　审核：×××　计算：×××　试验：×××

报告日期：××年 7 月 23 日

3. 石子试验报告

石子试验报告 **表 3-23**

试验表 6

试验编号 2003071B0015-007

委托单位： ××市政工程有限公司 试验委托人：×××工程名称： ××市××道路工程

砂子产地： 萧山 收样日期： ××年5月20日 试验日期： ××年5月22日

(1) 筛分析 40/1.9，20/54.3，10/91.1，5/99.9　　(2) 表观密度 2.64 g/cm³

(3) 堆积密度 1.4 g/cm³　　(4) 紧密密度 1.73 g/cm³

(5) 含泥量 0.5 %　　(6) 泥块含量 0.5 %

(7) 有机物含量 ____ %　　(8) 针片状含量 1.2 %

(9) 压碎指标值 5.7 %　　(10) 坚固性（重量损失）____ %

(11) 含水率 ____ %　　(12) 吸水率 ____ %

(13) 碱活性检验 ____ %

结论： 依据GB/T 14685—2001《建筑用卵石、碎石》，对所送样品进行检测，判定该碎石为5～40连续粒级。

负责人： ××× 审核： ××× 计算： ××× 试验： ×××

报告日期：××年5月23日

4. 钢筋原材试验报告

钢筋原材试验报告 之一 **表 3-24**

试验表 7-1

试验编号： 03-47

委托单位： ××市政工程有限公司 试验委托人： ×××

工程名称： ××市××路道路工程 部位： 水泥混凝土路面，附属构筑物

钢材种类： Q235 级别规格： ϕ8、ϕ10 牌号： ____ 产地： 江苏

试件代表数量： 45t、56t 来样日期： ××年8月18日 试验日期： ××年8月19日

(1) 力学试验结果：

试件编号	规格	截面积 (mm^2)	屈服点 (N/mm^2)	极限强度 (N/mm^2)	伸长度 (%)	冷弯试验		
						弯心直径 (mm)	角度	评定
01	ϕ8	50.27	328.2	497.3	32.5	8	180°	合格
			338.1	507.3	35.0	8	180°	合格
02	ϕ10	78.54	280.1	420.2	30.0	10	180°	合格
			273.7	413.8	32.0	10	180°	合格

(2) 化学分析结果：

试件编号	分析编号	化学成分分析					
		C (%)	S (%)	P (%)	Mn (%)	Si (%)	

注：用于结构时，根据规范及设计要求计算 σ_b/σ_s 和 $\sigma_s/\sigma_{s标}$。

结论： 来样测试结果 ϕ8 达到 GB 701—2008 盘圆钢筋标准；
ϕ10 达到 GB 13013—1991 HPB235 级钢筋标准。两项检验全部合格。

负责人： ××× 审核： ××× 计算： ××× 试验： ×××

报告日期：××年8月20日

钢筋原材试验报告　之二

表 3-25

试验表 7-2

试验编号：00－48

委托单位：××市政工程有限公司　试验委托人：×××

工程名称：××市××路道路工程　部位：水泥混凝土路面，附属构筑物

钢材种类：HRB335 级别规格：ϕ12、ϕ22 牌号：＿＿＿ 产地：常州中天

试件代表数量：58.79t、56.69t 来样日期：××年8月18日 试验日期：××年8月19日

（1）力学试验结果：

试件编号	规　格	截面积 (mm²)	屈服点 (N/mm²)	极限强度 (N/mm²)	伸长度 (%)	冷弯试验		
						弯心直径 (mm)	角度	评定
1	ϕ12	113.1	380.2	530.5	30.0	36	180°	合格
			384.6	539.3	31.7	36	180°	合格
2	ϕ22	380.1	386.7	549.9	25.4	66	180°	合格
			389.4	555.6	26.4	66	180°	合格

（2）化学分析结果：

试件编号	分析编号	化学成分分析					
		C (%)	S (%)	P (%)	Mn (%)	Si (%)	

注：用于结构时，根据规范及设计要求计算 σ_b/σ_s 和 $\sigma_s/\sigma_{s标}$。

结论：来样测试结果，达到 GB 1499—2008 HRB335 级钢筋标准，合格。

负责人：×××　审核：×××　计算：×××　试验：×××

报告日期：××年8月20日

5. 钢筋机械、焊接接头试验报告

钢筋机械接头试验报告

表 3-26

试验表 8

试验编号：200910B0102

委托单位：××市政工程有限公司　试验委托人：×××来样日期：××年10月28日

工程名称：××市××路道路工程　部位：梁板

钢材种类：HRB335　级别及规格：ϕ20　牌号：＿＿＿

产地：＿＿＿　接头型号：滚轧直螺纹连接　接头等级：A级

代表数量　300个　检验类型：拉伸

操作人：×××　试验日期：××年××月××日

试件编号	规格	实测钢筋截面积 (mm²)	钢筋母材屈服强度标准值 (N/mm²)	钢筋母材抗拉强度标准值 (N/mm²)	钢筋母材抗拉强度实测值 (N/mm²)	接头试件抗拉强度实测值 (N/mm²)	接头破坏形式
1	ϕ20	314.2	335	510	600	595	母材拉断
2		314.2	335	510	595	600	母材拉断
3		314.2	335	510	605	605	母材拉断
4	ϕ20	314.2	335	510	600	600	母材拉断
5		314.2	335	510	605	595	母材拉断
6		314.2	335	510	595	605	母材拉断

结论：根据 JGJ 107—2003 标准，符合滚轧直螺纹 A 级接头性能。

负责人：×××　审核：×××　计算：×××　试验：×××

报告日期：××年××月××日

6. 钢筋焊接接头试验报告

钢筋焊接接头试验报告

表 3-27

试验表 9

试验编号：200910B0103

委托单位：××市政工程有限公司 试验委托人：×××来样日期：××年 10 月 28 日

工程名称：××市××路道路工程 部位：梁板

钢材种类：HRB335（20MnSi） 级别及规格：ϕ22、ϕ20 牌号：

产地：常州中天 焊接类型：双面搭接

试件代表数量 300 个 原材试验编号：00-48

焊条型号：502 操作人：××× 试验日期：××年 10 月 29 日

试件编号	规格	横截面积（mm^2）	极限强度（N/mm^2）	断裂特征及位置（mm）	冷弯			备注
					弯心直径（mm）	角度	评定	
1	ϕ22	380.1	580	离接头外 65mm 处呈延性	66	180°	合格	
2			580	离接头外 135mm 处呈延性	66	180°	合格	
3			575	离接头外 75mm 处呈延性	66	180°	合格	
1	ϕ20	314.2	580	离接头外 95mm 处呈延性	60	180°	合格	
2			580	离接头外 125mm 处呈延性	60	180°	合格	
3			580	离接头外 115mm 处呈延性	60	180°	合格	

结论：经测试，该来样 ϕ22、ϕ20 钢筋搭接焊的抗拉强度符合 JGJ 18—96 的要求。弯折处无裂纹、鳞落等情况发生，本次试验非全项试验。试验依据 JGJ 27—86

负责人：××× 审核：××× 计算：××× 试验：×××

报告日期：×× 年 10 月 30 日

7. 砖试验报告

砖 试 验 报 告

表 3-28

试验表 10

试验编号：200312A0022

委托单位：××市政工程有限公司 试验委托人：×××

工程名称：××市××路道路工程 部位：附属构筑物（收水井）

种类：烧结普通砖 强度等级：MU10 厂别：××市××砖瓦厂

代表数量：1 万块 来样日期：××年 5 月 18 日 试验日期：××年 5 月 20 日

试件处理日期	试压日期	抗压强度（N/mm^2）				平均值	标准值
		单块值					
××年5 月 20 日	××年5 月 22 日	1	15.52	6	13.31	15.11	1.46
		2	14.92	7	12.41		
		3	16.47	8	17.74		
		4	13.95	9	16.59		
		5	17.22	10	15.97		

变异系数 δ：0.10MPa 标准差 S：12.5MPa

其他试验：

结 论：经测试，样砖的抗压强度达到 GB 5101—2003 中 MU10 的要求。

测试依据为：GB/T 2542—2003

负责人：××× 审核：××× 计算：××× 试验：×××

报告日期：××年 5 月 22 日

8. 沥青试验报告

沥 青 试 验 报 告

表 3-29

试验表 11

试验编号：20030625-1

委托单位：××市政工程有限公司　试验委托人：×××　收样日期：××年6月22日

工程名称：××市××路道路工程　部位：路面面层

品种及标号：AH90　产地：黑龙江省　大庆市

代表数量：100t　试样编号：SL1023　试验日期：××年6月25日

试验结果：

1. 软化点℃（环球法）　43.5

2. 延度（cm）15℃　102.0　25℃

3. 25°C针入度（1/10mm）　89

4. 其他

结论：合格

负责人：×××　审核：×××　计算：×××　试验：×××

报告日期：××年××月××日

五、混凝土配合比、抗压强度试验报告及混凝土强度性能汇总和统计评定

1. 混凝土强度性能（试验）汇总表

混凝土强度（性能）试验汇总表

表 3-30

试验表 12

工程名称：××市××路道路工程　施工单位：××市政工程有限公司　第1页　共×页

工程部位及编号	设计要求强度等级（压、折、渗）	试验编号	养护条件	龄期（d）	抗压强度（N/mm²）	抗折强度（N/mm²）	抗渗等级	强度值偏差及处理情况
K1＋760～K1＋900雨水口底板	C25	J2005HNy00172	标养	28	33.7	/	/	符合要求
K1＋900～K2＋100雨水口底板	C25	J2005HNy00188	标养	28	33.6	/	/	符合要求
K2＋100～K2＋200雨水口底板	C25	J2005HNy00216	标养	28	26.0	/	/	符合要求
K2＋200～K2＋300雨水口底板	C25	J2005HNy00226	标养	28	25.8	/	/	符合要求
K2＋300～K2＋400雨水口底板	C25	J2005HNy00246	标养	28	36.8	/	/	符合要求
K2＋400～K2＋500雨水口底板	C25	J2005HNy00269	标养	28	38.2	/	/	符合要求
K2＋500～K2＋600雨水口底板	C25	J2005HNy00282	标养	28	29.5	/	/	符合要求
K2＋600～K2＋700雨水口底板	C25	J2005HNy00309	标养	28	31.4	/	/	符合要求

续表

工程部位及编号	设计要求强度等级(压、折、渗)	试验编号	养护条件	龄期(d)	抗压强度(N/mm²)	抗折强度(N/mm²)	抗渗等级	强度值偏差及处理情况
K2＋700～K2＋800雨水口底板	C25	J2005HNy00318	标养	28	25.3	/	/	符合要求
K2＋800～K2＋900雨水口底板	C25	J2005HNy00342	标养	28	26.9	/	/	符合要求
K2＋900～K3＋000雨水口底板	C25	J2005HNy00390	标养	28	24.7	/	/	符合要求
K3＋000～K3＋100雨水口底板	C25	J2005HNy00401	标养	28	33.1	/	/	符合要求
K3＋100～K3＋200雨水口底板	C25	J2005HNy00404	标养	28	25.1	/	/	符合要求
K3＋200～K3＋300雨水口底板	C25	J2005HNy00409	标养	28	28.7	/	/	符合要求
K3＋300～K3＋400雨水口底板	C25	J2005HNy00410	标养	28	32.4	/	/	符合要求

施工项目技术负责人：×××　填表人：×××　××年××月××日

2. 混凝土配合比申请、通知单

混凝土配合比申请单　**表3-31**

试验表17

施工单位：××市政有限公司　工程名称：××市××道路工程　委托部位：雨水口底板

设计强度等级：C25　申请强度等级：33.2MPa　要求坍落度：18～20cm

其他技术要求：/

搅拌方法：现场机械搅拌　浇捣方法：振捣　养护方法：标养

水泥品种及等级 P.O 42.5　厂别及牌号：××水泥有限公司　出厂日期：××年5月21日

进场日期：××年5月22日　试验编号：03-15

砂子产地及品种：富阳、河砂　细度模数：2.59　含泥量：1.1 %　试验编号：03-19

石子产地及品种：萧山最大粒径：40mm 含泥量：0.5 %　试验编号：×××B0015-007

其他材料：/

掺合料名称：/　外加剂名称：/

申请日期：××年5月22日　使用日期：××年6月22日申请负责人：×××联系电话：××

混凝土配合比通知单

编号：0316

强度等级	水灰比	砂率(%)	水泥(kg)	水(kg)	砂(kg)	石(kg)	掺合料	外加剂(kg)	配合比	试配编号
C25	0.6	42	370	222	712	983	/	/	1∶0.6∶1.92∶2.66	
备注										

负责人：×××　审核：×××　计算：×××　试验：×××

报告日期：××年8月3日

3. 混凝土抗压强度试验报告

混凝土抗压强度试验报告

表 3-32

试验表 18

试验编号：J2005HNy00172

委托单位：××市政工程有限公司　试验委托人：×××

工程名称：××市××路道路工程　部位：××市××路水泥混凝土路面

设计强度等级：C30　拟配强度等级：C35　要求坍落度：3～5cm　实测坍落度：3.6cm

水泥品种及等级：P.O 42.5　厂别：××水泥有限公司出厂日期：××年5月20日试验编号：03-15

砂子产地及品种：富阳　河砂　细度模数：2.46　含泥量：1.1　%　试验编号：03-19

石子产地及品种：萧山　最大粒径：40mm　含泥量：0.5　%　试验编号：××B0015-007

掺合料名称：/　产地：/　占水泥用量的：/　%

外加剂名称：/　产地：/　占水泥用量的：/　%

施工配合比：1∶0.46∶1.67∶3.09　水灰比：0.46　砂率：33.5　%

配合比编号	材料名称 / 用　量	水泥	水	砂子	石子	掺合料	外加剂
××5B0127	每立方米用量（kg）	380	175	633	1175	/	/

制模日期：××年5月21日　要求龄期：28天　要求试验日期：××年6月18日

试块收到日期：××年6月11日　试块养护条件：标准养护　试块制作人：×××

试块编号	试验日期	实际龄期 (d)	试块规格 (mm)	受压面积 (mm^2)	荷载（kN）		平均抗压强度 (N/mm^2)	折合150立方体强度 (N/mm^2)	达到设计强度 (%)
					单块	平均			
J2005HNy00172	××年6月18日	28	150×150×150	22500	736.0	772.7	34.3	34.3	114.3
					772.0				
					810.0				
备注	××监理有限公司　见证人：×××								

负责人：×××　审核：×××　计算：×××　试验：×××

报告日期：××年6月18日

4. 混凝土抗折强度试验报告

混凝土抗折强度试验报告

表 3-33

试验表 19

试验编号：06-9—72

委托单位：××市政工程有限公司　试验委托人：×××

工程名称：××市××路道路工程　部位：K0+470～K0+545 北侧左半幅水泥混凝土路面

设计强度等级：4.5MPa　拟配强度等级：4.5MPa　坍落度：1　cm

水泥品种及等级：P.O 42.5 厂别：××水泥有限公司出厂日期：××年 5 月 21 日　试验编号：03-15

砂子产地及品种：富阳　细度模数：2.46　含泥量：1.1 %　试验编号：03-19

石子产地及品种：萧山　最大粒径：40　含泥量：0.5 %　试验编号：××B0015-007

掺合料名称：/　产地：/　占水泥用量的：/ %

外加剂名称：/　产地：/　占水泥用量的：/ %

其他：/

施工配合比：1∶0.46∶1.69∶3.09　水灰比：0.46　砂率：33.6 %

配合比编号	材料名称 / 用量	水泥	水	砂子	石子	掺合料	外加剂
××5B0127	每立方米用量（kg）	380	175	633	1175	/	/

制模日期：××年 5 月 21 日　要求龄期：28 天　要求试验日期：××年 6 月 18 日

试块收到日期：××年 6 月 11 日　试块养护条件：标养　试块制作人：×××

试块编号	试验日期	实际龄期（d）	试块尺寸（mm）			计算跨度（mm）	破坏荷重（kN）		平均极限抗折强度 N/mm²	折合标准试件强度 N/mm²	达到设计强度（%）
			长	宽	高		单块	平均			
15-082	××年6月18日	28	550	150	150	450	43.0 43.8 43.6	43.5	5.8	5.8	128
结论											

负责人：×××　审核：×××　计算：×××　试验：×××

报告日期：××年 6 月 18 日

5. 混凝土强度性能（试验）汇总表

混凝土强度（性能）试验汇总表　　**表 3-34**

工程名称：××市××路道路工程　　施工单位：××市政工程有限公司　　**试验表 21**

工程部位及编号	设计要求强度等级（压、折、渗）	试验编号	养护条件	龄期（d）	抗压强度（N/mm²）	抗折强度（N/mm²）	抗渗等级	强度值偏差及处理情况
K1＋760～K1＋900雨水口底板	C25	J2005HNy00172	标养	28	33.7	—	—	符合要求
K1＋900～K2＋100雨水口底板	C25	J2005HNy00188	标养	28	33.6	—	—	符合要求
K2＋100～K2＋200雨水口底板	C25	J2005HNy00216	标养	28	26.0	—	—	符合要求
K2＋200～K2＋300雨水口底板	C25	J2005HNy00226	标养	28	25.8	—	—	符合要求
K2＋300～K2＋400雨水口底板	C25	J2005Hny00246	标养	28	36.8	—	—	符合要求
K2＋400～K2＋500雨水口底板	C25	J2005HNy00269	标养	28	38.2	—	—	符合要求
K2＋500～K2＋600雨水口底板	C25	J2005HNy00282	标养	28	29.5	—	—	符合要求
K2＋600～K2＋700雨水口底板	C25	J2005HNy00309	标养	28	31.4	—	—	符合要求
K2＋700～K2＋800雨水口底板	C25	J2005HNy00318	标养	28	25.3	—	—	符合要求
K2＋800～K2＋900雨水口底板	C25	J2005HNy00342	标养	28	26.9	—	—	符合要求
K2＋900～K3＋000雨水口底板	C25	J2005HNy00390	标养	28	24.7	—	—	符合要求
K3＋000～K3＋100雨水口底板	C25	J2005HNy00401	标养	28	33.1	—	—	符合要求
K3＋100～K3＋200雨水口底板	C25	J2005HNy00404	标养	28	25.1	—	—	符合要求
K3＋200～K3＋300雨水口底板	C25	J2005HNy00409	标养	28	28.7	—	—	符合要求
K3＋300～K3＋400雨水口底板	C25	J2005HNy00410	标养	28	32.4	—	—	符合要求

施工项目技术负责人：×××　　填表人：×××　　××年××月××日

6. 混凝土试块强度统计、评定记录

混凝土试块强度统计、评定记录（抗压）

表 3-35

试验表 22

施工单位：××市政工程有限公司　　　　××年7月15日

<table>
<tr><td>工程名称</td><td colspan="2">××市××路道路工程</td><td>部位</td><td>雨水口底板</td><td>强度等级</td><td colspan="2">C25</td><td>养护方法</td><td>标准养护</td></tr>
<tr><td>试块组数</td><td>设计强度</td><td>平均值</td><td>标准差</td><td>合格判定系数</td><td>最小值</td><td colspan="4">评 定 数 据</td></tr>
<tr><td>$n=51$</td><td>$f_{cu,k}=25$</td><td>$mf_{cu}=31.98$</td><td>$Sf_{cu}=5.33$</td><td>$\lambda_1=1.60$
$\lambda_2=0.85$</td><td>$f_{cu,min}=25.4$</td><td>$0.9f_{cu,k}=22.5$
(MPa)</td><td>$0.95f_{cu,k}$
$=23.75$</td><td>$1.15f_{cu,k}$
$=28.75$</td><td>$mf_{cu}-\lambda_1 \cdot Sf_{cu}=23.54$
$\lambda_2 \cdot f_{cu,k}=21.25$</td></tr>
</table>

每组强度值：(MPa)

30.5	30.3	34.9	32.5	34.6	25.4	28.0	35.8	25.5	40.9	27.3	39.6	51.0	33.8	36.7
28.3	46.8	33.9	38.2	30.5	27.5	25.8	25.6	25.9	32.7	37.8	37.5	41	28.8	28.6
30.5	31.1	31.4	26.4	30.6	29.6	30.5	31.6	28.7	29.7	29.6	34.6	35.2	29.9	31
30.7	31.1	29.6	29.8	25.5	28.4									

<table>
<tr><td>评定依据：《混凝土强度检验评定标准》GBJ 107—1987</td><td rowspan="2">结论</td><td rowspan="2">采用统计方法评定：
∵ $mf_{cu}-\lambda_1 \cdot Sf_{cu}=23.54 \geqslant 0.9f_{cu,k}=22.5$，$f_{cu,min}=25.4 \geqslant \lambda_2 \cdot f_{cu,k}=21.25$，
∴ 混凝土试块强度符合规范及设计要求，该批试块合格</td></tr>
<tr><td>1）统计组数 $n \geqslant 10$ 组时：$mf_{cu}-\lambda_1 \cdot Sf_{cu} \geqslant 0.9f_{cu,k}$；$f_{cu,min} \geqslant \lambda_2 \cdot f_{cu,k}$
2）非统计方法：$mf_{cu} \geqslant 1.15f_{cu,k}$；$f_{cu,min} \geqslant 0.95f_{cu,k}$</td></tr>
</table>

施工项目技术负责人：<u>×××</u> 制表：<u>×××</u> 计算：<u>×××</u>　　　　制表日期：××年××月××日

六、砂浆配合比、抗压强度试验报告及砂浆强度试验汇总和统计评定

1. 砂浆试块强度试验汇总表

砂浆试块强度试验汇总表

表3-36
试验表25
共1页
第1页

单位工程名称：××市××路道路工程

序号	试验编号	制作日期	部位名称	砂浆强度（N/mm²）		达到设计强度（%）	备注
				设计要求	试验结果		
1	J2005HNj00862	2005.8.31	K1＋760～K1＋900东侧快车道平侧石砂浆卧底	M10	合格	186.0	
2	J2005HNj01090	2005.11.2	K1＋900～K2＋000东侧快车道平侧石砂浆卧底	M10	合格	196.0	
3	J2005HNj01098	2005.11.4	K2＋000～K2＋200东侧快车道平侧石砂浆卧底	M10	合格	195.0	
4	J2005HNj00867	2005.9.1	K2＋200～K2＋400东侧快车道平侧石砂浆卧底	M10	合格	220.0	
5	J2005HNj01108	2005.11.6	K1＋760～K1＋900西侧快车道平侧石砂浆卧底	M10	合格	171.0	
6	J2005HNj01117	2005.11.8	K1＋900～K2＋000西侧快车道平侧石砂浆卧底	M10	合格	197.0	
7	J2005HNj01256	2005.12.11	K2＋600～K2＋200西侧快车道平侧石砂浆卧底	M10	合格	166.0	
8	J2005HNj00025	2005.12.22	K2＋200～K2＋400西侧快车道平侧石砂浆卧底	M10	合格	179.0	
9	J2005HNj00871	2005.9.2	K1＋760～K1＋900东侧慢车道平侧石砂浆卧底	M10	合格	197.0	
10	J2005HNj01252	2005.12.8	K1＋900～K2＋100东侧慢车道平侧石砂浆卧底	M10	合格	163.0	
11	J2005HNj01253	2005.12.8	K2＋100～K2＋300东侧慢车道平侧石砂浆卧底	M10	合格	166.0	
12	J2005HNj00875	2005.9.3	K2＋300～K2＋500东侧慢车道平侧石砂浆卧底	M10	合格	167.0	
13	J2005HNj01254	2005.12.8	K1＋760～K1＋900西侧慢车道平侧石砂浆卧底	M10	合格	152.0	
14	J2005HNj01255	2005.12.8	K1＋900～K2＋100西侧慢车道平侧石砂浆卧底	M10	合格	168.0	
15	J2005HNj00018	2005.12.17	K2＋100～K2＋300西侧慢车道平侧石砂浆卧底	M10	合格	163.0	
16	J2005HNj00035	2005.12.25	K2＋300～K2＋500西侧慢车道平侧石砂浆卧底	M10	合格	161.0	

施工项目技术负责人：×××　　填表人：×××　　××年××月××日

2. 砂浆配合比申请、通知单

砂浆配合比申请单

表 3-37

试验表 23

委托单位：××市政工程有限公司 试验委托人：×××

工程名称：××市××路道路工程 部位：人行道板，平、侧石砂浆卧底

砂浆种类：水泥砂浆 强度等级：M10

水泥品种：P.O（普硅） 等级：42.5 厂别：××水泥有限公司

水泥进场日期：××年5月20日 试验编号：03-19

砂产地：富阳 种类：河砂，细度模数：2.46，含泥量：1.1% 试验编号：

掺合料种类：/ 外加剂种类：/

申请日期：××年5月21日 要求使用日期：××年6月11日

砂浆配合比通知单

强度等级：M10 试验日期：××年6月18日 配合比编号：03－188

材料名称	配合比					
	水泥	砂	水	掺合料	外加剂	
每立方米用量（kg）	370	1420	300	/	/	
比　例	1	3.838	0.811	/	/	

备注：砂浆稠度为70～100mm。

负责人：××× 审核：××× 计算：××× 试验：×××

报告日期：××年6月18日

3. 砂浆抗压强度试验报告

砂浆抗压强度试验报告

表 3-38

试验表 24

试验编号：J2005HNj00862

委托单位：××市政工程有限公司 试验委托人：×××

工程名称：××市××路道路工程 部位：K1＋760～K1＋900东侧快车道平侧石砂浆卧底

砂浆种类：水泥砂浆 强度等级：M10 稠度：8 cm

水泥品种：P.O（普硅） 等级：42.5 厂别：××水泥有限公司

砂产地及种类：富阳 掺合料种类：/ 外加剂种类：/

配比编号	项目	各种材料用量（kg）					
		水泥	砂	水	掺合料	外加剂	
03-188	每立方米	370	1420	300	/	/	
	每盘	1	3.838	0.811	/	/	

续表

制模日期：××年 8 月 31 日　养护条件：标　养　要求龄期：28 天

要求试验日期：××年 9 月 28 日　试块收到日期：××年 9 月 20 日　试块制作人：×××

试块编号	试压日期	实际龄期（d）	试块规格（mm）	受压面积（mm^2）	荷载（kN）		抗压强度（N/mm^2）	达到设计强度（%）
					单块	平均		
J2005HNj 00862	××年 9 月 28 日	28	70.7×70.7×70.7	5000	55	62.5	12.5	125
					65			
					60			
					65			
					70			
					60			

负责人：×××　审核：×××　计算：×××　试验：×××

报告日期：××年 6 月 17 日

4. 砂浆试块强度统计评定记录

砂浆试块强度统计评定记录　**表 3-39**

试验表 26

施工单位：××市政工程有限公司

工程名称	××市××路道路工程	部 位	人行道板，平、侧石砂浆卧底	强度等级	M10	养护方法	标养

试块组数	设计强度	平均值	最小值	评定数据
n=16（组）	$f_{m,k}$=10（MPa）	mf_{cu}=17.8（MPa）	$f_{cu,min}$=15.2（MPa）	0.75$f_{m,k}$=7.5（MPa）

每组强度值：（MPa）

18.6	19.6	19.5	22.0	17.1	19.7	16.6	17.9	19.7	16.3
16.6	16.7	15.2	16.8	16.3	16.1				

评定依据：《砌体工程施工质量验收规定》（GB 50203—2002）	结　论	采用统计方法评定： ∵　mf_{cu}=17.8MPa， $f_{m,k}$=10MPa $f_{cu,min}$=15.2MPa， 0.75$f_{m,k}$=7.5MPa。 ∴mf_{cu}>$f_{m,k}$ $f_{cu,min}$≥0.75$f_{m,k}$ ∴混凝土试块强度符合规范及设计要求，该批试块合格
一、同品种、同强度等级砂浆各组试块的平均值 mf_{cu}>$f_{m,k}$		
二、任意一组试块强度 $f_{cu,min}$≥0.75$f_{m,k}$		
三、仅有一组试块时其强度不应低 1.0$f_{m,k}$		

施工项目技术负责人：×××　制表：×××　计算：×××　制表日期：××年××月××日

七、压实度试验报告

1. 土壤最大干密度与最佳含水量试验报告

土壤最大干密度与最佳含水量试验报告　之一　　**表3-40**

试验表28

工程名称：××市××路道路工程　　取样日期：××年5月18日

取土地点：施工现场　　试验日期：××年5月21日

土种类：粉砂土　　施工单位：××市政工程有限公司

项目		1		2		3		4		5	
模筒体积（cm³）		997（轻型击实）									
试验次数		1		2		3		4		5	
模筒＋湿土质量（g）		4125		4165		4205		4215		4225	
模筒质量（g）		2500		2500		2500		2500		2500	
湿土质量（g）		1625		1665		1705		1715		1725	
土湿密度（g/cm³）		1.63		1.67		1.71		1.72		1.73	
含水量之测定	铝盒号码										
	铝盒＋湿土质量（g）	172.8	176.4	173.0	179.4	176.6	180.0	175.4	179.1	173.3	175.4
	铝盒＋干土质量（g）	162.1	165.5	160.9	167.2	163.0	166.4	160.3	163.9	156.7	158.7
	铝盒质量（g）	72.8	76.4	73.0	79.4	76.6	80.0	75.4	79.1	73.3	75.4
	水分质量（g）	10.7	10.9	12.1	12.2	13.6	13.6	15.1	15.2	16.6	16.7
	干土质量（g）	89.3	89.1	87.9	87.8	86.4	86.4	84.9	84.8	83.4	83.3
	含水量（%）	12.0	12.2	13.8	13.9	15.7	15.8	17.8	17.9	19.9	20.1
	平均含水量（%）	12.1		13.9		15.8		17.9		20.0	
土干密度（g/cm³）		1.45		1.47		1.48		1.46		1.44	

最大干密度 1.48 g/cm³　　最佳含水量 15.8 %

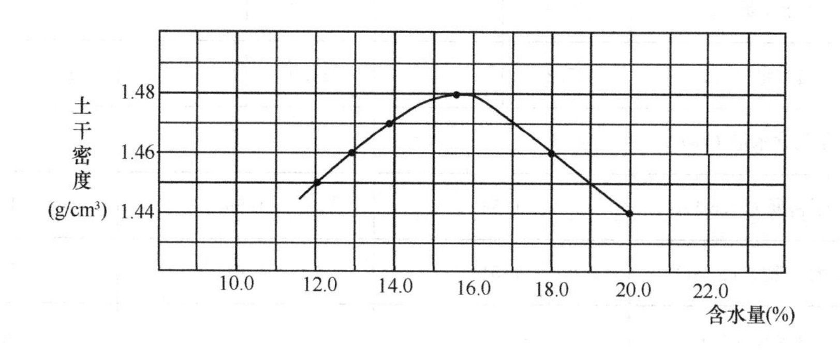

审核 ×××　计算 ×××　试验 ×××

2. 土壤压实度试验记录

土壤压实度试验记录　　**表 3-41**

试验表 29

工程名称：××市××路道路工程　　施工单位：××市政工程有限公司

代表部位：K1＋220～K1＋280 北侧快车道　击实种类：12t 压路机碾压　试验日期：××年 6 月 4 日

取样桩号及井号		K1＋850					
取样深度		土路基下 0～30cm					
取样位置							
土样种类		粉　砂　土					
湿密度	铝盒号码	H 01		H 02		H 03	
	环刀＋土质量（g）	167.5		169.2		170.3	
	环刀质量（g）	51.2		51.2		51.2	
	土质量（g）	116.3		118.0		119.1	
	环刀容积（cm^3）	60.38		60.38		60.38	
	湿密度（g/cm^3）	1.93		1.95		1.97	
干密度	铝盒号码	NO 01	NO 02	NO 03	NO 04	NO 05	NO 06
	铝盒＋湿土质量（g）	133.4		137.2		139.3	
	铝盒＋干土质量（g）	110.0		115.1		116.8	
	水质量（g）	23.4		22.1		22.5	
	铝盒质量（g）	17.1		19.2		20.2	
	干土质量（g）	92.9		95.9		96.6	
	含水量（%）	25.2		23.0		23.3	
	平均含水量（%）						
	干密度（g/cm^3）	1.54		1.59		1.60	
	最大干密度（g/cm^3）	1.61		1.61		1.61	
	压实度（%）	95.7		98.8		99.4	
备注	本试验经二次平行测定后，其平行差值不得大于规定，取其算术平均值						

审核：×××　　试验：×××

3. 压实度（灌砂法）试验记录

压实度（灌砂法）试验记录

表 3-42
试验表 31

工程名称：××市××路道路工程　　施工单位：××市政工程有限公司　　试验工序项目：水泥稳定碎石层

桩号				K1+750	K1+940	K2+050	K2+185			
层次及厚度（cm）				30	30	30	30			
灌砂前砂+容器质量（g）		(1)		7500	7500	7500	7500			
灌砂后砂+容器质量（g）		(2)		4760	4760	4760	4760			
灌砂筒下部锥体内砂质量（g）		(3)		715	715	715	715			
试坑灌入量砂的质量（g）		(4)	(1) − (2) − (3)	2025	2130	2075	2160			
量砂堆积密度（g/cm³）		(5)		1.281	1.281	1.281	1.281			
试坑体积（cm³）		(6)	(4) / (5)	1580.8	1662.8	1619.8	1686.2			
试坑中挖出的湿料质量（g）		(7)		3590	3815	3680	3815			
试样湿密度（g/cm³）		(8)	(7) / (6)	2.27	2.29	2.27	2.26			
含水量 W（%）	盒　号	(9)		01	02	03	04			
	盒质量（g）	(10)		51.5	49.9	50.3	51.2			
	盒+湿料质量（g）	(11)		584.3	593.8	574.8	588.0			
	盒+干料质量（g）	(12)		543.1	550.4	533.5	541.2			
	水质量（g）	(13)	(11) − (12)	41.2	43.4	41.3	46.8			
	干料质量（g）	(14)	(12) − (10)	491.6	500.5	483.2	490.0			
	平均含水量（w）（%）	(15)	[(13) / (14)] ×100%	8.4	8.7	8.5	9.6			
干质量密度（g/cm³）		(16)		2.09	2.11	2.09	2.06			
最大干密度（g/cm³）		(17)		2.15	2.15	2.15	2.15			
压实度（%）		(18)	[(16)/(17)]×100%	97.2	98.1	97.2	95.8			

审核：×××　　计算：×××　　试验：×××　　试验日期：××年××月××日

八、道路基层混合料抗压强度试验记录

道路基层混合料抗压强度试验记录

表 3-43
试验表 32

委托单位	××市政工程公司	工程名称	××市××路道路工程	施工部位	K1+760～K1+900
混合料名称	水泥稳定碎石层		水泥或石灰剂量		
水泥种类及等级	P.O 42.5		石灰种类及氧化物含量		
拌合方法	机拌	养护方法	标养	塑性指数	
制模日期	××年9月1日	要求龄期	7天	要求试验日期	××年9月8日

试件编号	成型后试件测定				
	试件重量（g）	试件高度（g）	湿密度（g/cm³）	含水量（%）	干容重（g/cm³）
①					
②					
③					
④					
⑤					
⑥					

试件编号	饱水前试件重量（g）	饱水后测定						强度值（MPa）	
		试件重量（g）	试件高度（mm）	湿容重量（g/cm³）	含水量（%）	干密度（g/cm³）	破坏时最大压力（kN）	单值	平均值
1			150.0				49.0	2.8	3.6
2			150.4				59.0	3.4	3.6
3			150.1				72.0	4.1	3.6
4			149.5				70.0	4.0	3.6
5			150.1				62.5	3.6	3.6
6			150.0				60.0	3.4	3.6

施工项目技术负责人：×××　　审核：×××　　计算：×××　　试验：×××

报告日期：　××年××月××日

九、回弹弯沉记录

1. 水泥稳定碎石层回弹弯沉记录

水泥稳定碎石层 回弹弯沉记录 之一 表3-44

试验表34-1

工程名称：××市××路道路工程 施工单位：××市政工程公司

试验位置：水泥稳定碎石层 起止桩号：K1＋760～K1＋900南侧快车道试验时间：××年9月8日

设计弯沉值：0.9mm 验车型：黄河JN—150 后轴重：10t

序号	桩号	轮位	行车道（第1车道）			行车道（第2车道）			行车道（第3车道）		
			百分表读数		回弹值	百分表读数		回弹值	百分表读数		回弹值
			D1	D2	1/100 (mm)	D1	D2	1/100 (mm)	D1	D2	1/100 (mm)
1	K1＋760		83	70	26	140	127	26	70	53	34
2	K1＋780		96	64	64	119	89	60	159	131	56
3	K1＋800		106	71	70	96	64	64	99	72	54
4	K1＋820		83	67	32	140	121	38	164	141	46
5	K1＋840		88	59	58	164	141	46	84	61	46
6	K1＋860		144	118	52	66	42	48	91	68	46
7	K1＋880		120	106	28	80	62	36	70	51	38
8	K1＋900		70	51	38	99	72	54	83	67	32
9											
10											
11											
12											
13											
14											
15											
16											
17											
18											
19											
20											

结论：

试验：××× 记录：××× 计算：×××

2. 沥青混合料回弹弯沉记录

沥青混合料面层　回弹弯沉记录　之二　　表 3-45

试验表 34-2

工程名称：××市××路道路工程　施工单位：××××市政工程公司

试验位置：沥青混凝料面层起止桩号：K1＋760K1＋900 南侧快车道试验时间：××年 12 月 27 日

设计弯沉值：0.6mm　试验车型：黄河 JN－150　后轴重：10t

序号	桩号	轮位	行车道（第 1 车道）			行车道（第 2 车道）			行车道（第 3 车道）		
			百分表读数		回弹值	百分表读数		回弹值	百分表读数		回弹值
			D1	D2	1/100 (mm)	D1	D2	1/100 (mm)	D1	D2	1/100 (mm)
1	K1＋760	左	0.55	0.37	0.36						
		右	0.62	0.46	0.32						
2	K1＋790	左	0.83	0.62	0.42						
		右	0.71	0.51	0.40						
3	K1＋800	左	0.50	0.24	0.52						
		右	0.61	0.36	0.50						
4	K1＋820	左	0.87	0.65	0.44						
		右	1.16	0.92	0.48						
5	K1＋840	左	0.44	0.21	0.46						
		右	0.64	0.44	0.40						
6	K1＋860	左	0.44	0.28	0.32						
		右	1.15	0.97	0.36						
7	K1＋880	左	1.04	0.84	0.40						
		右	0.78	0.56	0.44						
8	K1＋900	左	0.76	0.50	0.52						
		右	0.55	0.28	0.54						

结论：

试验：×××　　记录：×××　　计算：×××

任务4　竣工验收阶段的施工技术文件编制

一、工程竣工测量资料及相关评定

1. 工程竣工测量资料

（1）市政道路工程外观评分表

市政道路工程外观评分表　　　　**表 3-46**

<table>
<tr><td>工程名称</td><td>××市××路工程</td><td>工程地点</td><td>××市××区××街道××村</td><td>施工单位</td><td>××市政工程有限公司</td><td>施工负责人</td><td>×××</td></tr>
<tr><td>检查项目</td><td colspan="2">外观要求</td><td>存在问题</td><td>应得分</td><td>实得分</td><td>加权系数</td><td>评分</td></tr>
<tr><td rowspan="4">沥青混凝土面层</td><td colspan="2">1. 面层平整、坚实、无脱落、掉渣、裂缝、推齐、烂边、组细料集中等现象</td><td>摊铺粗细料局部有不均匀现象</td><td>50×0.88</td><td>44</td><td rowspan="4">0.4</td><td rowspan="4">35.96</td></tr>
<tr><td colspan="2">2.10 以上压路机碾压无明显轮迹</td><td>较好</td><td>10×0.93</td><td>9.3</td></tr>
<tr><td colspan="2">3. 接茬应紧密、平顺、烫缝不应枯焦</td><td>较好</td><td>20×0.94</td><td>18.8</td></tr>
<tr><td colspan="2">4. 面层与路缘石及其他构筑物应接顺，不得有积水现象</td><td>基本接顺，个别处沥青摊铺不够饱满</td><td>20×0.89</td><td>17.8</td></tr>
<tr><td rowspan="2">侧缘石</td><td colspan="2">1. 侧石、缘石必须稳定，线直弯顺，无折角，顶面应平整无错牙，侧石钩缝严密，缘石不得阻水</td><td>局部不够直顺，接缝不够严密</td><td>70×0.90</td><td>63</td><td rowspan="2">0.2</td><td rowspan="2">18.12</td></tr>
<tr><td colspan="2">2. 侧石背后填土必须密实</td><td>较好</td><td>30×0.92</td><td>27.6</td></tr>
<tr><td rowspan="2">人行道</td><td colspan="2">1. 铺砌必须平整稳定，灌缝应饱满，不得有翘动现象</td><td>人行道基本平整，局部纵缝不够直顺</td><td>60×0.89</td><td>53.4</td><td rowspan="2">0.2</td><td rowspan="2">18.04</td></tr>
<tr><td colspan="2">2. 人行道面层应与其他构筑物接顺，不得有积水现象</td><td>未见，较好</td><td>40×0.92</td><td>36.8</td></tr>
<tr><td rowspan="4">检查井与收水井</td><td colspan="2">1. 路面与井接顺，无跳车现象</td><td>较好</td><td>25×0.93</td><td>23.25</td><td rowspan="4">0.2</td><td rowspan="4">18</td></tr>
<tr><td colspan="2">2. 收水井内壁抹面平整，不得起壳，裂缝</td><td>个别收水井抹面粗糙，有小裂纹</td><td>25×0.87</td><td>21.75</td></tr>
<tr><td colspan="2">3. 井内无垃圾杂物，井面及支管回填满足路面要求</td><td>符合要求</td><td>25×0.90</td><td>22.5</td></tr>
<tr><td colspan="2">4. 框盖完整无损，安装平整、位置正确</td><td>符合要求</td><td>25×0.90</td><td>22.5</td></tr>
<tr><td colspan="7">合　　计</td><td>90.12</td></tr>
<tr><td colspan="8">评定意见：
符合城镇道路工程施工与质量验收规范 CJJ 1—2008 和设计要求，评定为合格工程
技术负责人：×××　　　　××年×× 月××日</td></tr>
</table>

（2）市政道路工程实测实量评分表

市政道路工程实测实量评分表之一

表 3-47

快车道

工程名称	××市××路工程	认证项目	应检点	合格点	合格率	认证单位
工程地点	××市××区××街道××村	面层压实度	16	16	100	××监理有限公司
施工单位	××市政工程有限公司	面层厚度	16	16	100	
施工负责人	×××	弯 沉 值	704	704	100	

序号	实测项目	允许偏差（mm）	实测频率		各实测点偏差值（mm）																应检点数	合格点数	合格率%
			范围	点数	1	2	3	4	5	6	7	8	9	10	11	12	13	14	15	16			
1	厚度	+20，−5	每工程	3	−2	+9	+3														3	3	100
2	平整度	5	20m	路宽 9～15m 测 2 点	2	3	4	1	2	5	(7)	2	3	4	5	1	(6)	3	1	0	196	177	90.3
					5	2	3	(6)	4	2	4	3	(7)	1	2	5	1	2	4	3			
					0	2	3	3	4	2	4	3	1	2	4	3	(6)	2	4	5			
					2	1	1	2	5	4	2	1	0	(7)	5	2	3	1	3	2			
					1	4	3	2	4	2	(7)	2	1	4	2	3	2	4	1	2			
					2	0	1	4	(7)	3	2	4	1	2	(6)	4	2	1	3	1			
					4	2	3	1	0	2	4	2	6	2	3	1	1	2	4	5			
					(6)	3	4	1	2	3	0	3	(4)	4	2	1	2	(6)	3	1			
					2	0	1	2	4	3	(6)	2	1	2	1	3	2	1	4	2			
					2	4	1	(6)	3	2	4	5	1	2	4	(7)	3	2	(7)	4			
					2	4	2	4	3	(6)	2	4	1	2	5	4	2	4	2	1			
					2	0	(7)	2	1	3	2	1	(6)	4	2	5	1	2	1	2			
					2	4	2	1															
3	宽度	−20	40m	1	−12	−13	−5	−7	−12	−5	−11	−12	−5	−16	−10	−8	(−24)	−13	−15	−9	49	45	91.8
					(−8)	−15	−17	(−23)	−16	−9	−12	−7	−10	−12	−10	−7	−9	−12	−11	−13			
					−8	−6	−15	−19	(−21)	−4	−6	−15	−7	−16	−18	−15	−10	(−22)	−7	−6			
					−3																		
4	中线高程	±20	20m	1	+5	+6	−3	−2	−15	+10	+15	+8	+9	−12	+14	+16	−3	−7	+10	−8	98	89	90.8
					(+23)	−10	−15	+5	+13	−2	+12	(+22)	+4	−10	−14	+6	+4	+8	−9	−13			
					−5	−7	+13	+16	−5	−3	+4	+10	+12	+14	−5	−9	+13	(−23)	−5	+7			
					+8	+9	−2	(−22)	+12	−5	+5	−3	+12	+4	+5	+8	−5	−16	−4	+3			
					−2	(−26)	+6	−8	+8	(+21)	−7	−13	−7	+12	+7	−7	+4	+12	−2	(+23)			
					−2	−3	+7	+8	−9	+4	+11	−8	+4	(−23)	+11	(+22)	+1	−5	−3	+4			
					+13	+14																	

2. 竣工资料相关评定

(1) 分项工程质量检验记录

分项工程质量检验记录之三　　**表 3-48**

表 A. 0. 2

编号：________

<table>
<tr><td colspan="2">工程名称</td><td colspan="5">××市××路工程</td></tr>
<tr><td colspan="2">施工单位</td><td colspan="5">××市政工程有限公司</td></tr>
<tr><td colspan="2">单位工程名称</td><td colspan="3">道路工程</td><td>分部工程名称</td><td>基层</td></tr>
<tr><td colspan="2">分项工程名称</td><td colspan="3">水泥稳定土基层</td><td>检验批数</td><td>6</td></tr>
<tr><td colspan="2">项目经理</td><td>×××</td><td>项目技术负责人</td><td>×××</td><td>制表人</td><td>×××</td></tr>
<tr><td rowspan="2">序号</td><td rowspan="2" colspan="2">检验批部
位、区段</td><td colspan="2">施工单位自检情况</td><td colspan="2">监理（建设）单位验收情况</td></tr>
<tr><td>合格率（%）</td><td>检验结论</td><td colspan="2">验收意见</td></tr>
<tr><td>1</td><td colspan="2">K0＋540K0＋620 南侧快车道</td><td>95</td><td>合格</td><td colspan="2">符合设计及规范要求，同意合格</td></tr>
<tr><td>2</td><td colspan="2">K0＋540K0＋620 北侧快车道</td><td>95</td><td>合格</td><td colspan="2">符合设计及规范要求，同意合格</td></tr>
<tr><td>3</td><td colspan="2">K0＋540K0＋680 南侧慢车道</td><td>93</td><td>合格</td><td colspan="2">符合设计及规范要求，同意合格</td></tr>
<tr><td>4</td><td colspan="2">K0＋540K0＋680 北侧慢车道</td><td>99</td><td>合格</td><td colspan="2">符合设计及规范要求，同意合格</td></tr>
<tr><td>5</td><td colspan="2">K0＋010K0＋110 南侧人行道</td><td>95</td><td>合格</td><td colspan="2">符合设计及规范要求，同意合格</td></tr>
<tr><td>6</td><td colspan="2">K0＋010K0＋110 北侧人行道</td><td>98</td><td>合格</td><td colspan="2">符合设计及规范要求，同意合格</td></tr>
<tr><td>7</td><td colspan="2"></td><td></td><td></td><td colspan="2"></td></tr>
<tr><td>8</td><td colspan="2"></td><td></td><td></td><td colspan="2"></td></tr>
<tr><td>9</td><td colspan="2"></td><td></td><td></td><td colspan="2"></td></tr>
<tr><td>10</td><td colspan="2"></td><td></td><td></td><td colspan="2"></td></tr>
<tr><td>11</td><td colspan="2"></td><td></td><td></td><td colspan="2"></td></tr>
<tr><td>12</td><td colspan="2"></td><td></td><td></td><td colspan="2"></td></tr>
<tr><td>13</td><td colspan="2"></td><td></td><td></td><td colspan="2"></td></tr>
<tr><td>14</td><td colspan="2"></td><td></td><td></td><td colspan="2"></td></tr>
<tr><td>15</td><td colspan="2"></td><td></td><td></td><td colspan="2"></td></tr>
<tr><td>16</td><td colspan="2"></td><td></td><td></td><td colspan="2"></td></tr>
<tr><td>17</td><td colspan="2"></td><td></td><td></td><td colspan="2"></td></tr>
<tr><td colspan="2">平均合格率（%）</td><td colspan="5">95.8</td></tr>
<tr><td>施工单位
检查结果</td><td colspan="3">符合设计及 CJJ 1—2008 规范要求，自评合格

项目技术负责人
×××
××年××月××日</td><td>检验结论</td><td colspan="2">符合设计及规范要求，同意合格

监理工程师：
×××
（建设单位项目专业技术负责人）
××年××月××日</td></tr>
</table>

（2）分部（子分部）工程检验记录

分部（子分部）工程检验记录　　**表 3-49**

表 A. 0. 3-1

编号：__________

<table>
<tr><td>工程名称</td><td colspan="5">××市××路工程</td></tr>
<tr><td>施工单位</td><td colspan="5">××市政工程有限公司</td></tr>
<tr><td>单位工程名称</td><td colspan="2">道路工程</td><td>分部工程名称</td><td colspan="2">基层</td></tr>
<tr><td>项目经理</td><td>×××</td><td>项目技术负责人</td><td>×××</td><td>制表人</td><td>×××</td></tr>
<tr><td>施工负责人</td><td>×××</td><td>质量检查员</td><td>×××</td><td>日期</td><td>××年 ××月 ×× 日</td></tr>
<tr><td>序号</td><td colspan="2">分项工程名称</td><td>检验批数</td><td>合格率（%）</td><td>质量情况</td></tr>
<tr><td>1</td><td colspan="2">水泥稳定土基层</td><td>6</td><td>95.8</td><td>符合要求，自评合格</td></tr>
<tr><td>2</td><td colspan="2"></td><td></td><td></td><td></td></tr>
<tr><td>3</td><td colspan="2"></td><td></td><td></td><td></td></tr>
<tr><td>4</td><td colspan="2"></td><td></td><td></td><td></td></tr>
<tr><td>5</td><td colspan="2"></td><td></td><td></td><td></td></tr>
<tr><td>6</td><td colspan="2"></td><td></td><td></td><td></td></tr>
<tr><td>7</td><td colspan="2"></td><td></td><td></td><td></td></tr>
<tr><td>8</td><td colspan="2"></td><td></td><td></td><td></td></tr>
<tr><td>9</td><td colspan="2"></td><td></td><td></td><td></td></tr>
<tr><td>10</td><td colspan="2"></td><td></td><td></td><td></td></tr>
<tr><td>11</td><td colspan="2"></td><td></td><td></td><td></td></tr>
<tr><td>12</td><td colspan="2"></td><td></td><td></td><td></td></tr>
<tr><td>13</td><td colspan="2"></td><td></td><td></td><td></td></tr>
<tr><td>14</td><td colspan="2"></td><td></td><td></td><td></td></tr>
<tr><td>15</td><td colspan="2"></td><td></td><td></td><td></td></tr>
<tr><td colspan="2">质量控制资料</td><td colspan="4">齐全</td></tr>
<tr><td colspan="2">安全和功能检验（检测）报告</td><td colspan="4">齐全</td></tr>
<tr><td colspan="2">观感质量验收</td><td colspan="4">合格</td></tr>
<tr><td colspan="2">分部（子分部）工程检验结果</td><td colspan="2">符合设计及 CJJ 1—2008 规范要求，自评合格</td><td>平均合格率（%）</td><td>90.8</td></tr>
<tr><td rowspan="2">参加验收单位</td><td>施工单位</td><td colspan="4">项目经理　×××　　××年××月××日</td></tr>
<tr><td>监理（建设）单位</td><td colspan="4">总监理工程师：　符合设计及规范要求，同意合格
×××
（建设单位项目专业技术负责人）
××年××月××日</td></tr>
</table>

（3）单位工程分部工程检验汇总表

道路工程 单位工程分部工程检验汇总表

表 3-50

表 A. 0. 3-2

编号：__________

工程名称	××市××路工程				
施工单位	××市政工程有限公司				
单位工程名称	道路工程				
项目经理	×××	项目技术负责人	×××	制表人	×××

序号	外观检查	质量情况
1	面层（沥青混凝土面层）	符合要求，自评合格
2	面层（水泥混凝土面层）	符合要求，自评合格
3	人行道铺装（人行道板铺筑）	符合要求，自评合格
4	附属构筑物（平、侧石，雨水口）	符合要求，自评合格
5		
6		

序号	分部（子分部）工程名称	合格率（%）	质量情况
1	路基	94.07	符合要求，自评合格
2	底基层	95.45	符合要求，自评合格
3	基层	95.8	符合要求，自评合格
4	面层（沥青混合料面层）	94.7	符合要求，自评合格
5	面层（水泥混凝土面层）	92.0	符合要求，自评合格
6	人行道铺筑	97.24	符合要求，自评合格
7	附属构筑物	95.88	符合要求，自评合格
8			
9			
10			
11			
12			
13			
14			
15			
16			
17			
18			
19			
20			

平均合格率（%）	95.02
检验结果	符合设计及 CJJ 1—2008 规范要求，自评合格

施工负责人	质量检查员	日　期
×××	×××	××年××月××日

（4）单位（子单位）工程质量竣工验收记录

单位（子单位）工程质量竣工验收记录　　**表 3-51**

表 A.0.4

编号：__________

<table>
<tr><td colspan="2">工程名称</td><td colspan="5">××市××路工程</td></tr>
<tr><td colspan="2">施工单位</td><td colspan="5">××市政工程有限公司</td></tr>
<tr><td colspan="2">道路类型</td><td colspan="2">快速路/主干道/次干道/支路</td><td>工程造价</td><td colspan="2">××万元整</td></tr>
<tr><td colspan="2">项目经理</td><td>×××（签字）</td><td>项目技术负责人</td><td>×××（签字）</td><td>制表人</td><td>×××（签字）</td></tr>
<tr><td colspan="2">开工日期</td><td colspan="2">××年××月××日</td><td>竣工日期</td><td colspan="2">××年××月 ×× 日</td></tr>
<tr><td>序号</td><td colspan="2">项　目</td><td colspan="2">验收记录</td><td colspan="2">验收结论</td></tr>
<tr><td>1</td><td colspan="2">分部工程</td><td colspan="2">共7分部，经查7分部
符合标准及设计要求7分部</td><td colspan="2">符合设计及CJJ 1—2008
规范要求，评定为合格</td></tr>
<tr><td>2</td><td colspan="2">质量控制资料核查</td><td colspan="2">共7项，经审查符合要求项，
经核定符合规范要求7项</td><td colspan="2">符合设计及CJJ 1—2008
规范要求，评定为合格</td></tr>
<tr><td>3</td><td colspan="2">安全和主要使用功能
核查及抽查结果</td><td colspan="2">共核查7项，符合要求7项，
共抽查7项，符合要求7项，
经返工处理符合要求0项</td><td colspan="2">符合设计及CJJ 1—2008
规范要求，评定为合格</td></tr>
<tr><td>4</td><td colspan="2">观感质量检查</td><td colspan="2">共抽查4项，符合要求4项，
不符合要求0项</td><td colspan="2">符合设计及CJJ 1—2008
规范要求，评定为合格</td></tr>
<tr><td>5</td><td colspan="2">综合验收结论</td><td colspan="2">施工技术、试验记录等各项资料齐全，
外观检查无露筋、积水等现象</td><td colspan="2">符合设计及规范要求，
同意为合格工程</td></tr>
<tr><td rowspan="4">参加
验收
单位</td><td colspan="2">建设单位</td><td colspan="2">监理单位</td><td colspan="2">施工单位</td></tr>
<tr><td colspan="2">（公章）
单位(项目)负责人:×××
××年××月××日</td><td colspan="2">（公章）
总监理工程师:×××
××年××月××日</td><td colspan="2">（公章）
单位负责人:×××
××年××月××日</td></tr>
<tr><td colspan="2">设计单位</td><td colspan="2"></td><td colspan="2"></td></tr>
<tr><td colspan="2">（公章）
单位(项目)负责人:×××
××年××月××日</td><td colspan="2"></td><td colspan="2"></td></tr>
</table>

（5）市政工程质量保证资料评分表

市政工程质量保证资料评分表　　**表 3-52**

<table>
<tr><td rowspan="2">工程名称</td><td rowspan="2" colspan="2">××市××路工程</td><td rowspan="2">主要工作量（万元）</td><td rowspan="2">××．××</td><td rowspan="2">施工单位</td><td rowspan="2">××市政工程有限公司</td><td>开工日期</td><td colspan="3">××年××月××日</td></tr>
<tr><td>竣工日期</td><td colspan="3">××年××月××日</td></tr>
<tr><td>序号</td><td>检查内容</td><td colspan="4">检查重点</td><td colspan="3">检查情况</td><td>标准分</td><td>实得分</td></tr>
<tr><td>1</td><td>主体结构技术质量试验资料</td><td colspan="4">1. 道路各层密实度（压实度）试验；2. 回填土压实度；3. 混凝土强度；4. 预应力张拉；5. 桩基质量要求齐全（含动载试验，无破损试验）；6. 沥青混凝土含油量试验</td><td colspan="3">道路各层及回填土压实度、混凝土强度等资料较完整，各检测试频率满足要求，符合规定标准</td><td>22</td><td>21</td></tr>
<tr><td>2</td><td>原材料试验，各种预制件资料，合格证明</td><td colspan="4">1. 水泥、钢材、砂、石、砖、石灰、石灰土中的土、沥青等原材料试验资料；2. 计量设备校核资料；3. 各种预制件合格证书及证验资料；4. 主要外购件合格证</td><td colspan="3">水泥、钢材等原材料及各水泥制品等出厂合格证较齐全，并有抽检试验资料，其资料符合要求，但无计量设备校核资料</td><td>22</td><td>19</td></tr>
<tr><td>3</td><td>工程总体质量综合试验资料</td><td colspan="4">1. 管道闭水试验、水池满水试验；2. 道路弯沉试验；3. 桥梁静、动载试验等；4. 热力管道压力试验</td><td colspan="3">按设计要求雨、污水管道均已作闭水试验，频率满足，试验合格；路面及三渣弯沉值频率满足，并符合设计及规范要求；各桥桩均已作静、动载试验，试验合格</td><td>12</td><td>11</td></tr>
<tr><td>4</td><td>隐蔽工程验收单</td><td colspan="4">凡下道工序覆盖部分的重要项目都需要隐验手续</td><td colspan="3">隐蔽工序均有驻地监理签证，但有一小部分不够清楚</td><td>12</td><td>10</td></tr>
<tr><td>5</td><td>工程质量评定单</td><td colspan="4">分项、分部、单位（群体）工程质量评定资料</td><td colspan="3">工序质量评定表及汇总表，单位工程评定等资料齐全</td><td>12</td><td>11</td></tr>
<tr><td>6</td><td>质量事故处理</td><td colspan="4">报告、处理、结案及时，有市政质监站认可</td><td colspan="3">无</td><td>（0～6）</td><td>/</td></tr>
<tr><td>7</td><td>施工组织设计，技术交底</td><td colspan="4">有质量目标、措施、落实情况环保、文明施工安全，节约及专项方案设计，审批完备，设计交底，施工交底齐备；配合通知单，施工记录</td><td colspan="3">施工记录不够详细</td><td>6</td><td>5</td></tr>
<tr><td>8</td><td>洽商记录，竣工图</td><td colspan="4">洽商、纪要、变更齐全，能编号，手续完备竣工图清晰完整，与实际相符</td><td colspan="3">施工单位与建设、设计、监理等单位洽商及时，手续齐全竣工图已绘制并与实际相符</td><td>10</td><td>9</td></tr>
<tr><td>9</td><td>测量复核记录</td><td colspan="4">控制点、基准线、水准点，复核记录，有放必复</td><td colspan="3">较好</td><td>4</td><td>4</td></tr>
<tr><td>10</td><td colspan="8">合　　计</td><td>100</td><td>90</td></tr>
<tr><td colspan="11">一、扣分原则：1. 第一项结构资料：按质量检验评定标准要求的检验内容和频率。凡带“△”项目不合格，或漏检点数达到全部应检点数的1%扣3分，直到扣完，此项得分率不足70%（15．4分）资料评分定为不合格。
2. 二项原材料试验及合格证：每缺一项或一项不合格视严重程度扣0.5～2分。合格证、质保单试验报告，原件可以复印，必须红、蓝印章方可有效（图章复印无效）。
3. 3～9项依资料完整，内容充实，手续完备等情况视情打分。
二、凡发现质量保证资料的弄虚作假编造数据的情况，资料定为合格</td></tr>
<tr><td colspan="11">评定意见：
符合设计及规范 CJJ 1—2008 要求，评定为合格工程
项目技术负责人：×××　　单位技术负责人：×××　　日期：××年××月××日</td></tr>
</table>

（6）单位工程质量综合评分表

单 位 工 程 质 量 综 合 评 分 表　　　表 3-53

工程名称	××市××路工程	工程范围	桩号 K0+000～K2+000
开工日期	××年××月××日	竣工日期	××年××月××日
监理单位	××监理有限公司	施工负责人	×××
	1. 资料评分：道路：95.02% 桥梁：90.5% 排水：92.2%		
	2. 外观评分：道路：90.12% 桥梁：90.4% 排水：90.44%		
	3. 实测得分：道路：92.57% 桥梁：94.59% 排水：93.7%		
	4. 工程综合：道路：92.57% 桥梁：91.83% 排水：92.1%		
	5. 质量等级：道路合格； 桥梁合格； 排水合格		
	备注： 推 荐 本 工 程 为 合 格 工 程		
	同意评定为合格工程 单位技术负责人：×××　　日期：××年××月××日		

注：工程外观和质量保证资料中发现的主要问题均应记入表中，必要时另加附页。

3. 试验资料汇总、统计与评定

（1）有见证试验汇总表　　详见项目3任务3的表3-17（试验表2）；

（2）混凝土强度（性能）试验汇总表　　详见项目3任务3的表3-34（试验表21）；

（3）混凝土试块强度统计、评定记录　　详见项目3任务3的表3-35（试验表22）；

（4）砂浆试块强度试验汇总表　　详见项目3任务3的表3-36（试验表25）；

（5）砂浆试块强度统计评定记录　　详见项目3任务3的表3-39（试验表26）。

二、工程竣工简介和总结

1. 工程简介

工　程　简　介　　　　**表3-54**

工程名称	××市××路工程（道路工程）			原施工名称	/	
详细地址	××市××区××街道××村					
原工程地址	/					
面积	层次	总投资	占地面积	建筑高度	抗震等级	防火等级
约××m^2	××	××万元	××	××	××	××
规划许可证号	××			施工许可证号	××	
建设单位	勘察单位	设计单位		施工单位	监理单位	
××城建指挥部	××勘察设计院	××建筑设计院		××市政工程有限公司	××监理有限公司	
工程建设情况介绍（如：工程特点、新工艺、新技术的运用等） (1) 本工程道路起讫范围，道路标准横断面情况； (2) 本工程设计中路面采用的结构情况						

2. 工程竣工总结（略）

三、竣工验收记录

1. 预验收会议纪要

××市××路工程预验收会议纪要

会议地点：施工现场及××城建指挥部会议室

（1）工程建设主体单位

建设单位：××城建指挥部

设计单位：××设计院

勘察单位：××勘察院

监理单位：××监理有限公司

施工单位：××市政工程有限公司

（2）会议参加人员

质安总站：　　××

建设单位：　　××

设计单位：　　××

监理单位：　　××

施工单位：　　××

区建设局：　　××

水务公司：　　××

长河街道：　　××

长河街道塘子堰村：　　××

（3）验收过程

会议由建设单位主持，先由建设单位对工程总体情况做了简单介绍，然后施工单位代表介绍了本工程的总体情况，主要有工程概况、施工质量情况、工程主要变更等内容。施工单位介绍完成后，由监理单位代表介绍了本工程的监理工作情况及工程完工后，对工程进行实测实量、外观、资料评分情况，再由设计单位、勘察单位各自介绍设计、勘察情况，各方主体单位介绍完成后，各与会单位代表到现场进行实地检查，对在检查中发现的问题，当场予以记录，现场检查完毕后，各代表对工程所存在的问题进行汇总和整理，主要存在如下问题：

①部分检查井井室有漏水现象，需进行整改；

②检查井井盖下未安装安全防护网，需进行安装；

③侧石、人行道板局部有轻微沉降，表面平整度有影响，需进行整改；

④花岗岩、人行道板局部破损，需进行整改；

⑤K1＋852～K1＋885，K1＋930～K1＋982段，公交站台需挖除。

（4）总结

对上述在预验收验收过程中存在的问题，由我监理单位出具整改意见书，并责令施工单位限期七天整改完毕，整改完成后报我方复查，为竣工验收做准备。

××监理有限公司

××年××月××日

2. 工程销项报告

工 程 销 项 报 告　　　　**表 3-55**

工程名称	××市××路工程	施工单位	××市政工程有限公司
监理单位	××监理有限公司	建设单位	××城建指挥部

整改内容：
1. 部分检查井井室有漏水现象，需进行整改；
2. 检查井井盖下未安装安全防护网，需进行安装；
3. 花岗岩、人行道板局部破损，需进行整改；
4. K1＋852～K1＋885，K1＋930～K1＋982 段，公交站台需挖除

整改结果：
1. 部分有裂缝的检查井井盖、井座已全部更换；
2. 检查井井盖下已全部安装安全防护网；
3. 花岗岩侧石、人行道板局部有破损的部位已全部更换；
4. 桩号 K1＋852～K1＋885，K1＋930～K1＋982 段；公交站台挖除至碎石层，并浇筑水泥混凝土作为基层回填，而面层采用沥青混合料铺设

施工单位：
对于预验收会会议提出的 5 个问题我项目部已全部整改完毕，望请各有关单位予以验收
项目经理：×××　　日期：××年××月××日

监理单位意见：
上述问题已整改完毕，符合设计及规范要求，同意竣工验收
监理工程师：×××　　日期：××年××月××日

设计单位意见：
上述问题已按要求整改完毕，同意竣工验收
项目负责人：×××　日期：××年××月××日

勘察单位意见：
上述问题已按要求整改完毕，同意竣工验收
项目负责人：×××　　日期：××年××月××日

建设单位意见：
上述问题已按要求整改完毕，同意竣工验收
项目负责人：×××　　日期：××年××月××日

接收单位意见：
上述问题已按要求整改完毕，施工资料齐全，同意竣工验收
接收单位代表：×××　　日期：××年××月××日

3. 工程竣工验收证书

参见本书第17页（表2-2）。

4. 竣工验收报告；设计、勘察、监理、施工单位工程质量合格证明

（1）工程预验收报告

工程预验收报告 **表3-56**

施工单位：××市政工程有限公司

工程名称	××市××路工程	工程地址	××市××路	结构类型	沥青混凝土
建筑面积	××m^2	造　价	××万元	开工日期	××年××月××日
建设单位	××城建指挥部	联系人	×××	竣工日期	××年××月××日
设计单位	××建筑设计院	工程负责人	×××	施工天数	××天

内容：

××市××路工程已完成工程设计图纸、施工承包合同约定的各项内容及甲方要求增加的联系单内容。工程质量经施工单位自查，符合设计及规范要求，且得到监理单位的认可，根据市政工程质量检验评定标准CJJ 1—2008、CJJ 2—2008、GB 50268、GB 50141，外观检查和实测实量通过××市市政质量监督站的验收，竣工技术资料真实，齐全。本工程要求竣工验收

监理单位意见	工程资料齐全，质量合格，同意预验收 监理工程师（签章）：×××
设计单位意见	工程资料齐全，质量合格，同意预验收 项目负责人（签章）：×××
建设单位意见	工程资料齐全，质量合格，同意预验收 项目负责人（签章）：×××
其他单位意见	工程资料齐全，质量合格，同意预验收 项目负责人（签章）：×××

××年××月××日

（2）市政基础设施工程预验收竣工报告（合格证明）

市政基础设施工程预验收竣工报告（合格证明） **表 3-57**

工程项目（单位工程）名称：××市××路工程

工程造价	××万元	工程类型	道路、排水工程
施工单位名称	××市政工程有限公司	联系电话	××
施工单位地址	××市××路××号	邮政编码	××

工程实物工程量及质量自检预验收情况：

1. ××市××路工程由我公司依法承包，施工过程中无项目分包；于工程开工前已建立工程质量保证体系、建全各级质量责任制及控制程序。

2. 现本工程已按要求完成施工图设计和施工承包约定的各项内容，以及甲方要求的，合同以外的工程量。

3. 在施工过程中，严格执行强制性标准和强制性条文。

4. 施工过程中对监理和监督机构提出的要求整改的质量问题已全部改正，并得到监理单位的认可。

5. 根据市政工程质量检验评定标准 CJJ 1—2008、CJJ 2—2008、GB 50268—2008、GB 50141—2008，企业自查已确认工程达到竣工标准，道路工程合格率 92.57%，桥梁工程合格率 91.83%，排水工程合格率 92.1%，工程质量达到合格质量等级。

6. 工程地基、基础、主体结构、环境影响和使用功能方面均满足设计及规范要求，符合有关法律、法规和工程建设强制性标准，符合设计文件及合同要求

施工单位签章	项目经理（签字）	×××
	法人代表（签字）	×××
监理单位评语签章	监理工程师评语	该工程已完成设计及施工合同要求，质量达到合格等级，同意竣工验收。 监理工程师（签名）：×××
	总监理工程师评语	该工程质量合格，同意竣工验收。 总监理工程师（签名）：×××

(3) 施工单位工程竣工报告（合格证明）

施工单位工程竣工报告（合格证明）　　**表 3-58**

工程项目（单位工程）名称：××市××路工程　　**表 JB-8**

工程造价	××万元	工程类型	道路、桥梁、排水
施工单位名称	××市政工程有限公司	联系电话	××
施工单位地址	××市××路××号	邮政编码	××

工程实施工程量及质量自检预验收情况：

1. ××市××路工程由我公司依法承包，施工过程中无项目分包；于工程开工前已建立工程质量保证体系、建全各级质量责任制及控制程序。

2. 现本工程已按要求完成施工图设计和施工承包约定的各项内容，以及甲方要求的，合同以外的工程量。

3. 在施工过程中，严格执行强制性标准和强制性条文。

4. 施工过程中对监理和监督机构提出的要求整改的质量问题已全部改正，并得到监理单位的认可。

5. 工程完工后，企业自查已确认工程达到竣工标准，道路工程合格率 92.57%，桥梁工程合格率 91.83%，排水工程合格率 92.1%，工程质量达到优良质量等级，满足结构安全和使用功能要求

工程项目经理：××× ××年××月××日	（施工单位公章）
单位质量负责人：××× ××年××月××日	
单位技术负责人：××× ××年××月××日	
单位法人代表：××× ××年××月××日	

(4) 施工单位工程质量竣工报告

施工单位工程质量竣工报告 **表3-59**

单位工程名称	××市××路工程				
建设面积	××m^2	结构类型	沥青混凝土	层数	/
施工单位名称	××市政工程有限公司				
施工单位地址	××市××路××号				
施工单位邮编	××		联系电话	××	
市民邮箱	××@163.com				

质量验收意见：

1. ××市××路工程由我公司依法承包，施工合同承包范围内无项目分包；于工程开工前已建立工程质量保证体系、建全各级质量责任制及控制程序。
2. 现本工程已按要求完成施工图设计和施工承包约定的各项内容，以及甲方要求的，合同以外的工程量。
3. 在施工过程中，严格执行强制性标准和强制性条文。
4. 施工过程中对监理和监督机构提出的要求整改的质量问题已全部改正，并得到监理单位的认可。
5. 工程完工后，企业自查已确认工程达到竣工标准，道路工程合格率92.57%，桥梁工程合格率91.83%，排水工程合格率92.1%，工程质量达到合格质量等级，满足结构安全和使用功能要求。
6. 桥梁沉降符合设计及相关规范要求。
7. 工程质量保证资料齐全

项目经理：(签名)××× ××年××月××日	施工企业盖章
企业法人代表：(签名)××× ××年××月××日	

(5) 竣工验收方案（略）

(6) 市政基础设施工程竣工验收条件审查表

市政基础设施工程竣工验收条件审查表 **表 3-60**

<table>
<tr><td colspan="2">工程名称</td><td colspan="2">××市××路工程</td><td>工程造价（万元）</td><td>××万元</td></tr>
<tr><td colspan="2">建设单位</td><td colspan="2">××城建指挥部</td><td>计划竣工日期</td><td>××年 ××月 ××日</td></tr>
<tr><td colspan="6">工程竣工验收条件自查情况</td></tr>
<tr><td colspan="2">验收条件</td><td>自查意见</td><td colspan="2">验收条件</td><td>自查意见</td></tr>
<tr><td colspan="2">1. 完成施工图和施工合同全部内容，达到竣工标准</td><td>已完成，并达到竣工标准</td><td colspan="2">6. 工程使用的主要建筑材料、建筑构配件和设备的进场试验报告</td><td>试验报告齐全</td></tr>
<tr><td colspan="2">2. 施工单位已签署施工质量合格证明</td><td>已签署</td><td colspan="2">7. 按合同约定支付工程款，付款证明齐全</td><td>证明齐全</td></tr>
<tr><td colspan="2">3. 设计单位已签署设计工作质量合格证明</td><td>已签署</td><td colspan="2">8. 施工单位已签署质量保修书</td><td>已签署</td></tr>
<tr><td colspan="2">4. 监理单位已签署工程质量合格证明</td><td>已签署</td><td colspan="2">9. 公安、消防、环保等部门已出具认可文件或准许使用文件</td><td>已出具认可</td></tr>
<tr><td colspan="2">5. 工程竣工档案资料完整，并经杭州市城建档案馆验收</td><td>资料完整，并验收</td><td colspan="2">10. 质量问题已全部整改完毕</td><td>已整改完毕</td></tr>
<tr><td rowspan="15">验收组人员名单</td><td></td><td>姓名</td><td colspan="2">单位</td><td>职务</td></tr>
<tr><td>组长</td><td>×××</td><td colspan="2">××城建指挥部</td><td>科长</td></tr>
<tr><td rowspan="2">副组长</td><td>×××</td><td colspan="2">××城建指挥部</td><td>工程部经理</td></tr>
<tr><td>×××</td><td colspan="2">××城建指挥部</td><td>现场负责人</td></tr>
<tr><td rowspan="11">组员</td><td>×××</td><td colspan="2">××建筑设计院</td><td>项目负责人</td></tr>
<tr><td>×××</td><td colspan="2">××建筑设计院</td><td>道路设计负责人</td></tr>
<tr><td>×××</td><td colspan="2">××建筑设计院</td><td>桥梁设计负责人</td></tr>
<tr><td>×××</td><td colspan="2">××建筑设计院</td><td>排水设计负责人</td></tr>
<tr><td>×××</td><td colspan="2">××勘察设计院</td><td>项目负责人</td></tr>
<tr><td>×××</td><td colspan="2">××勘察设计院</td><td>勘测员</td></tr>
<tr><td>×××</td><td colspan="2">××监理有限公司</td><td>总监</td></tr>
<tr><td>×××</td><td colspan="2">××监理有限公司</td><td>现场监理</td></tr>
<tr><td>×××</td><td colspan="2">××市政工程有限公司</td><td>项目经理</td></tr>
<tr><td>×××</td><td colspan="2">××市政工程有限公司</td><td>项目技术负责</td></tr>
<tr><td></td><td colspan="2"></td><td></td></tr>
<tr><td colspan="2">拟定验收日期</td><td>××年××月××日</td><td>拟定验收地点</td><td colspan="2">××会议室</td></tr>
<tr><td colspan="2">建设单位
签章</td><td colspan="4">项目负责人：
×××
（单位公章）
××年××月××日</td></tr>
</table>

（7）杭州市建设工程竣工档案自检表

杭州市建设工程竣工档案自检表　　**表 3-61**

自检单位（盖章）××城建指挥部

工程项目	××市××路工程		单位工程（项）	道路、桥梁、排水工程
工程合同内容				
单位自检情况	1	工程文件的归档范围符合要求（详见移交清单）		
	2	工程文件为原件		
	3	工程文件的内容及深度符合国家有关部门技术规范和标准		
	4	工程文件的内容真实、准确、与工程实际相符合		
	5	工程文件采用耐久性强的书写材料		
	6	工程文件字迹清楚、图样清晰、图表整洁、签字盖章手续完备		
	7	工程文件中文字材料幅面尺寸为A4幅面，图纸为国家标准图幅		
	8	工程竣工图是新蓝图，计算机出图清晰		
	9	所有竣工图均加盖竣工章		
	10	利用施工图修改的竣工图，修改符合国家规定		
	11	档案整理符合国家标准		

该工程竣工档案文件经我单位自行验收，认为基本齐全、真实，符合有关部门规定，报请建设单位进行工程竣工档案专项验收

工程技术负责人：×××　　档案员：×××　　档案上岗证编号：××
或工程总监理工程师：×××　　档案员：×××　　档案上岗证编号：××

填报日期：××年××月××日

备注：此表由建设单位、勘察单位、设计单位、施工单位、监理单位各填一份，由建设单位汇总，交城建档案室。

(8) 杭州市建设工程竣工档案专项验收申请表

杭州市建设工程竣工档案专项验收申请表　　表 3-62

区城建档案室：

下列工程（共3个单位工程）竣工档案经我单位自行验收，认为符合规定，报请进行工程竣工档案专项验收。

建设单位（盖章）：××城建指挥部

××年 ×× 月 ×× 日

工程名称	××市××路工程	规划许可证号	×××
		施工许可证号	×××

单位工程名称		
	1 道路工程	11
	2 桥梁工程	12
	3 排水工程	13
	4	14
	5	15
	6	16
	7	17
	8	18
	9	19
	10	20

	工程档案专项验收应具备的条件	完成情况
1	已完成建设工程设计和合同约定的各项内容	已完成
2	已具备规划、公安消防、环保等职能部门的验收意见	已具备
3	建设、勘察、设计、施工、监理等单位已按规定收集和整理本单位形成的工程档案，并已由建设单位汇总，质量符合国家标准	已汇总
4	全部文件材料经建设（监理）单位审查，并符合要求	已审查
档案总计数量	该工程项目竣工档案共 20 卷	
	其中：文字 17 卷，图纸 3 卷	
	照片 24 张；录像 1 盒；磁盘 1 张	

监理单位对档案审核意见：	建设单位对档案的审核意见：
资料齐全，同意归档 （盖章） ××年××月××日	资料齐全，文字清晰；图纸清晰；同意接收存档 （盖章） ××年××月××日

备注：此表由建设单位填写

四、诚信评议卡

工程建设项目施工总承包单位诚信评议卡 **表 3-63**

日期：×× 年××月××日　　编号：

<table>
<tr><td>建设项目</td><td>××市××路工程</td><td>建设地点</td><td>××市××路</td><td>施工合同价</td><td>××万</td></tr>
<tr><td>施工许可证号</td><td colspan="5">××</td></tr>
<tr><td rowspan="2">施工单位</td><td rowspan="2">××市政工程有限公司</td><td rowspan="2">公司地址</td><td rowspan="2">××市××区××路××号</td><td>联系人</td><td>××</td></tr>
<tr><td>联系电话</td><td>××</td></tr>
<tr><td rowspan="2">建设单位</td><td rowspan="2">××城建指挥部</td><td rowspan="2">公司地址</td><td rowspan="2">××市××区××路××号</td><td>联系人</td><td>××</td></tr>
<tr><td>联系电话</td><td>××</td></tr>
<tr><td rowspan="8">建设单位评议意见</td><td>评议
项目</td><td>评议意见</td><td colspan="3">评议说明</td></tr>
<tr><td>项目经理及管理班子是否按规定派驻，是否到位</td><td>是</td><td colspan="3">已按规定派驻项目经理及管理班组</td></tr>
<tr><td>承包工程是否违法转包或分包</td><td>否</td><td colspan="3">工程无分包</td></tr>
<tr><td>工程进度是否符合合同要求</td><td>是</td><td colspan="3">工程进度符合合同要求</td></tr>
<tr><td>工程质量管理及安全生产、文明施工措施是否到位</td><td>是</td><td colspan="3">工程质量管理及安全生产、文明施工措施到位</td></tr>
<tr><td>是否按规定组织劳务，是否拖欠员工工资</td><td>是</td><td colspan="3">已按规定组织劳务，无拖欠员工工资</td></tr>
<tr><td>是否有其他不诚信行为</td><td>否</td><td colspan="3">没有存在其他不诚信行为</td></tr>
<tr><td>诚信综合评价</td><td>好</td><td colspan="3">/</td></tr>
</table>

建设单位（盖章）：　　法定代表人（签章）：×××

项 目 小 结

施工准备阶段的施工资料编制包括：

一、施工组织设计（专项方案）

二、施工图设计文件会审记录

三、施工技术交底记录

四、开工报告

五、质量保证条件自查表

六、水准点复测记录

施工阶段的施工资料编制包括：

一、报验审批表

二、测量复测记录

三、设备、配（备）件检查记录

四、预检工程检查记录

五、隐检工程检查（验收）记录

六、检验批质量检查记录

七、工程洽商记录

八、材料、构配件检查记录

施工试验记录包括：

一、有见证试验记录汇总表

二、见证记录

三、主要原材料及构配件出厂证明及复试报告目录

四、原材料、（半）成品出厂合格证及进场前抽检试验报告

五、混凝土配合比、抗压强度试验报告及混凝土强度性能汇总和统计评定

六、砂浆配合比、抗压强度试验报告及砂浆强度汇总和统计评定

七、压实度试验报告

八、道路基层混合料抗压强度试验记录

九、回弹弯沉记录

竣工验收阶段的施工资料编制包括：

一、工程竣工测量资料及相关评定

二、工程竣工简介和总结

三、竣工验收记录

四、诚信评议卡

复习思考题

1. 简述水泥稳定土基层的施工技术交底记录内容。
2. 简述车行道水泥稳定碎石层的隐蔽工程检查（验收）记录。
3. 道路工程原材料的见证记录有哪些？
4. 市政道路工程外观评分的主要检查内容有哪些？

项目4　市政排水工程施工资料编制

知识目标

1. 掌握施工准备阶段的排水工程施工资料编制内容；
2. 掌握施工准备阶段的排水工程施工资料表格填写；
3. 掌握施工阶段的排水工程施工资料表格填写；
4. 掌握竣工阶段的排水工程施工资料表格填写。

任务1　施工准备阶段的施工技术文件编制

一、专项施工方案

1. 施工组织设计（专项方案）报审表

施工组织设计（专项方案）报审表　　**表4-1**

工程名称：××市××路道路工程　　编号：

致：××监理有限公司（监理单位）

我方已根据施工合同的有关规定完成了××市××路道路工程沟槽（深基坑）支护专项施工方案的编制，并经我单位上级技术负责人审查批准，请予以审查。

附：沟槽（深基坑）支护开挖专项施工方案　　1份

承包单位（章）××市政工程有限公司
项　目　经　理　×××
日　　　　　期××年 ××月 ××日

专业监理工程师审查意见：

专业监理工程师　×××
日　　　　　期××年××月××日

总监理工程师审查意见：

项目监理机构（章）
总　监　理　工　程　师　×××
日　　　　　期××年××月××日

---

2. 施工组织设计（专项方案）审批表

施工组织设计审批表 **表 4-2**

××年 ××月 ×× 日 **施管表 3**

工程名称	××市××路工程	施工单位	××市政工程有限公司

有关部门会签意见：

××市××路道路 工程 沟槽（深基坑）支护开挖专项施工方案 我项目部已编制完成，经项目部技术负责人审核并同意本方案，现请公司有关领导审批

编制人：项目技术负责人×××（签名）
审核人：项目经理×××（签名）
××工程项目部（盖章）
××年××月××日

结论：该专项施工方案技术上可行，进度目标、质量安全目标能够实现。符合有关规范、标准及合同要求。沟槽（深基坑）支护、开挖同意按此施工方案实施施工，如有变化请提前报审

审批单位（盖章）	××	审批人	公司总工程师：×××（签名）

二、施工技术交底记录

施工技术交底记录 **表 4-3**

××年××月××日 **施管表 5**

工程名称	××市××路工程（排水工程）	分部工程	土方工程
分项工程名称	沟　槽		

交底内容：

1. 沟槽开挖按施工图纸放坡系数开挖，并与施工组织设计规定的施工开挖方法如井点降水相结合的方法，以免塌方。

2. 因沟槽开挖时以机械为主，人工辅助，所以开挖时要有专人监护，严禁施工人员在挖掘机作业范围内活动，以免发生人员意外。

3. 开挖过程中应把沟槽边的松石、松土剔除；在槽底作业的施工必须佩戴好安全帽，严禁赤脚。

4. 沟槽开挖结束后，要随时注意边坡情况，发现问题及时汇报。

5. 因槽底较深，施工时人员上下应设简易爬梯；对施工材料的上下传输，应搭接料平台，严禁上下抛。

6. 地基承载力应满足设计要求。

7. 进行地基处理时，压实度、厚度满足设计要求。

8. 沟槽开挖的允许偏差应符合 CJJ 3—2008 表 4.6.1 的规定

交底单位	××	接收单位	××
交底人	×××	接收人	×××

施工技术交底记录 **表 4-4**

××年××月××日 **施管表 5**

工程名称	××市××路工程（排水工程）	分部工程	管道主体工程
分项工程名称	管 道 铺 设		

交底内容：

1. 管节和管件装卸时应轻装轻放，运输时应垫稳、绑牢，不得相互撞击，接口应采取保护措施。

2. 管节堆放宜选用平整、坚实的场地；堆放时必须垫稳，防止滚动，堆放层高可按照产品技术标准或生产厂家的要求；如无其他规定应符合 GB 50268—2008 表 5.1.4 的规定，使用管节时必须自上而下一次搬运。

3. 橡胶圈贮存的温度宜为－5～30℃，存放位置不宜长期受紫外线光源照射，离热源距离应不小于 1m；不得将橡胶圈与溶剂、易挥发物、油脂或对橡胶圈产生不良影响的物品放在一起；在贮存、运输中不得长期受挤压。

4. 起重机下管时，起重机架设的位置不得影响沟槽边坡的稳定；起重机在架空高压输电线路附近作业时，与线路间的安全距离应符合电业管理部门的规定；起重操作人员应严格遵守起重吊装安全技术操作规程，并派专人指挥，操作人员要听从指挥，熟悉指挥信号，精神集中，相互配合，不得擅自离开工作岗位。

5. 管道应在沟槽地基、管基质量检验合格后安装；安装时宜自下游开始，承口应朝向施工前进的方向；安装时将管节的中心及高程逐节调整正确，安装后的管节应进行复测，合格后方可进行下一工序的施工；安装时应随时清除管道内的杂物，暂时停止安装时，两端应临时封堵。

6. 管道铺设的允许偏差应符合 GB 50268—2008 规范第 5、6、7 部分及相关文件的规定

交底单位	××	接收单位	××
交底人	×××	接收人	×××

三、水准点复测记录

水准点复测记录　　　　**表 4-5**

施记表 2

工程名称：××市××路工程　施工单位：××市政公司　复测部位：排水工程　日期：××年××月××日

测点	后视 (1)	前视 (2)	高差(mm) + (3)=(1)−(2)	高差(mm) − (3)=(1)−(2)	高程(m) (4)	备注
TBM1	0.712				6.774	平 6.774
	0.901	0.762	50			
TBM2					6.724	平 6.725
		0.809		92		
TBM3					6.816	平 6.815
回测						
	0.855					
TBM3					6.814	
	0.313	0.943	88			
TBM2					6.726	
		0.269		48		
TBM1					6.774	
总和	2.781	2.783	138	140		

计算：

实测闭合差 $f'=-2\text{mm}$　　　　容许闭合差 $f=\pm 40\sqrt{L}=\pm 40\times 0.1=\pm 4\text{mm}$

结论：$f'<f$　满足施工要求。

观测：×××　　复测：×××　　计算：×××　　施工项目技术负责人：×××

任务 2　施工阶段的施工技术文件编制

以钢筋混凝土管为案例，描述排水工程的施工阶段施工资料编制。

一、报验申请表

沟槽开挖　报验申请表之一　　　　**表 4-6**

工程名称：××市××路工程　　　　编号：

致：××监理有限公司　　（监理单位）

我单位已完成了 Y37～Y38 沟槽开挖 工作，现报上该工程报验申请表，请予以审查和验收。

附件：1. 测量复核记录　　1 份

2. 隐蔽工程检查验收记录　　1 份

3. 分项工程（验收批）质量验收记录表　　1 份

承包单位（章）

项 目 经 理　×××

日　　期　××年××月××日

审查意见：

符合要求，同意报验

项目监理机构（章）

总/专业监理工程师　×××

日　　期　××年××月××日

混凝土垫层报验申请表之二　　　　**表 4-7**

工程名称：××市××路工程　　　　编号：

致：××监理有限公司　　（监理单位）

我单位已完成了 Y37～Y38 混凝土垫层工作，现报上该工程报验申请表，请予以审查和验收。

附件：1. 测量复核记录　　1 份

2. 隐蔽工程检查验收记录　　1 份

3. 分项工程（验收批）质量验收记录表　　1 份

承包单位（章）

项 目 经 理　×××

日　　期　××年××月××日

审查意见：

符合要求，同意报验

项目监理机构（章）

总/专业监理工程师　×××

日　　期　××年××月××日

平基及管座钢筋　报验申请表之三　　**表 4-8**

工程名称：××市××路工程　　编号：

致：××监理有限公司　　（监理单位）

我单位已完成了　Y37～Y38 平基及管座钢筋　工作，现报上该工程报验申请表，请予以审查和验收。

附件：1. 隐蔽工程检查验收记录　　1 份

2. 分项工程（验收批）质量验收记录表　　1 份

承包单位(章)

项 目 经 理　×××

日　　期　××年××月××日

审查意见：

符合要求，同意报验

项目监理机构（章）

总/专业监理工程师　×××

日　　期　××年××月××日

平基模板　报验申请表之四　　**表 4-9**

工程名称：××市××路工程　　编号：

致：××监理有限公司　　（监理单位）

我单位已完成了　Y37～Y38 平基模板　工作，现报上该工程报验申请表，请予以审查和验收。

附件：1. 预检工程检查记录　　1 份

2. 分项工程（验收批）质量验收记录表　　1 份

承包单位（章）

项 目 经 理　×××

日　　期　××年××月××日

审查意见：

符合要求，同意报验

项目监理机构（章）

总/专业监理工程师　×××

日　　期　××年××月××日

平基 报验申请表之五 **表 4-10**

工程名称：××市××路工程　　编号：

致：××监理有限公司　　（监理单位）

我单位已完成了 Y37～Y38 平基 工作，现报上该工程报验申请表，请予以审查和验收。

附件：1. 测量复核记录　1 份

2. 隐蔽工程检查验收记录　1 份

3. 分项工程（验收批）质量验收记录表　1 份

承包单位（章）

项目经理 ×××

日期 ××年××月××日

审查意见：

符合要求，同意报验

项目监理机构（章）

总/专业监理工程师 ×××

日期 ××年××月××日

安管 报验申请表之六 **表 4-11**

工程名称：××市××路工程　　编号：

致：××监理有限公司　　（监理单位）

我单位已完成了 Y37～Y38 安管 工作，现报上该工程报验申请表，请予以审查和验收。

附件：1. 测量复核记录　1 份

2. 隐蔽工程检查验收记录　1 份

3. 分项工程（验收批）质量验收记录表　1 份

承包单位（章）

项目经理 ×××

日期 ××年××月××日

审查意见：

符合要求，同意报验

项目监理机构（章）

总/专业监理工程师 ×××

日期 ××年××月××日

钢筋混凝土管刚性接口连接 报验申请表之七　　**表 4-12**

工程名称：××市××路工程　　编号：

致：××监理有限公司　　（监理单位）

我单位已完成了 Y37～Y38钢筋混凝土管刚性接口连接 工作，现报上该工程报验申请表，请予以审查和验收。

附件：1. 隐蔽工程检查验收记录　　1份

2. 分项工程（验收批）质量验收记录表　　1份

承包单位（章）

项 目 经 理　×××

日　　期　××年××月××日

审查意见：

符合要求，同意报验

项目监理机构（章）

总/专业监理工程师　×××

日　　期　××年××月××日

钢筋混凝土管柔性接口连接 报验申请表之八　　**表 4-13**

工程名称：××市××路工程　　编号：

致：××监理有限公司　　（监理单位）

我单位已完成了 Y37～Y38钢筋混凝土管柔性接口连接 工作，现报上该工程报验申请表，请予以审查和验收。

附件：1. 隐蔽工程检查验收记录　　1份

2. 分项工程（验收批）质量验收记录表　　1份

承包单位（章）

项 目 经 理　×××

日　　期　××年××月××日

审查意见：

符合要求，同意报验

项目监理机构（章）

总/专业监理工程师　×××

日　　期　××年××月××日

管座模板 报验申请表之九　　表 4-14

工程名称：××市××路工程　　编号：

致：××监理有限公司　　（监理单位）

我单位已完成了 Y37～Y38 管座模板 工作，现报上该工程报验申请表，请予以审查和验收。

附件：1. 预检工程检查记录　　1 份

2. 分项工程（验收批）质量验收记录表　　1 份

承包单位（章）＿＿＿＿＿＿

项 目 经 理　×××

日　　期　××年××月××日

审查意见：

符合要求，同意报验

项目监理机构（章）＿＿＿＿＿＿

总/专业监理工程师　×××

日　　期　××年××月××日

管座 报验申请表之十　　表 4-15

工程名称：××市××路工程　　编号：

致：××监理有限公司　　（监理单位）

我单位已完成了 Y37～Y38 管座 工作，现报上该工程报验申请表，请予以审查和验收。

附件：1. 隐蔽工程检查验收记录　　1 份

2. 分项工程（验收批）质量验收记录表　　1 份

承包单位（章）＿＿＿＿＿＿

项 目 经 理　×××

日　　期　××年××月××日

审查意见：

符合要求，同意报验

项目监理机构（章）＿＿＿＿＿＿

总/专业监理工程师　×××

日　　期　××年××月××日

沟槽回填　报验申请表之十一　　　　**表4-16**

工程名称：××市××路工程　　　　编号：

致：××监理有限公司　　　（监理单位）

我单位已完成了　Y37～Y38沟槽回填　工作，现报上该工程报验申请表，请予以审查和验收。

附件：1. 隐蔽工程检查验收记录　　　　1份

2. 分项工程（验收批）质量验收记录表　　　　1份

承包单位（章）

项 目 经 理　×××

日　　　期　××年××月××日

审查意见：

符合要求，同意报验

项目监理机构（章）

总/专业监理工程师　×××

日　　　期　××年××月××日

二、测量复核记录

测量复核记录（沟槽开挖） **表 4-17**

施记表 3

工程名称	××市××路工程（排水工程）	施工单位	××市政有限公司
复核部位	Y37～Y38　沟槽开挖	日　期	××年××月××日
原施测人	×××	测量复核人	×××

测量复核情况（示意图）

临时水准点：

GDS1　4.019

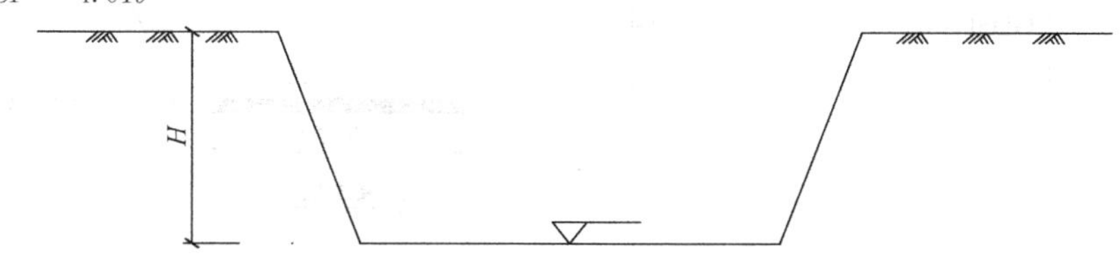

沟槽

测　点	后　视	视线高	前　视	实　测	设　计	高差
				高　程	高　程	(mm)
GDS1	1.956	5.975				
Y37			3.038	2.937	2.922	15
中点			3.050	2.925	2.909	16
Y38			3.091	2.884	2.896	－12

沟槽中线每侧宽度（mm）　设计　823＋500　（工作面）

实测：　1339　1340　1344　1339　1347　1338

复核结论	
备　注	

计算：×××　　　　施工项目技术负责人：×××

测量复核记录（混凝土垫层）　　**表4-18**

施记表3

工程名称	××市××路工程（排水工程）	施工单位	××市政有限公司
复核部位	Y37～Y38　混凝土垫层	日　期	××年××月××日
原施测人	×××	测量复核人	×××

测量复核情况（示意图）

临时水准点：

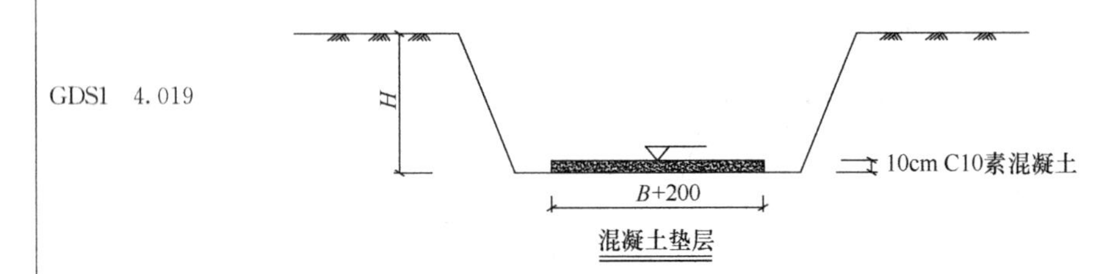

测　点	后　视	视线高	前　视	实　测 高　程	设　计 高　程	高差 (mm)
GDS1	1.956	5.975				
Y37井10m			2.969	3.006	3.016	−10
20m			2.974	3.001	3.010	−9
30m			2.985	2.990	3.004	−14
40m			2.980	2.995	2.998	−3
Y38			2.986	2.989	2.996	−7

中线每侧宽度（mm）　　设计　823

实测：	830	833	826	831	838
偏差值：	7	10	3	8	15

复核结论	
备注	

计算：×××　　　　施工项目技术负责人：×××

测量复核记录（平基）

表 4-19
施记表 3

工程名称	××市××路工程（排水工程）	施工单位	××市政有限公司
复核部位	Y37～Y38　　平基	日　　期	××年××月××日
原施测人	×××	测量复核人	×××

测量复核情况（示意图）

临时水准点：

GDS1　4.019

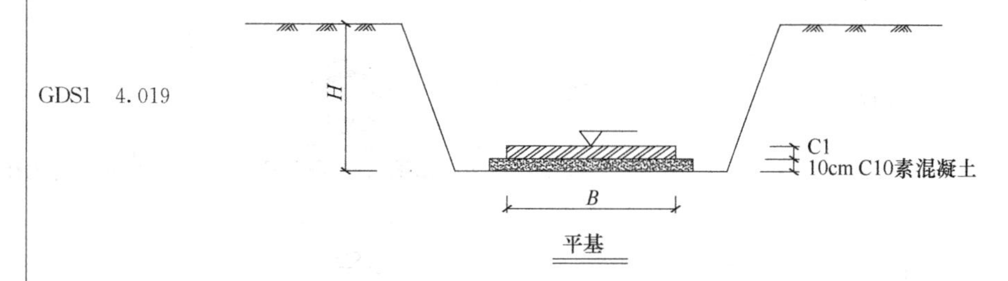

测　点	后　视	视线高	前　视	实　测 高　程	设　计 高　程	高差 (mm)
GDS1	1.385	5.404				
Y37井10m			2.318	3.086	3.096	－10
20m			2.323	3.081	3.090	－9
30m			2.334	3.070	3.084	－14
40m			2.336	3.068	3.078	－10
Y38			2.333	3.071	3.076	－5

中线每侧宽度（mm）　　设计　723

实测：	725	732	732	731	732
偏差值：	2	9	9	8	9

复核结论	
备注	

计算：×××　　　　施工项目技术负责人：×××

测量复核记录（安管）

表 4-20
施记表 3

工程名称	××市政工程	施工单位	××市政有限公司
复核部位	Y37～Y38　　安管	日　期	××年××月××日
原施测人		测量复核人	

测量复核情况（示意图）

临时水准点：

GDS1　4.019

测　点	后　视	视线高	前　视	实　测 高　程	设　计 高　程	高差 (mm)
GDS1	1.229	5.248				
Y37			1.965	3.283	3.275	8
6m			1.966	3.282	3.271	11
12m			1.976	3.272	3.268	4
18m			1.978	3.270	3.264	6
24m			1.980	3.268	3.261	7
30m			1.982	3.266	3.257	9
36m			1.993	3.255	3.251	4
Y38			1.992	3.256	3.249	7

复核结论	
备　注	

计算：×××　　　　施工项目技术负责人：×××

说明：钢筋混凝土管的井底板及检查井等各工序同硬聚氯乙烯管、聚乙烯管及其复合管。

三、预检工程检查记录

预检工程检查记录之二

表 4-21
质检表 3

××年××月××日

<table>
<tr><td>工程名称</td><td>××市××路工程（排水工程）</td><td>施工单位</td><td>××市政有限公司</td></tr>
<tr><td>检查项目</td><td>管座模板</td><td>预检部位</td><td>Y37～Y38　　D1000 管道</td></tr>
<tr><td>预检内容</td><td colspan="3">1. 外观检查：模板应满足浇筑混凝土时的刚度和稳定性要求，且应安装牢固
2. 外观检查：模板安装位置正确、拼缝紧密不漏浆
3. 外观检查：模板清洁、脱模剂涂刷均匀，钢筋和混凝土接茬处无污渍
4. 外观检查：浇筑混凝土前，模板内的杂物应清理干净
5. 相邻板差
6. 表面平整度
7. 高程
8. 平面尺寸
9. 轴线位移</td></tr>
<tr><td>检查内容</td><td colspan="3">1. 外观检查：模板满足浇筑混凝土时的刚度和稳定性要求，安装牢固
2. 外观检查：模板安装位置正确、拼缝紧密无漏浆
3. 外观检查：模板清洁、脱模剂涂刷均匀，钢筋和混凝土接茬处无污渍
4. 外观检查：浇筑混凝土前，模板内的杂物已清理干净
5. 相邻板差（允许偏差 2mm）偏差：2　0　2　0　1　0
6. 表面平整度（允许偏差 3mm）偏差：3　3　2　3　1　1
7. 高程（允许偏差±5mm）偏差：−3　2　−1　1　−4　0
8. 平面尺寸（允许偏差±L/2000mm）偏差：1　1　0　1　0　2
9. 轴线位移（允许偏差 10mm）偏差：7　3</td></tr>
<tr><td>处理情况</td><td colspan="3">同意下道工序施工

复查人：×××（监理工程师签字）××年××月××日</td></tr>
</table>

参加检查人员签字

施工项目技术负责人	测量员	质检员	施工员	班组长	填表人
×××	×××	×××	×××	×××	×××

四、隐蔽工程检查（验收）记录

隐蔽工程检查验收记录（沟槽开挖）　　**表 4-22**

××年××月××日　　质检表 4

<table>
<tr><td>工程名称</td><td>××市××路工程（排水工程）</td><td>施工单位</td><td colspan="3">××市政有限公司</td></tr>
<tr><td>隐检项目</td><td>沟槽开挖</td><td>隐检范围</td><td colspan="3">W37～W38　　D1000 管道</td></tr>
<tr><td>隐检检查内情容况及</td><td colspan="5">1. 外观检查：槽底地基土无扰动、受水浸泡及受冻现象
2. 槽底高程（允许偏差±20mm）
设计（m）：　2.922　2.909　2.896
实测（m）：　2.937　2.925　2.884
偏差值：　15　16　−12
3. 槽底中线每侧宽度（允许偏差不小于规定 mm）
实测：　1339　1340　1344　1339　1347　1338
偏差值：　16　17　21　16　24　15
H　B
沟槽</td></tr>
<tr><td>验收意见</td><td colspan="5">符合设计及规范要求</td></tr>
<tr><td>处理情况</td><td colspan="5">同意下道工序施工
复查人：×××（监理工程师签字）××年××月××日</td></tr>
<tr><td colspan="2">建设单位</td><td>监理单位</td><td colspan="2">施工项目
技术负责人</td><td>质检员</td></tr>
<tr><td colspan="2">××</td><td>××</td><td colspan="2">×××</td><td>×××</td></tr>
</table>

隐蔽工程检查验收记录（混凝土垫层）　　　　**表4-23**

××年××月××日　　　　**质检表4**

<table>
<tr><td>工程名称</td><td>××市××路工程（排水工程）</td><td>施工单位</td><td colspan="2">××市政有限公司</td></tr>
<tr><td>隐检项目</td><td>混凝土垫层</td><td>隐检范围</td><td colspan="2">Y37～Y38　D1000管道</td></tr>
<tr><td>隐检内容及检查情况</td><td colspan="4">1. 外观检查：混凝土强度符合设计规范要求，详见试验报告
2. 外观检查：混凝土垫层外光内实，无缺陷现象
3. 高程（允许偏差0，−15mm）
设计（m）：3.016　3.010　3.004　2.998　2.996
实测（m）：3.006　3.001　2.990　2.995　2.989
偏差值：　−10　−9　−14　−3　−7
4. 中线每侧宽度（允许偏差不小于设计值mm）设计：823
实测：　830　833　826　831　838
偏差值：7　10　3　8　15
5. 厚度（允许偏差不小于设计值mm）设计：150
实测：　153　159　159　153　156
偏差值：3　9　9　3　6
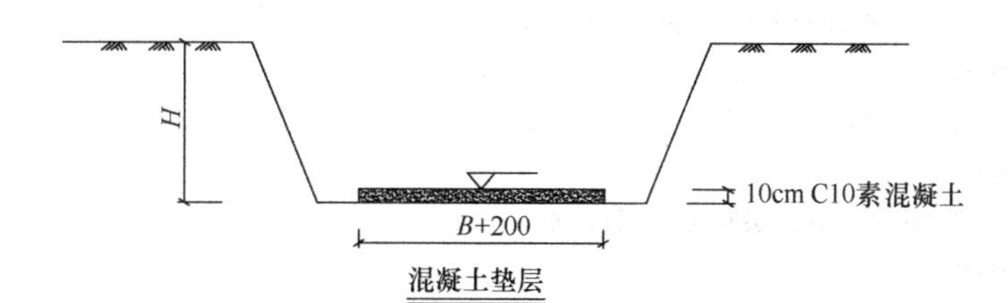

混凝土垫层</td></tr>
<tr><td>验收意见</td><td colspan="4">符合设计及规范要求</td></tr>
<tr><td>处理情况</td><td colspan="4">同意下道工序施工

复查人：×××（监理工程师签字）××年××月××日</td></tr>
<tr><td>建设单位</td><td>监理单位</td><td colspan="2">施工项目
技术负责人</td><td>质检员</td></tr>
<tr><td>××</td><td>××</td><td colspan="2">×××</td><td>×××</td></tr>
</table>

隐蔽工程检查验收记录（平基及管座钢筋）　　　　**表 4-24**

××年××月××日　　　　**质检表 4**

工程名称	××市××路工程（排水工程）	施工单位	××市政有限公司
隐检项目	平基及管座钢筋	隐检范围	Y37～Y38　*D*1000 管道
隐检内容及检查情况	1. 外观检查：进场钢筋质量保证资料齐全，每批的出厂质量合格证及各项性能检验报告符合标准规定及设计要求；受力钢筋的品种、级别、规格和数量符合设计要求；钢筋的力学性能和化学成分详见报告 2. 外观检查：加工时受力钢筋的弯钩弯折、箍筋的末端弯钩形式等符合要求 3. 外观检查：纵向受力钢筋的连接方式符合设计要求 4. 外观检查：同一连接区段内的受力钢筋，采用绑扎接头时，接头面积百分率及最小搭接长度符合要求 5. 外观检查：钢筋平直、无损伤，表面无裂纹、油污、颗粒状及片状老锈 6. 外观检查：成型的网片稳定牢固，无滑动、折断、位移、伸出等现象；绑扎接头扎紧并向内折 7. 外观检查：钢筋安装就位后稳固，无变形、走动、松散现象；保护层符合要求 8. 外观检查：钢筋加工的形状、尺寸符合设计要求 9. 受力钢筋成型长度（允许偏差 5，－10mm） 偏差：－2　－5　2　－3　3　1 10. 受力钢筋的间距（允许偏差±10mm） 偏差：－7　0　8　4　－4　0 11. 受力钢筋的排距（允许偏差±5mm） 偏差：1　2　1　0　－1　－4 12. 受力钢筋的保护层厚度（允许偏差 0～10mm） 偏差：5　6　8　3　7　4		
验收意见	符合设计及规范要求		
处理情况	同意下道工序施工 复查人：×××（监理工程师签字）××年××月××日		

建设单位	监理单位	施工项目技术负责人	质检员
××	××	×××	×××

隐蔽工程检查验收记录（平基）　　**表 4-25**

××年××月××日　　**质检表 4**

工程名称	××市××路工程（排水工程）	施工单位	××市政有限公司
隐检项目	平基	隐检范围	W37～W38　*D*1000 管道

隐检内容及检查情况

1. 外观检查：混凝土强度符合设计规范要求，详见试验报告
2. 外观检查：混凝土外光内实，无缺陷现象；钢筋数量、位置正确
3. 高程（允许偏差 0，－15mm）

设计（m）：	3.096	3.090	3.084	3.078	3.076
实测（m）：	3.086	3.081	3.070	3.068	3.071
偏差值：	－10	－9	－14	－10	－5

4. 中线每侧宽度（允许偏差＋10，0mm）　设计：723

实测：	725	732	732	731	732
偏差值：	2	9	9	8	9

5. 厚度（允许偏差不小于设计值 mm）　设计：150

实测：	155	153	158	153	160
偏差值：	5	3	8	3	10

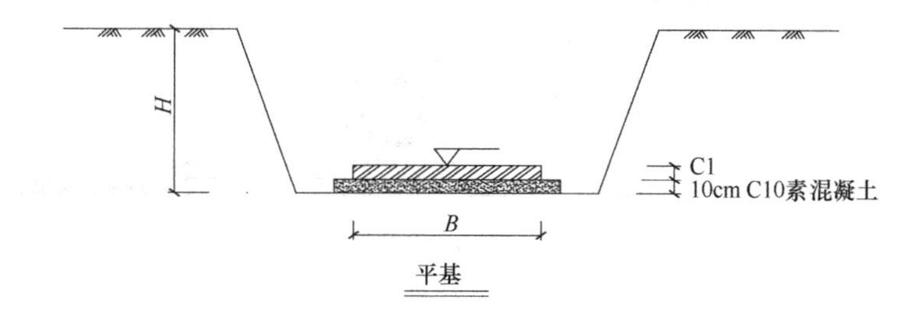

验收意见

符合设计及规范要求

处理情况

同意下道工序施工

复查人：×××（监理工程师签字）××年××月××日

建设单位	监理单位	施工项目 技术负责人	质检员
××	××	×××	×××

隐蔽工程检查验收记录（安管）

表4-26

××年××月××日　　质检表4

工程名称	××市××路工程（排水工程）	施工单位	××市政有限公司
隐检项目	安管	隐检范围	Y37～Y38　D1000管道

隐检检查内情容况及	1. 外观检查：管道埋设深度、轴线位置符合设计要求，无压力管道无倒坡 2. 外观检查：刚性管道无结构贯通裂缝和明显缺损现象 3. 外观检查：管道铺设安装稳固，管道安装后应线形平直 4. 外观检查：管道内光洁平整，无杂物、油污；管道无明显渗水和水珠现象 5. 外观检查：管道与井室洞口之间无渗漏水 6. 外观检查：管道内外防腐层完整，无破损现象 7. 外观检查：钢管管道开孔符合设计及规范要求 8. 高程（允许偏差±10mm） 设计（m）：3.275 3.271 3.268 3.264 3.261 3.257 3.251 3.249 实测（m）：3.283 3.282 3.272 3.270 3.268 3.266 3.255 3.256 偏差值：8 11 4 6 7 9 4 7 9. 水平轴线（允许偏差15mm） 偏差值：3 9 8 2 5 1 7 4 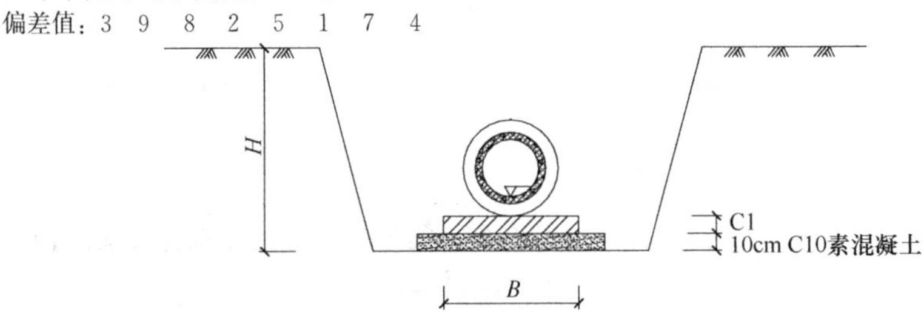
验收意见	符合设计及规范要求
处理情况	同意下道工序施工 复查人：×××（监理工程师签字）××年××月××日

建设单位	监理单位	施工项目技术负责人	质检员
××	××	×××	×××

隐蔽工程检查验收记录（钢筋混凝土管刚性接口连接） **表 4-27**

××年××月××日 **质检表 4**

工程名称	××市××路工程（排水工程）	施工单位	××市政有限公司
隐检项目	钢筋混凝土管刚性接口连接	隐检范围	Y37～Y38　*D*1000 管道
隐检内容及检查情况	1. 外观检查：管节的规格、性能、外观质量及尺寸公差符合规定 2. 外观检查：管节无裂缝、保护层脱落、空鼓、接口掉角等缺陷 3. 外观检查：刚性接口的强度符合设计要求，无开裂、空鼓、脱落现象 4. 外观检查：橡胶圈位置正确，无扭曲、外露现象；承口、插口无破损、开裂 5. 外观检查：接口安装位置正确，其纵向间隙符合要求 6. 外观检查：管道沿曲线安装时，接口转角符合要求 7. 外观检查：管道接口的填缝符合设计要求，密实、光洁，平整 8. 相邻管接口错口（允许偏差≤3mm）偏差：1　0　2		
验收意见	符合设计及规范要求		
处理情况	同意下道工序施工 复查人：×××（监理工程师签字）××年××月××日		

建设单位	监理单位	施工项目 技术负责人	质检员
××	××	×××	×××

隐蔽工程检查验收记录（钢筋混凝土柔性接口连接）　　**表 4-28**

××年××月××日　　**质检表 4**

工程名称	××市××路工程（排水工程）	施工单位	××市政有限公司
隐检项目	钢筋混凝土管柔性接口连接	隐检范围	W37～W38　D1000 管道
隐检内容及检查情况	1. 外观检查：管节的规格、性能、外观质量及尺寸公差符合规定 2. 外观检查：管节无裂缝、保护层脱落、空鼓、接口掉角等缺陷 3. 外观检查：橡胶圈外观光滑平整，无裂缝、破损、气孔、重皮等缺陷 4. 外观检查：橡胶圈位置正确，无扭曲、外露现象；承口、插口无破损、开裂 5. 外观检查：接口安装位置正确，其纵向间隙符合要求 6. 外观检查：管道沿曲线安装时，接口转角符合要求 7. 外观检查：管道接口的填缝符合设计要求，密实、光洁，平整		
验收意见	符合设计及规范要求		
处理情况	同意下道工序施工 复查人：×××（监理工程师签字）××年××月××日		

建设单位	监理单位	施工项目技术负责人	质检员
××	××	×××	×××

隐蔽工程检查验收记录（管座）　　**表 4-29**

××年××月××日　　**质检表 4**

工程名称	××市××路工程（排水工程）	施工单位	××市政有限公司
隐检项目	管座	隐检范围	Y37～Y38　*D*1000 管道

隐检内容及检查情况	1. 外观检查：混凝土强度符合设计规范要求，详见试验报告 2. 外观检查：混凝土外光内实，无缺陷现象；钢筋数量、位置正确 3. 肩宽（允许偏差 10，－5mm）偏差值：7　1　10　－3　6　9　4　3　－4　－6 4. 肩高（允许偏差 20，－20mm）偏差值：－10　11　－6　－20　16　3　3　19　20　－18
验收意见	符合设计及规范要求
处理情况	同意下道工序施工 复查人：×××（监理工程师签字）××年××月××日

建设单位	监理单位	施工项目 技术负责人	质检员
××	××	×××	×××

隐蔽工程检查验收记录（沟槽回填） **表 4-30**

××年××月××日 **质检表 4**

工程名称	××市××路工程（排水工程）	施工单位	××市政有限公司
隐检项目	沟槽回填	隐检范围	Y37～Y38 *D*1000 管道
隐检内容及检查情况	1. 外观检查：回填土符合设计要求，详见试验报告 2. 外观检查：沟槽无带水回填，回填密实 3. 外观检查：回填土压实度符合设计要求，详见试验报告 4. 外观检查：回填高度达到设计高程，表面平整 5. 外观检查：回填时管道及附属构筑物无损伤、沉降、位移现象		
验收意见	符合设计及规范要求		
处理情况	同意下道工序施工 复查人：×××（监理工程师签字）××年××月××日		

建设单位	监理单位	施工项目技术负责人	质检员
××	××	×××	×××

说明：钢筋混凝土管的井底板及检查井等各工序同硬聚氯乙烯管、聚乙烯管及其复合管

五、检验批质量检验记录

分项工程（验收批）质量验收记录表之一　　**表 4-31**

表 B. 0. 1-1

编号：________

<table>
<tr><td colspan="2">工程名称</td><td colspan="3">××市××路工程（排水工程）</td><td colspan="2">分部工程名称</td><td colspan="3">土方工程</td><td colspan="2">分项工程名称</td><td>沟槽开挖</td></tr>
<tr><td colspan="2">施工单位</td><td colspan="3">××市政有限公司</td><td colspan="2">专业工长</td><td colspan="3">×××</td><td colspan="2">项目经理</td><td>×××</td></tr>
<tr><td colspan="3">验收批名称、部位</td><td colspan="10">W37～W38　沟槽开挖　D1000 管道</td></tr>
<tr><td colspan="2">分包单位</td><td>/</td><td colspan="3">分包项目经理</td><td colspan="4">/</td><td colspan="2">施工班组长</td><td>×××</td></tr>
<tr><td></td><td colspan="2">质量验收规范规定的
检查项目及验收标准</td><td colspan="9">施工单位检查评定记录</td><td>监理（建设）
单位验收记录</td></tr>
<tr><td rowspan="7">主控
项目</td><td>1</td><td>第 4.6.1.1 条</td><td colspan="9">槽底地基土无扰动、受水浸泡及受冻现象</td><td rowspan="4"></td></tr>
<tr><td>2</td><td></td><td colspan="9"></td></tr>
<tr><td>3</td><td></td><td colspan="9"></td></tr>
<tr><td>4</td><td></td><td colspan="9"></td></tr>
<tr><td>5</td><td></td><td></td><td></td><td></td><td></td><td></td><td></td><td></td><td></td><td></td><td>合格率</td></tr>
<tr><td>6</td><td></td><td></td><td></td><td></td><td></td><td></td><td></td><td></td><td></td><td></td><td>合格率</td></tr>
<tr><td></td><td></td><td></td><td></td><td></td><td></td><td></td><td></td><td></td><td></td><td></td><td></td></tr>
<tr><td rowspan="8">一般
项目</td><td>1</td><td></td><td colspan="9"></td><td rowspan="3"></td></tr>
<tr><td>2</td><td></td><td colspan="9"></td></tr>
<tr><td>3</td><td></td><td colspan="9"></td></tr>
<tr><td>4</td><td>槽底高程（±20mm）</td><td>15</td><td>16</td><td>−12</td><td></td><td></td><td></td><td></td><td></td><td></td><td>合格率　100%</td></tr>
<tr><td rowspan="2">5</td><td rowspan="2">槽底中线每侧宽度
（不小于规定，mm）</td><td>16</td><td>17</td><td>21</td><td>16</td><td>24</td><td>15</td><td></td><td></td><td></td><td rowspan="2">合格率　100%</td></tr>
<tr><td></td><td></td><td></td><td></td><td></td><td></td><td></td><td></td><td></td></tr>
<tr><td rowspan="2">6</td><td rowspan="2">沟槽边坡
（不陡于规定，‰）</td><td>2</td><td>0</td><td>1</td><td>1</td><td>2</td><td>0</td><td></td><td></td><td></td><td rowspan="2">合格率　100%</td></tr>
<tr><td></td><td></td><td></td><td></td><td></td><td></td><td></td><td></td><td></td></tr>
<tr><td colspan="3">施工单位检查
评定结果</td><td colspan="10">经检查，各项符合 GB 50268—2008 规范及设计相关要求，合格率为 100%，自评合格

项目专业质量检查员：×××　　　　××年××月××日</td></tr>
<tr><td colspan="3">监理（建设）单位
验收结论</td><td colspan="10">监理工程师：×××

（建设单位项目专业技术负责人）　　　　××年××月××日</td></tr>
</table>

分项工程（验收批）质量验收记录表之二　　**表 4-32**

表 B. 0. 1-2

编号：________

工程名称	××市××路工程（排水工程）	分部工程名称	管道主体工程	分项工程名称	管道基础
施工单位	××市政有限公司	专业工长	×××	项目经理	×××
验收批名称、部位	Y37～Y38　混凝土垫层　*D*1000 管道				
分包单位	/	分包项目经理	/	施工班组长	×××

		质量验收规范规定的检查项目及验收标准	施工单位检查评定记录									监理（建设）单位验收记录
主控项目	1	第5.10.1.2条	混凝土强度符合设计规范要求，详见试验报告									
	2											
	3											
	4											
	5											合格率
	6											合格率
一般项目	1	第5.10.1.5条	混凝土垫层外光内实，无缺陷现象									
	2											
	3											
	4	中线每侧宽度（不小于设计要求，mm）	7	10	3	8	15					合格率　100%
	5	高程（0　−15mm）	−10	−9	−14	−3	−7					合格率　100%
	6	厚度（不小于设计要求，mm）	3	9	9	3	6					合格率　100%

施工单位检查评定结果	经检查，各项符合 GB 50268—2008 规范及设计相关要求，合格率为100%，自评合格 项目专业质量检查员：×××　　××年××月××日
监理（建设）单位验收结论	监理工程师：××× （建设单位项目专业技术负责人）　　××年××月××日

分项工程（验收批）质量验收记录表之三

表 4-33

表 B. 0. 1-3

编号：________

工程名称	××市××路工程（排水工程）	分部工程名称	管道主体工程	分项工程名称	管道基础
施工单位	××市政有限公司	专业工长	×××	项目经理	×××
验收批名称、部位	Y37～Y38　平基及管座钢筋　*D*1000 管道				
分包单位	/	分包项目经理	/	施工班组长	×××

		质量验收规范规定的检查项目及验收标准	施工单位检查评定记录									监理（建设）单位验收记录
主控项目	1	第 6.8.2.1 条	进场钢筋质量保证资料齐全，每批的出厂质量合格证及各项性能检验报告符合标准规定及设计要求；受力钢筋的品种、级别、规格和数量符合设计要求；钢筋的力学性能和化学成分详见报告									
	2	第 6.8.2.2 条	加工时受力钢筋的弯钩弯折、箍筋的末端弯钩形式等符合要求									
	3	第 6.8.2.3 条	纵向受力钢筋的连接方式符合设计要求									
	4	第 6.8.2.4 条	同一连接区段内的受力钢筋，采用绑扎接头时，接头面积百分率及最小搭接长度符合要求									
	5											合格率
	6											合格率
一般项目	1	第 6.8.2.5 条	钢筋平直、无损伤，表面无裂纹、油污、颗粒状及片状老锈									
	2	第 6.8.2.6 条	成型的网片稳定牢固，无滑动、折断、位移、伸出等现象；绑扎接头扎紧并向内折									
	3	第 6.8.2.7 条	钢筋安装就位后稳固，无变形、走动、松散现象；保护层符合要求									
	4	第 6.8.2.8 条	钢筋加工的形状、尺寸符合设计要求									
	5	受力钢筋成型长度（5，－10mm）	－2	－5	2	－3	3	1				合格率 100％
	6	受力钢筋的间距（±10mm）	－7	0	8	4	－4	0				合格率 100％
	7	受力钢筋的排距（±5mm）	1	2	1	0	－1	－4				合格率 100％
	8	受力钢筋的保护层（0，＋10mm）	5	6	8	3	7	4				合格率 100％

施工单位检查评定结果	经检查，各项符合 GB 50141—2008 规范及设计相关要求，合格率为 100％，自评合格 项目专业质量检查员：×××　　××年××月××日
监理（建设）单位验收结论	监理工程师：××× （建设单位项目专业技术负责人）　　××年××月××日

分项工程（验收批）质量验收记录表之四

表 4-34

表 B. 0. 1-4

编号：________

工程名称		××市××路				分部工程名称		管道主体工程		分项工程名称		管道基础
施工单位		××建设有限公司				专业工长		×××		项目经理		×××
验收批名称、部位		Y37～Y38　平基模板　*D*1000 管道										
分包单位		/	分包项目经理			/				施工班组长		×××
		质量验收规范规定的检查项目及验收标准	施工单位检查评定记录									监理（建设）单位验收记录
主控项目	1	第 6.8.1.1 条	模板满足浇筑混凝土时的刚度和稳定性要求，安装牢固									
	2	第 6.8.1.2 条	模板安装位置正确、拼缝紧密无漏浆									
	3	第 6.8.1.3 条	模板清洁、脱模剂涂刷均匀，钢筋和混凝土接茬处无污渍									
	4											
	5											合格率
	6											合格率
一般项目	1	第 6.8.1.4 条	浇筑混凝土前，模板内的杂物已清理干净									
	2											
	3											
	4	相邻板差（2mm）	1	0	0	1	0	0				合格率 100%
	5	表面平整度（3mm）	2	1	1	0	1	1				合格率 100%
	6	高程（±5mm）	4	−4	−1	1	2	−3				合格率 100%
	7	平面尺寸（±L/2000mm）	2	1	2	1	1	2				合格率 100%
	8	轴线位移（10mm）	8	1								合格率 100%
施工单位检查评定结果		经检查，各项符合 GB 50141—2008 规范及设计相关要求，合格率为 100%，自评合格 项目专业质量检查员：×××　　××年××月××日										
监理（建设）单位验收结论		监理工程师：××× （建设单位项目专业技术负责人）　　××年××月××日										

分项工程（验收批）质量验收记录表之五　　**表 4-35**

表 B. 0. 1-5

编号：________

工程名称	××市××路工程（排水工程）	分部工程名称	管道主体工程	分项工程名称	管道基础
施工单位	××市政有限公司	专业工长	×××	项目经理	×××
验收批名称、部位	Y37～Y38　平基　*D*1000 管道				
分包单位	/	分包项目经理	/	施工班组长	×××

	序号	质量验收规范规定的检查项目及验收标准	施工单位检查评定记录									监理（建设）单位验收记录
主控项目	1	第 5.10.1.2 条	混凝土强度符合设计规范要求，详见试验报告									
	2											
	3											
	4											
	5											合格率
	6											合格率
一般项目	1	第 5.10.1.5 条	混凝土外光内实，无缺陷现象；钢筋数量、位置正确									
	2											
	3											
	4	中线每侧宽度（0　10mm）	2	9	9	8	9					合格率 100%
	5	高程（0　−15mm）	−10	−9	−14	−10	−5					合格率 100%
	6	厚度（不小于设计要求，mm）	5	3	8	3	10					合格率 100%

施工单位检查评定结果	经检查，各项符合 GB 50268—2008 规范及设计相关要求，合格率为 100%，自评合格 项目专业质量检查员：×××　　　　××年××月××日
监理（建设）单位验收结论	监理工程师：××× （建设单位项目专业技术负责人）　　　　××年××月××日

分项工程（验收批）质量验收记录表之六

表 4-36

表 B. 0. 1-6

编号：________

工程名称	××市政工程	分部工程名称	管道主体工程	分项工程名称	管道铺设
施工单位	××市政有限公司	专业工长	×××	项目经理	×××
验收批名称、部位	Y37～Y38　安管　*D*1000 管道				
分包单位	/	分包项目经理	/	施工班组长	×××

		质量验收规范规定的检查项目及验收标准	施工单位检查评定记录									监理（建设）单位验收记录
主控项目	1	第 5.10.9.1 条	管道埋设深度、轴线位置符合设计要求，无压力管道无倒坡									
	2	第 5.10.9.2 条	刚性管道无结构贯通裂缝和明显缺损现象									
	3	第 5.10.9.4 条	管道铺设安装稳固，管道安装后应线形平直									
	4											
	5											合格率
	6											合格率
一般项目	1	第 5.10.1.5 条	管道内光洁平整，无杂物、油污；管道无明显渗水和水珠现象									
	2	第 5.10.1.6 条	管道与井室洞口之间无渗漏水									
	3	第 5.10.1.7 条	管道内外防腐层完整，无破损现象									
	4	第 5.10.1.8 条	钢管管道开孔符合设计及规范要求									
	5	水平轴线（15mm）	3	9	8	2	5	1	7	4		合格率 100%
	6	管底高程（±15mm）	8	11	4	6	7	9	4	7		合格率 100%

施工单位检查评定结果	经检查，各项符合 GB 50268—2008 规范及设计相关要求，合格率为 100%，自评合格 项目专业质量检查员：×××　　　××年××月××日
监理（建设）单位验收结论	监理工程师：××× （建设单位项目专业技术负责人）　　　××年××月××日

分项工程（验收批）质量验收记录表之七　　**表 4-37**

表 B. 0. 1-7

编号：________

工程名称	××市××路工程（排水工程）	分部工程名称	管道主体工程	分项工程名称	管道接口连接
施工单位	××市政有限公司	专业工长	×××	项目经理	×××
验收批名称、部位	Y37～Y38　钢管混凝土管刚性接口连接　D1000 管道				
分包单位	/	分包项目经理	/	施工班组长	×××

		质量验收规范规定的检查项目及验收标准	施工单位检查评定记录									监理（建设）单位验收记录
主控项目	1	第 5.6.1 条	管节的规格、性能、外观质量及尺寸公差符合规定									
	2	第 5.6.2 条	管节无裂缝、保护层脱落、空鼓、接口掉角等缺陷									
	3	第 5.6.5 条	橡胶圈外观光滑平整，无裂缝、破损、气孔、重皮等缺陷									
	4	第 5.10.7.2 条	刚性接口的强度符合设计要求，无开裂、空鼓、脱落现象									
	5											合格率
	6											合格率
一般项目	1	第 5.10.7.4 条	刚性接口的宽度、厚度符合设计要求									
	2	第 5.10.7.6 条	管道沿曲线安装时，接口转角符合要求									
	3	第 5.10.7.7 条	管道接口的填缝符合设计要求，密实、光洁、平整									
	4	相邻管接口错口（≤3mm）	1	0	2							合格率 100%
	5											合格率
	6											合格率

施工单位检查评定结果	经检查，各项符合 GB 50268—2008 规范及设计相关要求，合格率为 100%，自评合格 项目专业质量检查员：×××　　　　××年××月××日
监理（建设）单位验收结论	监理工程师：××× （建设单位项目专业技术负责人）　　　　××年××月××日

分项工程（验收批）质量验收记录表之八　　　　**表4-38**

表B.0.1-8

编号：________

工程名称	××市××路工程（排水工程）	分部工程名称	管道主体工程	分项工程名称	管道接口连接
施工单位	××市政有限公司	专业工长	×××	项目经理	×××
验收批名称、部位	Y37～Y38　钢管混凝土管柔性接口连接　*D*1000管道				
分包单位	/	分包项目经理	/	施工班组长	×××

		质量验收规范规定的检查项目及验收标准	施工单位检查评定记录	监理（建设）单位验收记录
主控项目	1	第5.6.1条	管节的规格、性能、外观质量及尺寸公差符合规定	
	2	第5.6.2条	管节无裂缝、保护层脱落、空鼓、接口掉角等缺陷	
	3	第5.6.5条	橡胶圈外观光滑平整，无裂缝、破损、气孔、重皮等缺陷	
	4	第5.10.7.2条	橡胶圈位置正确，无扭曲、外露现象；承口、插口无破损、开裂	
	5			合格率
	6			合格率
一般项目	1	第5.10.7.4条	接口安装位置正确，其纵向间隙符合要求	
	2	第5.10.7.6条	管道沿曲线安装时，接口转角符合要求	
	3	第5.10.7.7条	管道接口的填缝符合设计要求，密实、光洁、平整	
	4			合格率
	5			合格率
	6			合格率

施工单位检查评定结果	经检查，各项符合GB 50268—2008规范及设计相关要求，自评合格 项目专业质量检查员：×××　　　　××年××月××日
监理（建设）单位验收结论	监理工程师：××× （建设单位项目专业技术负责人）　　　　××年××月××日

分项工程（验收批）质量验收记录表之九

表4-39

表B.0.1-9

编号：________

工程名称	××市政工程	分部工程名称	管道主体工程	分项工程名称	管道基础
施工单位	××市政有限公司	专业工长	×××	项目经理	×××
验收批名称、部位	Y37～Y38 管座模板 D1000管道				
分包单位	/	分包项目经理	/	施工班组长	×××

		质量验收规范规定的检查项目及验收标准	施工单位检查评定记录									监理（建设）单位验收记录
主控项目	1	第6.8.1.1条	模板满足浇筑混凝土时的刚度和稳定性要求，安装牢固									
	2	第6.8.1.2条	模板安装位置正确、拼缝紧密无漏浆									
	3	第6.8.1.3条	模板清洁、脱模剂涂刷均匀，钢筋和混凝土接茬处无污渍									
	4											
	5											合格率
	6											合格率
一般项目	1	第6.8.1.4条	浇筑混凝土前，模板内的杂物已清理干净									
	2											
	3											
	4	相邻板差（2mm）	2	0	2	0	1	0				合格率100%
	5	表面平整度（3mm）	3	3	2	3	1	1				合格率100%
	6	高程（±5mm）	−3	2	−1	1	−4	0				合格率100%
	7	平面尺寸（±L/2000mm）	1	1	0	1	0	2				合格率100%
	8	轴线位移（10mm）	7	3								合格率100%

施工单位检查评定结果	经检查，各项符合GB 50141—2008规范及设计相关要求，合格率为100%，自评合格 项目专业质量检查员：××× ××年××月××日
监理（建设）单位验收结论	监理工程师：××× （建设单位项目专业技术负责人） ××年××月××日

分项工程（验收批）质量验收记录表之十

表 4-40

表 B.0.1-10

编号：________

<table>
<tr><td>工程名称</td><td>××市××路工程（排水工程）</td><td>分部工程名称</td><td>管道主体工程</td><td>分项工程名称</td><td>管道基础</td></tr>
<tr><td>施工单位</td><td>××市政有限公司</td><td>专业工长</td><td>×××</td><td>项目经理</td><td>×××</td></tr>
<tr><td>验收批名称、部位</td><td colspan="5">Y37～Y38　管座　D1000管道</td></tr>
<tr><td>分包单位</td><td>/</td><td>分包项目经理</td><td>/</td><td>施工班组长</td><td>×××</td></tr>
</table>

<table>
<tr><td></td><td colspan="2">质量验收规范规定的
检查项目及验收标准</td><td colspan="9">施工单位检查评定记录</td><td>监理（建设）
单位验收记录</td></tr>
<tr><td rowspan="7">主控
项目</td><td>1</td><td>第5.10.1.2条</td><td colspan="9">混凝土强度符合设计规范要求，详见试验报告</td><td rowspan="4"></td></tr>
<tr><td>2</td><td></td><td colspan="9"></td></tr>
<tr><td>3</td><td></td><td colspan="9"></td></tr>
<tr><td>4</td><td></td><td colspan="9"></td></tr>
<tr><td>5</td><td></td><td></td><td></td><td></td><td></td><td></td><td></td><td></td><td></td><td></td><td>合格率</td></tr>
<tr><td>6</td><td></td><td></td><td></td><td></td><td></td><td></td><td></td><td></td><td></td><td></td><td>合格率</td></tr>
<tr><td></td><td></td><td colspan="9"></td><td></td></tr>
<tr><td rowspan="9">一般
项目</td><td>1</td><td>第5.10.1.5条</td><td colspan="9">混凝土外光内实，无缺陷现象；钢筋数量、位置正确</td><td rowspan="4"></td></tr>
<tr><td>2</td><td></td><td colspan="9"></td></tr>
<tr><td>3</td><td></td><td colspan="9"></td></tr>
<tr><td>4</td><td></td><td colspan="9"></td></tr>
<tr><td rowspan="2">5</td><td rowspan="2">肩宽（+10　−5mm）</td><td>7</td><td>1</td><td>10</td><td>−3</td><td>6</td><td>9</td><td>4</td><td>3</td><td>−4</td><td rowspan="2">合格率 90%</td></tr>
<tr><td>−6</td><td></td><td></td><td></td><td></td><td></td><td></td><td></td><td></td></tr>
<tr><td rowspan="2">6</td><td rowspan="2">肩高（+20　−20mm）</td><td>−10</td><td>11</td><td>−6</td><td>−20</td><td>16</td><td>3</td><td>3</td><td>19</td><td>20</td><td rowspan="2">合格率 100%</td></tr>
<tr><td>−18</td><td></td><td></td><td></td><td></td><td></td><td></td><td></td><td></td></tr>
<tr><td></td><td></td><td colspan="9"></td><td></td></tr>
<tr><td colspan="2">施工单位检查
评定结果</td><td colspan="11">经检查，各项符合GB 50268—2008规范及设计相关要求，合格率为95%，自评合格

项目专业质量检查员：×××　　　　　　　　××年××月××日</td></tr>
<tr><td colspan="2">监理（建设）单位
验收结论</td><td colspan="11">监理工程师：×××

（建设单位项目专业技术负责人）　　　　　　　　××年××月××日</td></tr>
</table>

分项工程（验收批）质量验收记录表之十一 **表4-41**

表B.0.1-11

编号：________

工程名称	××市××路工程（排水工程）	分部工程名称	管道主体工程	分项工程名称	土方工程
施工单位	××市政有限公司	专业工长	×××	项目经理	×××
验收批名称、部位	Y37～Y38 沟槽回填 D1000管道				
分包单位	/	分包项目经理	/	施工班组长	×××

		质量验收规范规定的检查项目及验收标准	施工单位检查评定记录	监理（建设）单位验收记录
主控项目	1	第4.6.3.1条	回填土符合设计要求，详见试验报告	
	2	第4.6.3.2条	沟槽无带水回填，回填密实	
	3	第4.6.3.4条	回填土压实度符合设计要求，详见试验报告	
	4			
	5			合格率
	6			合格率
一般项目	1	第4.6.3.5条	回填高度达到设计高程，表面平整	
	2	第4.6.3.6条	回填时管道及附属构筑物无损伤、沉降位移现象	
	3			
	4			合格率
	5			合格率
	6			合格率
施工单位检查评定结果	经检查，各项符合GB 50268—2008规范及设计相关要求，自评合格 项目专业质量检查员：××× ××年××月××日			
监理（建设）单位验收结论	监理工程师：××× （建设单位项目专业技术负责人） ××年××月××日			

说明：钢筋混凝土管的井底板及检查井等各工序同硬聚氯乙烯管、聚乙烯管及其复合管。

六、无压力管道严密性试验记录

无压力管道严密性试验记录　　**表 4-42**

试验表 35

<table>
<tr><td colspan="2">工程名称</td><td colspan="3">××市××路工程（排水工程）</td><td>试验日期</td><td>××年××月××日</td></tr>
<tr><td colspan="2">施工单位</td><td colspan="5">××市政有限公司</td></tr>
<tr><td colspan="2">起止井号</td><td colspan="5">__Y38__号井至__Y39__号井段，带__Y39__号井，井型号__1100×1750__</td></tr>
<tr><td colspan="2">管道内径
（mm）</td><td colspan="2">管材种类</td><td colspan="2">接口种类</td><td>试验段长度
（m）</td></tr>
<tr><td colspan="2">D1200</td><td colspan="2">钢筋混凝土管</td><td colspan="2">承插式橡胶圈</td><td>50.0</td></tr>
<tr><td colspan="2">试验段上游
设计水头
（m）</td><td colspan="3">试验水头（m）
（高于上游管内顶）</td><td colspan="2">允许渗水量
（m^3/24h・km）</td></tr>
<tr><td colspan="2"></td><td colspan="3">2m</td><td colspan="2">43.30</td></tr>
<tr><td rowspan="5">渗水量测定记录</td><td>次数</td><td>观测起始时间
T_1</td><td>观测结束时间
T_2</td><td>恒压时间
T（min）</td><td>恒压时间内补入的水量 W
（L）</td><td>实测渗水量
q
（L/（min・m））</td></tr>
<tr><td>1</td><td>9：10</td><td>9：4037</td><td>30</td><td>7.7</td><td>5.13×10^{-3}</td></tr>
<tr><td>2</td><td>9：40</td><td>10：10</td><td>30</td><td>6.93</td><td>4.62×10^{-3}</td></tr>
<tr><td>3</td><td>10：15</td><td>10：45</td><td>30</td><td>5.775</td><td>3.85×10^{-3}</td></tr>
<tr><td colspan="6">折合平均实测渗水量 6.528m^3/24h・km</td></tr>
<tr><td colspan="2">外观记录</td><td colspan="5">目测无明显渗漏现象</td></tr>
<tr><td colspan="2">鉴定意见</td><td colspan="5">经闭水试验测试，该井段渗水情况符合设计及规范要求，评定合格，同意进入下道施工工序
监理工程师：×××</td></tr>
<tr><td colspan="2" rowspan="2">参加单位
及人员</td><td colspan="2">建设单位</td><td colspan="2">监理单位</td><td>施工单位</td></tr>
<tr><td colspan="2">××</td><td colspan="2">××</td><td>××</td></tr>
</table>

七、工程洽商记录

工程洽商记录　　　　**表 4-43**

第××号　　　　××年××月××日

工程名称	××市××路工程（排水工程）	施工单位	××市政有限公司

洽商事宜：关于桩号 K1+887 横穿管道 *D*600 钢筋混凝土农用管方包事宜。

根据建设单位要求，桩号 K1+887 处当地村委曾设置了一条长 23m 的 *D*600 钢筋混凝土横穿管，管顶标高为 4.98m，土路基的标高为 5.03m，覆土厚度仅为 5cm。为了避免管道破损保证其能正常使用，我们采用了 C25 钢筋混凝土方包处理。具体清单详见如下及附图：

钢筋、混凝土数量表

编号	直径	简　图	根数	重量	C25 混凝土
N_1	ϕ14	2300	8 根	222.52kg	14.34m^3
N_2	ϕ12	2300	12 根	245.22kg	
N_3	ϕ8	106 / 87 / 30 / 30	116 根	115.89kg	
合计	/	/	136 根	583.63kg	14.34m^3

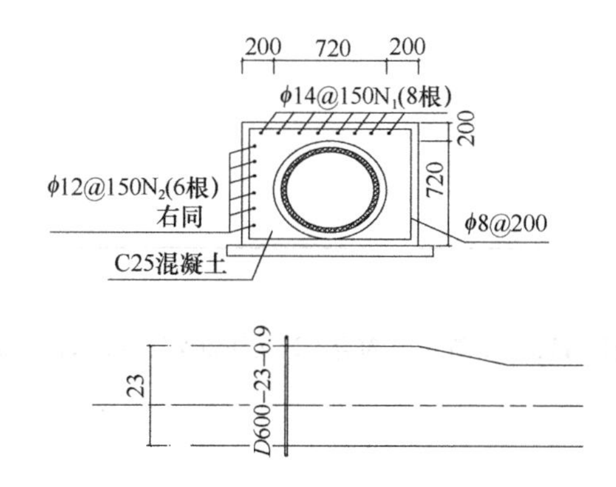

望核实签复，谢谢！

参加单位及人员	建设单位	设计单位	监理单位	施工单位
	××	××	××	××

八、工程材料/构配件/设备报审表

工程材料/构配件/设备报审表　　表 4-44

工程名称：××市××路工程（排水工程）　　编号：

致：××监理有限公司（监理单位）

我方于××年××月××日进场的工程材料/构配件/设备数量如下（见附件）。现将质量证明文件及自检结果报上，拟用于下述部位：

排水工程污水管道（双壁波纹管）

请予以审核。

附件：

1. 数量清单　　1份
2. 质量证明文件　　1份
3. 自检结果　　1份

承包单位（章）

项目经理　×××

日　　期　××年××月××日

审查意见：

经检查上述√工程材料/构配件/设备，√符合/不符合设计文件和规范的要求，√准许/不准许进场，√同意/不同意使用于拟定部位。

项目监理机构（章）

总/专业监理工程师　×××

日　期　××年××月××日

九、材料、构配件检查记录

材料、构配件检查记录

表 4-45
质检表 1

工程名称	××市××路工程（排水工程）					
施工单位	××市政有限公司			检验日期	××年××月××日	
序号	名　称	规格型号	数量	合格证号	检查记录	
					检查量	检测手段
1	双臂波纹管	DN300×6m	498m	201005098	1组	送检

检查结论：
☑合格
□不合格

监理（建设）单位	施工单位	
	质检员	材料员
××	×××	×××

任务 3　施 工 试 验 记 录

一、有见证试验汇总表

有见证试验汇总表　　　　**表 4-46**

试验表 2

工程名称：××市××路工程（道路工程）

施工单位：××市政有限公司

建设单位：××城建指挥部

监理单位：××监理有限公司

见证人：×××、×××

试验室名称：××市政材料测试站

试验项目	应送试件总组数（组）	有见证试验组数（组）	不合格组数（组）	备注
28d 抗压强度 C10 混凝土试块	29	29	无	
28d 抗压强度 C25 混凝土试块	42	42	无	
28d 抗压强度 M10 混凝土试块	25	25	无	
雨水管道环刀取样胸腔层密实度	37	37	无	
雨水管道环刀取样管顶层 50/70cm 以内层密实度	39	39	无	
雨水管道环刀取样管顶层 50/70cm 以上层密实度	12	12	无	
污水管道环刀取样胸腔层密实度	30	30	无	
污水管道环刀取样管顶层 50/70cm 以内层密实度	32	32	无	
污水管道环刀取样管顶层 50/70cm 以上层密实度	128	128	无	

制表人：×××　　××年××月××日

二、见证记录

1. 管材原材料见证记录

见证记录之一

表 4-47

试验表 3-1

编号：YC－003

工程名称：××市××路道路工程

取样部位：排水工程管道主体工程

样品名称：双臂波纹管　　取样数量：1组

取样地点：现场　　取样日期：××年××月××日

见证记录：

双臂波纹管

产地：浙江　　代表数量：498m

试验：环刚度，环柔性，落锤冲击强度，维卡软卡点，纵向回缩率

有见证取样和送检印章：

取样人签字：×××

见证人签字：×××

填制本记录日期：××年××月××日

2. 沟槽回填见证记录

见证记录之二

表4-48

试验表3-2

编号：＿＿＿＿＿

工程名称：××市××路道路工程

取样部位：排水工程土方工程

样品名称：环刀（砂）　　取样数量：2组

取样地点：现场　　取样日期：××年××月××日

见证记录：

排水管道密实度试验，部位如下：

1. W45～W46砂胸腔第1层
2. W45～W46砂胸腔第2层

有见证取样和送检印章：＿＿＿＿＿

取样人签字：×××

见证人签字：×××

填制本记录日期：××年××月××日

见证记录之三

表 4-49

试验表 3-3

编号：________

工程名称：××市××路道路工程

取样部位：排水工程土方工程

样品名称：环刀（砂）　　取样数量：2组

取样地点：现场　　取样日期：×× 年××月 ×× 日

见证记录：

排水管道密实度试验，部位如下：

1. W45～W46 管顶以上 70cm 以内第 1 层（砂）

2. W45～W46 管顶以上 70cm 以内第 2 层（砂）

有见证取样和送检印章：________

取样人签字：×××

见证人签字：×××

填制本记录日期：××年 ××月 ××日

见证记录之四

表 4-50
试验表 3-4

编号：________

工程名称：××市××路道路工程

取样部位：排水工程土方工程

样品名称：环刀（土）　　取样数量：2 组

取样地点：现场　　取样日期：×× 年××月 ×× 日

见证记录：

排水管道密实度试验，部位如下：

1. W45～W46 管顶 70cm 以上第 1 层

2. W45～W46 管顶 70cm 以上第 2 层

有见证取样和送检印章：________

取样人签字：×××

见证人签字：×××

填制本记录日期：××年 ××月 ××日

三、主要原材料及构配件出厂证明及复试报告目录

主要原材料及构配件
出厂证明及复试报告目录

表 4-51
试验表 1
共×页

工程名称：××市××路道路工程　　施工单位：××市政工程有限公司　　第×页

名称	品种	型号（规格）	代表数量	单位	使用部位	出厂证或出厂试验单编号	进场复试报告编号	见证记录编号	备注
管材	双臂波纹	*DN*300	498	m		0034628	SSG20100047		
管材	双臂波纹	*DN*500	560	m		0034628	SSG20100048		
管材	钢筋混凝土	*D*600	224	m		0039288	/		
管材	钢筋混凝土	*D*800	84	m		0039288	/		
管材	钢筋混凝土	*D*1000	84	m		0039288	/		
管材	钢筋混凝土	*D*1200	66	m		0039288	/		
井盖	铸铁检查	*D*700mm	16	套		0037993	SSG20100512		
雨水井盖	钢钎维	390mm×510mm	21	套		0037993	SSG20100513		

任务4　竣工验收阶段的施工技术文件编制

1. 市政排水工程外观评分表

市政排水工程外观评分表　　　　**表 4-52**

工程名称	××市××路工程	工程地点	××市××路	施工单位	××市政有限公司	施工负责人	×××
填土认证	（分层压实、含水量、密实情况）全部合格					认证单位	××监理有限公司
闭水认证	全 部 合 格					认证单位	××监理有限公司

检查项目	外观检查	存在问题	应得分	实得分	加权系数	评分
排管	1. 管道平稳、直顺，无倒流水，缝宽均匀	井内相邻两管口基本平稳，直顺部分缝宽欠均匀	50×0.93	46.5	0.30	27.45
	2. 接口平直止水装置准确，抹带密实，饱满，无裂缝、空鼓，不漏水	个别地方抹带欠密实	30×0.90	27		
	3. 构件质量符合要求	符合出厂质保要求，个别管子有麻面	20×0.90	18		
检查井	1. 井壁垂直，抹面压光无空鼓、裂缝	井壁垂直，粉刷平整，个别井筒有裂缝	70×0.92	64.4	0.30	27.33
	2. 流槽平顺，无倒流水，踏步牢固，位置准确，无垃圾	流槽平顺，个别井内有垃圾沉淀	10×0.85	8.5		
	3. 井框、井盖完整无损，配套严密，安装平稳，位置正确。高度符合规定	个别井框座安装不够严密	20×0.91	18.2		
回填土	1. 分层填土，井边压实到位，填土到位，不带水回填	部门井边压实欠到位	50×0.88	44	0.2	17.1
	2. 管道顶、井周围无下沉迹象	无下沉迹象	50×0.93	46.5		
护坡挡墙	1. 砌体材质合格，错缝砌筑，灰缝饱满密实，无裂缝、空鼓、脱落	符合出厂质保要求	60×0.92	55.2	0.2	18.56
	2. 沉降缝垂直、贯通，预埋件，泄水孔，反滤层，防水设施正确	符合要求	40×0.94	37.6		
合　计						90.44

评价意见：

合格

技术负责人：×××　　　　日期：××年××月××日

2. 市政排水工程实测实量评分表

市政排水工程实测实量评分表　　**表 4-53**

工程名称	××市××路工程			工程地点	××市××路		施工单位	××市政有限公司		
认证项目	应检点	合格点	合格率	认证单位	认证项目		应检点	合格点	合格率%	认证单位
管内底高程	50	50	100%	××监理有限公司	填土压实度	胸腔	325	325	100	××监理有限公司
顶管中线位移						路槽 0～800mm				
排管中线位移						路槽 800～1500mm				
						路槽>1500mm				

序号	实测项目		允许偏差	实测频率 范围	实测频率 点数	实测点偏差(mm) 1	2	3	4	5	6	7	8	9	10	11	12	13	14	15	16	应检点数	合格点数	合格率(%)
1 排管	△管内底高程	$D\leqslant 1000$mm	±10	管内井口	2	+3	+5	+2	+1	+3	+2	+8	+3	+8	−6	−3	+5	+2	+1	+3	−4	98	98	100
						−3	−2	+4	+3	+6	+1	+1	−4	−2	+2	+1	+1	+4	−3	−1	+7			
						+8	+2	+3	−3	−1	−1	+5	+3	+4	+3	−5	−2	−8	−5	+2	+1			
						+3	+6	+1	+2	+2	−5	+3	+2	+1	−3	+6	+2	+1	+3	+3	−4			
						−2	−6	+1	+4	+3	−2	−7	+2	−5	+2	−1	+4	+4	+7	−2	+3			
						−4	+1	−1	−3	−8	+4	+3	+5	−2	−1	+5	+3	−2	−5	+4	+1			
						+5	+2																	
		$D>1000$mm	±15	井内管口	2																			
		倒虹管	±30	井内管口	3																			
2 排管	邻管错口	$D\leqslant 1000$mm	3	两井间	2	1	2	1	1	3	2	1	2	1	1	0	4	1	3	2	2	48	42	87.5
						2	1	0	2	4	1	1	1	4	2	2	2	1	1	3	2			
						1	4	1	3	2	2	4	3	2	2	1	3	2	4	1	1			
		$D>1000$mm	5	两井间	2																			
3 检查井	井身尺寸	长宽	±20	每座	2	+12	+3	+5	+26	−5	+3	+6	+2	+4	+2	+1	+1	+3	+5	−5	−8			
						+3	+14	+2	+5	+3	−7	−21	+4	+1	+8	+3	−2	−7	−12	+9	+12			
						−6	+9	+18	+2	−5	−25	+5	+8	+23	+10	+2	−13	+4	+8	+2	+7			
						+3	+2	+6	+4	+8	+3	+10	−5	−2	−7	+3	+2	+22	+10	+8	−23			
						−7	−24	+3	+2	+5	+8	+8	+3	+1	+8	+3	+9	−2	−7	−5	+5			
						+8	+3	+11	−2	+2	+4	+13	−8	+3	+24	+6	+3	+5	+2	−2	+21			

计 93.7%　　××年××月××日　　检验人：×××

续表

工程名称	××市××路工程			工程地点	××市××路		施工单位	××市政有限公司			
认证项目	应检点	合格点	合格率	认证单位	认证项目		应检点	合格点	合格率(%)	认证单位	
管内底高程	50	50	100%	××监理有限公司	填土压实度	胸腔	325	325	100	××监理有限公司	
顶管中线位移						路槽 0～800mm					
排管中线位移						路槽 800～1500mm					
						路槽>1500mm					

序号	实测项目		允许偏差	实测频率		实测点偏差(mm)																应检点数	合格点数	合格率(%)
				范围	点数	1	2	3	4	5	6	7	8	9	10	11	12	13	14	15	16			
3 检查井	井身尺寸	长宽	±20	每座	2	+5	+10	+22	+3													100	90	90
		直径	±20	每座	2	+9	+2	+3	+8	+2	−5	−11	+4	+13	+2	+26	+10	−23	+15	−8	−4	100	89	89
						+3	+15	−2	−11	−23	+2	+6	+18	+2	+4	+1	+9	+2	−6	−3	+12			
						+11	+4	+4	+8	+3	−1	+1	+2	+13	+21	−8	−11	−4	+8	+24	+10			
						+27	+13	−2	−7	+2	+23	+8	−3	−1	+5	+7	+2	+13	+2	−2	−21			
						−2	−9	+14	+3	+14	+3	+7	+22	+6	+3	−3	−9	+25	+11	+6	+1			
						+16	+4	−9	−22	−10	−8	+6	+3	+5	+12	+5	+8	+4	−6	−2	+4			
						+8	+1	+7	+3															
4 高程	井盖	非路面	±20	每座	1	−3	+5	+21	+1	+3	+5	+2	+1	+3	−2	−4	−22	+15	−2	+8	+2	50	46	92
						+21	+3	−2	−2	−4	+4	+3	+8	+2	+1	+3	+1	+1	+5	+3	+4			
						+2	−6	−3	+4	+1	+23	+9	+2	−6	−4	+7	+2	+1	+2	−5	−9			
						−10	+5																	
	井底	$D\leqslant1000$mm	±10	每座	1	+3	+2	−1	−2	−5	+3	+5	+3	+2	+3	+8	+2	+1	+3	+8	−1	50	50	100
						+2	+6	+3	+1	+4	+3	+1	+1	+2	−2	−6	−3	+5	+2	+1	+6			
						−4	−2	+5	+1	+1	−2	−3	+7	+2	−9	+2	+3	−4	+4	+2	+7			
						+9	+3																	
		$D>1000$mm	±15	每座	1																			

计 93.7%　　　　××年××月××日　　　　检验人：×××

分项工程质量验收记录表之七

表4-54

表B.0.2

编号：________

工程名称	××市××路工程	分项工程名称	安管	验收批数	2批
施工单位	××市政有限公司	项目经理	×××	项目技术负责人	×××
分包单位	/	分包单位负责人	/	施工班组长	×××

序号	验收批名称、部位	施工单位检查评定结果	监理（建设）单位验收结论
1	Y37～Y38	自评合格，合格率为100％	符合设计及规范要求，同意评定合格
2	Y38～Y39	自评合格，合格率为100％	符合设计及规范要求，同意评定合格
3			
4			
5			
6			
7			
8			
9			
10			
11			
12			
13			
14			
15			
16			
17			
18			

检查结论	符合设计及GB 50268—2008、GB 50141—2008规范要求，自评合格，合格率为100％ 施工项目 技术负责人：××× ××年×月×日	验收结论	符合设计及GB 50268—2008、GB 50141—2008等规范要求，同意评定合格 监理工程师：××× （建设项目专业技术负责人） ××年×月×日

分部（子分部）工程质量验收记录表之一　　表 4-55

表 B.0.3

编号：＿＿＿＿＿＿

工程名称	××市××路工程			分部工程名称	管道主体工程
施工单位	××市政有限公司	技术部门负责人	×××	质量部门负责人	×××
分包单位	/	分包单位负责人	/	分包技术负责人	/

序号	分项工程名称	验收批数	施工单位检查评定	验收意见
1	砂碎石垫层	2	自评合格，合格率为90%	符合设计及规范要求，同意评定合格
2	混凝土垫层模板	2	自评合格，合格率为92%	
3	混凝土垫层	2	自评合格，合格率为95%	
4	平基及管座钢筋	2	自评合格，合格率为92%	
5	平基模板	2	自评合格，合格率为95%	
6	平基	2	自评合格，合格率为89.5%	
7	安管	2	自评合格，合格率为100%	
8	管座模板	2	自评合格，合格率为90%	
9	管座	2	自评合格，合格率为92%	
10				
11				

质量控制资料	资料字迹清晰、完整、齐全整理
安全和功能检验（检测）报告	齐全
观感质量验收	合格

验收单位			
	分包单位	项目经理：×××	××年××月××日
	施工单位	项目经理：×××	××年××月××日
	设计单位	项目负责人：×××	××年××月××日
	监理单位	总监理工程师：×××	××年××月××日
	建设单位	项目负责人（专业技术负责人）：×××	××年××月××日

单位（子单位）工程质量竣工验收记录　　**表 4-56**

表 B. 0. 4-1

编号：

<table>
<tr><td>工程名称</td><td>××市××路工程</td><td>类型</td><td>主管＼支管</td><td>工程造价</td><td>××元</td></tr>
<tr><td>施工单位</td><td>××市政工程有限公司</td><td>技术负责人</td><td>×××</td><td>开工日期</td><td>××年××月××日</td></tr>
<tr><td>项目经理</td><td>×××</td><td>项目技术负责人</td><td>×××</td><td>竣工日期</td><td>××年××月××日</td></tr>
<tr><td>序号</td><td>项　目</td><td colspan="2">验收记录</td><td colspan="2">验收结论</td></tr>
<tr><td>1</td><td>分部工程</td><td colspan="2">共 3 分部，经查 3 分部
符合标准及设计要求 3 分部</td><td colspan="2">符合设计及规范要求，评定为合格，同意验收</td></tr>
<tr><td>2</td><td>质量控制资料核查</td><td colspan="2">共 16 项，经审查符合要求 16 项
经核定符合规范规定 16 项</td><td colspan="2">符合设计及规范要求，评定为合格，同意验收</td></tr>
<tr><td>3</td><td>安全和主要使用功能核查及抽查结果</td><td colspan="2">共核查 8 项，符合要求 8 项
共抽查 8 项，符合要求 8 项
经返工处理符合要求 0 项</td><td colspan="2">符合设计及规范要求，评定为合格，同意验收</td></tr>
<tr><td>4</td><td>观感质量检验</td><td colspan="2">共抽查 4 项，符合要求 4 项
不符合要求 0 项</td><td colspan="2">符合设计及规范要求，评定为合格，同意验收</td></tr>
<tr><td>5</td><td>综合验收结论</td><td colspan="2">施工技术、试验记录等各项资料齐全，外观检查无露筋、积水等现象。</td><td colspan="2">符合设计及规范要求，同意为合格工程及验收</td></tr>
<tr><td rowspan="2">参加验收单位</td><td>建设单位</td><td>设计单位</td><td colspan="2">施工单位</td><td>监理单位</td></tr>
<tr><td>（公章）
项目负责人
×××
××年××月××日</td><td>（公章）
项目负责人
×××
××年××月××日</td><td colspan="2">（公章）
项目负责人
×××
××年××月××日</td><td>（公章）
总监理工程师
×××
××年××月××日</td></tr>
</table>

单位（子单位）工程质量竣工验收记录

表 4-57

表 B. 0. 4-2

编号：______________

工程名称	××市××路工程	施工单位	××市政工程有限公司

序号	资料名称		份数	核查意见
1	材质质量保证资料	①管节、管件、管道设备及管配件等；②防腐层材料、阴极保护设备及材料；③钢筋、焊材、水泥、砂石、橡胶止水带圈、混凝土、砖、混凝土外加剂、砌体、钢制构件、混凝土预制构件混凝土外加剂、防腐材料、保温材料等、半成制品与成品（橡胶止水带（圈）、预制商品混凝土、预制商品砂浆、砌体、钢制构件、混凝土预制构件、预应力锚具等）、设备及配件等的出厂质量合格证明及性能检验报告（进出口产品的商检报告）、进场复验报告等	20	符合要求
2	施工检测	①管道接口连接质量检查（钢管焊接无损探伤检验、法兰或压兰螺栓拧紧力矩检测、熔焊检验）；②内外防腐层（包括补口、补伤）防腐检测；③预水压试验；④混凝土强度、混凝土抗渗、混凝土抗冻、砂浆强度、钢筋焊接；⑤回填土压实度；⑥柔性管道环向变形检测；⑦不开槽施工土层加固、支护及事故变形等测量；⑧管道设备安装测试；⑨阴极保护安装测试；⑩桩基完整性检查、地基处理检测	50	符合要求
3	结构安全和使用功能性检测	①管道水压试验；②给水管道冲洗消毒；③管道位置及高程；④浅埋暗挖管道、盾构管片拼装变形测量；⑤混凝土结构管道渗漏水调查；⑥管道及抽升泵站设备（或系统）调试、电气设备电试；⑦阴极保护系统测试；⑧桩基动测、静载试验	40	符合要求
4	施工测量	①控制桩（副桩）、永久（临时）水准点测量复核；②施工放样复核；③竣工测量	70	符合要求
5	施工技术管理	①施工组织设计（施工方案）、专题施工方案及批复；②图纸会审、施工技术交底；③设计变更、技术联系单；④质量事故（问题）处理；⑤材料、设备进场验收，计量仪器校核报告；⑥工程会议纪要；⑦施工日记	120	符合要求
6	验收记录	①验收批、分项、分部（子分部）、单位（子单位）工程质量验收记录；②隐蔽验收记录	150	符合要求
7	施工记录	①接口组对拼装、焊接、拴接、熔接；②地基基础、地层等加固处理；③桩基成桩；④支护结构施工；⑤沉井下沉；⑥混凝土浇筑；⑦管道设备安装；⑧顶进（掘进、钻进、夯进）；⑨沉管沉放及桥管吊装；⑩焊条烘焙、焊接热处理；⑪防腐层补口补伤等	50	符合要求
8	竣工图		1	符合要求

结论： 资料字迹清晰，完整并符合规范要求 施工项目经理：××× ××年××月××日	结论： 完整并符合规范要求 总监理工程师：××× ××年××月××日

单位（子单位）工程质量竣工验收记录

表 4-58

表 B. 0. 4-3

编　号：＿＿＿＿＿＿

工程名称	××市××路工程	施工单位	××市政工程有限公司

序号	检查项目		抽查质量情况	好	中	差
1	管道工程	管道、管道附件位、附属构筑物位置	符合要求	✓	/	/
2		管道设备	符合要求	✓	/	/
3		附属构筑物	符合要求	✓	/	/
4		大口径管道（渠、廊）；管道内部、管廊内管道安装	符合要求	✓	/	/
5		地上管道（桥管、架空管、虹吸管）及承重结构	/	/	/	/
6		回填土	符合要求	/	✓	/
7	顶管、盾构、浅埋暗挖、定向钻、夯管	管道结构	/	/	/	/
8		防水、防腐	/	/	/	/
9		管缝（变形缝）	/	/	/	/
10		进、出洞口	/	/	/	/
11		工作坑（井）	/	/	/	/
12		管道线形	/	/	/	/
13		附属构筑物	/	/	/	/
14	抽升泵站	下部结构	/	/	/	/
15		地面建筑	/	/	/	/
16		水泵机电设备、管道安装及基础支架	/	/	/	/
17		防水、防腐	/	/	/	/
18		附属设施、工艺	/	/	/	/
观感质量综合评价		好				

结论： 符合要求 施工项目经理：××× ××年××月××日	结论： 符合要求 总监理工程师：××× ××年××月××日

单位（子单位）工程结构安全和使用功能性检测记录表　　　　**表 4-59**

<table>
<tr><td>工程名称</td><td colspan="2">××市××路工程</td><td>施工单位</td><td>××市政工程有限公司</td></tr>
<tr><td>序号</td><td colspan="2">安全和功能检查表</td><td>资料核查意见</td><td>功能抽查结果</td></tr>
<tr><td>1</td><td colspan="2">压力管道水压试验（无压力管道严密性试验）记录</td><td>符合要求</td><td>符合要求</td></tr>
<tr><td>2</td><td colspan="2">给水管道冲洗消毒记录及报告</td><td>/</td><td>/</td></tr>
<tr><td>3</td><td colspan="2">阀门安装及运行功能调试报告及抽查检验</td><td>/</td><td>/</td></tr>
<tr><td>4</td><td colspan="2">其他管道设备安装调试报告及功能检测</td><td>/</td><td>/</td></tr>
<tr><td>5</td><td colspan="2">管道位置高程及管道变形测量及汇总</td><td>符合要求</td><td>符合要求</td></tr>
<tr><td>6</td><td colspan="2">阴极保护安装及系统测试报告及抽查检验</td><td>/</td><td>/</td></tr>
<tr><td>7</td><td colspan="2">防腐绝缘检测汇总及抽查检验</td><td>/</td><td>/</td></tr>
<tr><td>8</td><td colspan="2">钢管焊接无损检测报告汇总</td><td>/</td><td>/</td></tr>
<tr><td>9</td><td colspan="2">混凝土试块抗压强度试验汇总</td><td>符合要求</td><td>符合要求</td></tr>
<tr><td>10</td><td colspan="2">混凝土试块抗渗、抗冻试验汇总</td><td>/</td><td>/</td></tr>
<tr><td>11</td><td colspan="2">地基基础加固检测报告</td><td>符合要求</td><td>符合要求</td></tr>
<tr><td>12</td><td colspan="2">桥管桩基础动测或静载试验报告</td><td>/</td><td>/</td></tr>
<tr><td>13</td><td colspan="2">混凝土结构管道渗漏水调查记录</td><td>符合要求</td><td>符合要求</td></tr>
<tr><td>14</td><td colspan="2">抽升泵站的地面建筑</td><td>/</td><td>/</td></tr>
<tr><td>15</td><td colspan="2">其他</td><td>/</td><td>/</td></tr>
<tr><td colspan="2">结论：

符合要求

施工项目经理：×××
××年××月××日</td><td colspan="3">结论：

符合要求

总监理工程师：×××
××年××月××日</td></tr>
</table>

项　目　小　结

施工准备阶段的施工资料编制包括：

一、专项施工方案

二、施工技术交底记录

三、水准点复测记录

施工阶段的施工资料编制包括：

一、报验申请表

二、测量复核记录

三、预检工程检查记录

四、隐蔽工程检查（验收）记录

五、检验批质量检验记录

六、无压力管道严密性试验记录

七、工程洽商记录

八、工程材料、构配件及设备报审表

九、工程材料、构配件检查记录

施工试验记录包括：

一、有见证试验汇总表

二、见证记录

三、主要原材料及构配件出厂证明及复试报告目录

四、原材料、（半）成品出厂合格证及进场前抽检试验报告

五、混凝土配合比、抗压强度试验报告及混凝土强度性能汇总和统计评定

六、砂浆配合比、抗压强度试验报告及砂浆强度汇总和统计评定

七、压实度试验报告

竣工验收阶段的施工资料编制包括：

一、工程竣工测量资料及相关评定

二、工程竣工简介和总结

三、竣工验收记录

四、诚信评议卡

复习思考题

1. 沟槽的施工技术交底记录有哪些？
2. 简述无压力管道严密性试验记录的要点。
3. 沟槽回填见证记录有哪些内容？
4. 排管和检查井的实测项目有哪些？

项目5　市政桥梁工程施工资料编制

知识目标

1. 会编制施工准备阶段的桥梁工程施工资料；
2. 会填写施工准备阶段的桥梁工程施工资料表格；
3. 会填写施工阶段的桥梁工程施工资料表格；
4. 会填写竣工阶段的桥梁工程施工资料表格。

任务1　施工准备阶段的施工技术文件编制

一、专项施工方案

1. 施工组织设计（专项方案）报审表

施工组织设计（专项方案）报审表　　**表5-1**

工程名称：××桥梁工程　　编号：

致：××监理有限公司（监理单位） 我方已根据施工合同的有关规定完成了××桥梁工程上部结构（T梁）施工方案的编制，并经我单位上级技术负责人审查批准，请予以审查 附：上部结构（箱梁）施工方案1份 承包单位（章）××市政工程有限公司 项　目　经　理　××× 日　　　　期　××年××月××日
专业监理工程师审查意见： 专业监理工程师　××× 日　　　　期××年××月××日
总监理工程师审查意见： 项目监理机构（章） 总　监　理　工　程　师　××× 日　期××年××月××日

2. 施工组织设计（专项方案）审批表

施工组织设计审批表 **表 5-2**

××年 ××月 ×× 日 **施管表 3**

<table>
<tr><td>工程名称</td><td>××桥梁工程</td><td>施工单位</td><td colspan="2">××市政工程有限公司</td></tr>
<tr><td colspan="5">有关部门会签意见：
××桥梁工程上部结构（T梁）施工方案我项目部已编制完成，经项目部技术负责人审核并同意本方案，现请公司有关领导审批

编制人：项目技术负责人×××（签名）
审核人：项目经理×××（签名）
××工程项目部（盖章）
××年××月××日</td></tr>
<tr><td colspan="5">结论：该专项施工方案技术上可行，进度目标、质量安全目标能够实现。符合有关规范、标准及合同要求。上部结构T梁施工同意按此施工方案实施施工，如有变化请提前报审</td></tr>
<tr><td>审批单位
（盖章）</td><td></td><td>审批人</td><td colspan="2">公司总工程师：×××
（签名）</td></tr>
</table>

二、施工技术交底记录

施工技术交底记录之一　　**表5-3**

施管表5

××年××月××日

工程名称	××桥梁工程	分部工程	地基与基础
分项工程名称	承台基坑开挖		

交底内容：

1. 基坑宜安排在少雨季节或冰冻期来临之前开挖，且应避免超挖，严禁受水浸泡和受冻，确保坑壁稳定；

2. 基坑开挖时要及时用槽钢进行支护，槽钢打入泥土不得少于1.5m，由于部分承台开挖较深，开挖须扩大基坑上口面，在挖深1.5～2.0m时，应留1～2m的台阶，以防雨后造成边壁塌方或壁石块滑落，造成安全隐患，影响正常施工。

3. 开挖土方应及时进行外运，如场地宽余的地方，挖出的土方堆放要远离基坑边缘1.0m以外，堆高不得超过1.5m，且表面应平顺，外侧设排水沟，以免下雨时雨水流入基坑内。

4. 基坑开挖时，必须有技术经验的人员现场指挥和监护，在挖至距管道50cm时应采取人工挖掘，以防机械开挖时不慎碰坏管道的保护层。

5. 基坑及其周围有地下管线时，必须在开挖前探明现况，严格按照地下管线保护措施方案实施并听从上级领导指挥；对施工损坏的管线，必须及时补救。

6. 基坑内地基承载力必须满足设计要求。基坑开挖完成后，会同设计、勘探、监理单位实地验槽，确认地基承载力满足设计要求。当地基承载力不满足设计要求或出现超挖、被水浸泡现象时，应按设计要求处理，并在施工前结合现场情况，编制专项地基处理方案。

7. 基坑挖好后，要及时凿除外露的桩头混凝土，外露桩头混凝土严禁用镐头机打凿，以防凿除时用力过大，对下部桩身造成影响或断桩，影响工程质量。人工凿除混凝土桩头时，要戴安全帽，防护眼镜和必备的各项安全措施，以防凿除的混凝土块溅伤或外露钢筋碰伤。

8. 凿除的混凝土块要及时进行清理外运，不得堆放在基坑内或施工现场，以免影响下道工序的正常施工和文明施工。

9. 承台基坑开挖允许偏差应符合CJJ 2—2008表10.7.2-1的规定

交底单位	××	接收单位	××
交底人	×××	接收人	×××

施工技术交底记录之二

表 5-4
施管表 5

××年××月××日

工程名称	××桥梁工程	分部工程	地基与基础
分项工程名称	模板		

交底内容：

1. 支模时应按施工程序先下后上，随支模随加固的方法进行，模板在未固定前不得进行下一道工序，以防模板倾倒，造成不安全的事故。

2. 作业时施工人员严禁在连接杆或支撑上攀登，模板支撑要牢固，支撑的底部着落点地基坚实，严禁支撑的软土上，必要时必须定点打桩加固，以防在浇混凝土时模板走样变形，影响工程质量或造成不安全的事故。

3. 安装模板时，操作人员应有可靠的落脚点，超过 2m 以上的高度必须搭设脚手架，模板支护时应多人协同，支模应先下部后上部，严禁在上下同一立面进行作业，以防模板或扣件掉落伤人。

4. 模板支好加固后，必须再进行认真检查各加固杆、连杆、扣件是否检测必须用力矩扳手进行，每扣件的紧固力度应保持在 45Pa，过大会造成扣件的损伤，过小可能会造成滑落或左右松动。

5. 模板支好后，应在模板内侧涂刷适量的脱模剂，以防拆模时模板粘掉承台边面混凝土，给工程质量造成影响。

6. 浇混凝土时模板要有专人进行看护，以防有漏浆、跑模现象，发现问题应立即停止混凝土浇筑，护模人员应及时对模板进行加固与抢修，确保施工安全。

7. 浇筑混凝土前，应对模板进行检查和眼神，合格后方可施工。

8. 在承台混凝土强度达到初凝后并技术部门批准后方可进行拆模，拆模时应先拆除支撑杆，再拆除连杆和加固杆，拆模时严禁整体撬落或强拉硬敲的方法进行，模板脱模后要及时运往地面，清理模板表面混凝土浆，并堆放整齐，做好安全文明施工。

9. 拆除的、扣件严禁乱扔乱放，应做到拆除的扣件随拆随装入袋内或工具箱内，统一进行堆放，以免造成丢失。

10. 固定在木板上的预埋件、预留孔内模不得遗漏，且应安装牢固。

11. 承台模板允许偏差应符合 CJJ 2—2008 表 5.4.2、5.4.3 的规定

交底单位	××	接收单位	××
交底人	×××	接收人	×××

施工技术交底记录之三

表5-5
施管表5

××年××月××日

工程名称	××桥梁工程	分部工程	地基与基础
分项工程名称	钢筋		

交底内容：

1. 承台、墩台、立柱等部位所使用的钢筋不同，下料前必须对下料单进行复核，按料单编号，分批分开堆放，以防混淆，以防搬运时发生错误或绑扎失误而造成返工，确保工程质量和进度。

2. 搬运钢筋时，要多人协同，并有专人监护，以防搬运时不慎钢筋碰伤他人，往承台基坑内放置钢筋时，应用传递的方式进行，严禁往下抛掷，以防碰伤基坑内绑扎人员，严格按照“四不伤害”的原则，做到安全。

3. 在高处（2m或2m以上）的基坑绑扎钢筋时，应搭设脚手架或操作平台，应搭设防护栏杆，钢筋骨架及主筋应撑稳或固定牢，作业时不得站在钢筋骨架上，不得攀登骨架上下，往基坑放料时应用传递方式进行，严禁上下投掷。

4. 承台钢筋绑扎完成后，要认真进行检查，防止有漏扎漏焊现象，以免在浇筑混凝土时，因钢筋松动，脚掉下钢筋内，造成意外伤害或影响工程质量。

5. 现场绑扎钢筋时，在钢筋相交点用20号铁丝扎结，同时绑丝头应弯回至骨架内侧；严禁向外伸，以防混凝土浇筑时，扎丝露出保护层，影响工程质量或造成不安全的因素发生。

6. 高空作业时，不得将钢筋集中堆在模板和脚手板上，也不要把工具、钢箍、短钢筋随意放在脚手板上，以免滑下伤人。

7. 暂停绑扎时，应检查所绑扎的钢筋或骨架，是否有漏扎或松动等现象，保护层厚度是否足够，确认连接牢固和符合质量、安全要求后方可离开现场。

8. 钢筋绑扎完毕后，应及时报质量技术人员和监理部门进行检查验收，验收合格后，方可进行下道工序

9. 现场焊接时，绑扎焊接长度严格按照设计及规范要求进行，焊接后要及时敲除焊渣，确保工程质量。

交底单位	××	接收单位	××
交底人	×××	接收人	×××

施工技术交底记录之四

表 5-6
施管表 5

××年××月××日

工程名称	××桥梁工程	分部工程	地基与基础
分项工程名称	混凝土浇筑		

交底内容：

1. 施工前要认真检查所使用的振动棒、电机使用是否良好、电机和振动棒的运转方向是否一致、电机与棒轴连接是否牢固、电线是否有无破损，如发现问题，应及时让电工或机械维修人员维修或更换，严禁带病作业。

2. 在振捣时，应一人持棒，专人监护，监护人员负责振捣器开关及线路的防护，在距离远的情况下，不能硬拉或硬脱电线，以防钢筋滑破线路而造成的触电事故。

3. 在混凝土浇筑过程中，工作人员对混凝土应随机抽样，测定混凝土坍落度是否符合配合比的规定要求，现场不得任意加水，以免影响工程质量。

4. 混凝土浇筑时在整体承台范围分层进行浇筑，每层厚度不得大于 30cm，上下层浇筑时间尽量缩短，振捣时振动棒应跟混凝土入仓。按照快插慢拔的方式，采用振捣法振捣。振捣间距不得超过振捣器作用半径的 1.5 倍，以防漏振或过振，振捣时间应在所振捣的混凝土表面停止沉落和表面无气泡逸出为止，振捣时振捣器不宜在钢筋或模板上强力振动，以防钢筋变形或模板炸模，造成工程损失。

5. 混凝土浇筑时，要派专业木工进行全过程的护模，如发现模板有漏浆、跑模现象，应立即告知浇筑混凝土人员停止浇筑，进行抢修或堵漏。

6. 在混凝土浇筑后，混凝土工人员要做好抹面收光工作，要保持承台表面平整、光洁。

7. 在混凝土强度达到初凝后（混凝土表面及棱角不因模板拆除而受损即可，必须经过技术部门的许可后），方可进行模板的拆除。

8. 模板拆除后，混凝土工人员要做好养护工作，养护时按季节的区分，冬天和夏天都应铺盖草包或麻袋，以防混凝土表面受冻或气温过高造成表面出现收缩裂缝，影响工程质量。

9. 大风、大雨及突发性雷暴雨天气，必须停止作业，同时对已浇筑的混凝土必须用彩条布或塑料布进行覆盖，防止已浇筑混凝土离散影响工程质量

交底单位	××	接收单位	××
交底人	×××	接收人	×××

三、水准点复测记录

水准点复测记录之一　　**表 5-7**

施记表 2

工程名称：××桥梁工程　施工单位：××市政公司　复测部位：桥梁工程 日期：××年××月××日

测点	后视 (1)	前视 (2)	高差(mm)		高程(m) (4)	备　注
			+ (3)=(1)−(2)	− (3)=(1)−(2)		
TBM1	0.712				6.774	平 6.774
	0.901	0.762	50			
TBM2					6.724	平 6.725
		0.809		92		
TBM3					6.816	平 6.815
回测						
	0.855					
TBM3					6.814	
	0.313	0.943	88			
TBM2					6.726	
		0.269		48		
TBM1					6.774	
总和	2.781	2.783	138	140		

计算：

实测闭合差 $f'=-2\text{mm}$　　　　容许闭合差 $f=\pm 40\sqrt{L}=\pm 40\times 0.1=\pm 4\text{mm}$

结论：$f'<f$　满足施工要求

观测：×××　　复测：×××　　计算：×××　　施工项目技术负责人：×××

任务 2　施工阶段的施工技术文件编制

一、报验申请表

钻孔灌注桩钢筋笼报验申请表之一　　　　表 5-8

工程名称：××桥梁工程　　　　编号：

致：××监理有限公司（监理单位）

我单位已完成了7-2 钻孔灌注桩钢筋笼＿＿工作，现上报该工程报验申请表请予以审查和验收。

附件：

1. 钢筋笼隐蔽工程验收记录　　1 份
2. 钢筋笼检验批质量验收记录　1 份

承包单位（章）：＿＿＿＿

项　目　经　理：＿×××＿

日　　　　　期：××年××月××日

审查意见：

项目监理机构(章)：＿＿＿＿

总/专业监理工程师：＿×××＿

日　　　　　期：××年××月××日

混凝土灌注桩＿＿报验申请表之二

工程名称：××桥梁工程　　　　编号：

致：××监理有限公司（监理单位）

我单位已完成了7-1 混凝土灌注桩＿＿工作，现上报该工程报验申请表请予以审查和验收。

附件：

1. 钻孔桩钻进记录　　1 份
2. 钻孔桩成孔质量检查记录　　1 份
3. 混凝土灌注成孔隐蔽工程验收记录　　1 份
4. 混凝土灌注成孔检验批质量验收记录　　1 份
5. 钻孔桩水下混凝土钻进灌注记录　　1 份
6. 钻孔灌注桩混凝土检验批质量验收记录　1 份

承包单位(章)：＿＿＿＿

项　目　经　理：＿×××＿

日　　　　　期：××年××月××日

审查意见：

项目监理机构(章)：＿＿＿＿

总/专业监理工程师：＿×××＿

日　　　　　期：××年××月××日

二、钻孔桩钻进记录(冲击钻)

钻孔桩钻进记录(冲击钻)

表 5-9
施记表 6

工程名称:××桥梁工程　　施工单位:××市政工程有限公司

墩(台)号	7 号墩	桩位编号	2 号	桩径(m)	1.2	地面标高	21.558	设计桩尖标高(m)	−2.16
护筒长度(m)	1.5	护筒顶标高(m)	21.858	护筒埋置深度(m)	1.2	钻头型式直径(mm)	1200	钻头质量(kg)	4300

时间 年 月 日	起 时	起 分	止 时	止 分	共计(h)	工作内容	冲程(m)	冲击次数(次/分)	钻进深度(m) 本次	钻进深度(m) 累计	孔位偏差(mm) 前	孔位偏差(mm) 后	孔位偏差(mm) 左	孔位偏差(mm) 右	孔底标高(m)	孔内水位(m)	备注
2011−12−12	2	0	4	0	2	冲孔	1	39	1	1	/	/	/	/	20.558	1.9	粉质黏土夹碎石
	4	0	6	0	2	冲孔	1	39	1	2	/	/	/	/	19.558	1.8	粉质黏土夹碎石
	6	0	8	0	2	冲孔	0.9	39	0.9	2.9	/	/	/	/	18.658	1.8	粉质黏土夹碎石
	8	0	10	0	2	冲孔	0.9	39	0.9	3.8	/	/	/	/	17.758	1.9	粉质黏土夹碎石
	10	0	12	0	2	冲孔	0.9	39	0.9	4.7	/	/	/	/	16.858	1.9	全风化砂岩夹含砂泥岩
	12	0	14	0	2	冲孔	0.9	39	0.9	5.6	/	/	/	/	15.958	1.8	中风化砂岩夹含砂泥岩
	14	0	16	0	2	冲孔	0.8	39	0.8	6.4	/	/	/	/	15.158	1.7	中风化砂岩夹含砂泥岩
	16	0	18	0	2	冲孔	0.8	39	0.8	7.2	/	/	/	/	14.358	1.9	中风化砂岩夹含砂泥岩
	18	0	20	0	2	冲孔	0.8	39	0.8	8	/	/	/	/	13.558	1.8	中风化砂岩夹含砂泥岩
	20	0	22	0	2	冲孔	0.7	39	0.7	8.7	/	/	/	/	12.858	1.8	中风化砂岩夹含砂泥岩
	22	0	24	0	2	冲孔	0.7	39	0.7	9.4	/	/	/	/	12.158	1.8	中风化砂岩夹含砂泥岩
2011−12−13	0	0	2	0	2	冲孔	0.7	39	0.7	10.1	/	/	/	/	11.458	1.9	中风化砂岩夹含砂泥岩
	2	0	4	0	2	冲孔	0.7	39	0.7	10.8	/	/	/	/	10.758	1.9	强风化砂岩夹含砂泥岩
	4	0	6	0	2	冲孔	0.7	39	0.7	11.5	/	/	/	/	10.058	1.8	强风化砂岩夹含砂泥岩
	6	0	8	0	2	冲孔	0.6	39	0.6	12.1	/	/	/	/	9.458	1.9	强风化砂岩夹含砂泥岩
	8	0	10	0	2	冲孔	0.6	39	0.6	12.7	/	/	/	/	8.858	1.8	强风化砂岩夹含砂泥岩
	10	0	12	0	2	冲孔	0.6	39	0.6	13.3	/	/	/	/	8.258	1.9	强风化砂岩夹含砂泥岩
	12	0	14	0	2	冲孔	0.5	39	0.5	13.8	/	/	/	/	7.758	1.8	强风化砂岩夹含砂泥岩
钻孔中出现的问题及处理方法	施工正常																

续表

墩(台)号	7号墩	桩位编号	2号	桩径(m)	1.2	地面标高	21.580	设计桩尖标高(m)	−2.16
护筒长度(m)	1.5	护筒顶标高(m)	21.558	护筒埋置深度(m)	1.2	钻头型式直径(mm)	1200	钻头质量(kg)	4300

时间					共计(h)	工作内容	冲程(m)	冲击次数(次/分)	钻进深度(m)		孔位偏差(mm)				孔底标高(m)	孔内水位(m)	备注
年 月 日	起		止						本次	累计	前	后	左	右			
	时	分	时	分													
2011−12−13	14	0	16	0	2	冲孔	0.6	39	0.5	14.3	/	/	/	/	7.258	1.9	强风化砂岩夹含砂泥岩
	16	0	18	0	2	冲孔	0.6	39	0.5	14.8	/	/	/	/	6.758	1.8	强风化砂岩夹含砂泥岩
	18	0	20	0	2	冲孔	0.6	39	0.5	15.3	/	/	/	/	6.258	1.8	强风化砂岩夹含砂泥岩
	20	0	22	0	2	冲孔	0.6	39	0.4	15.7	/	/	/	/	5.858	1.8	强风化砂岩夹含砂泥岩
	22	0	24	0	2	冲孔	0.6	39	0.4	16.1	/	/	/	/	5.458	1.8	强风化砂岩夹含砂泥岩
2011−12−14	0	0	2	0	2	冲孔	0.6	39	0.3	16.4	/	/	/	/	5.158	1.8	强风化砂岩夹含砂泥岩
	2	0	4	0	2	冲孔	0.6	39	0.3	16.7	/	/	/	/	4.858	1.8	强风化砂岩夹含砂泥岩
	4	0	6	0	2	冲孔	0.6	39	0.3	17	/	/	/	/	4.558	1.9	强风化砂岩夹含砂泥岩
	6	0	8	0	2	冲孔	0.6	39	0.2	17.2	/	/	/	/	4.358	1.9	强风化砂岩夹含砂泥岩
	8	0	10	0	2	冲孔	0.6	39	0.2	17.4	/	/	/	/	4.158	1.9	强风化砂岩夹含砂泥岩
	10	0	12	0	2	冲孔	0.6	39	0.2	17.6	/	/	/	/	3.958	1.9	强风化砂岩夹含砂泥岩
	12	0	14	0	2	冲孔	0.6	39	0.2	17.8	/	/	/	/	3.758	1.9	强风化砂岩夹含砂泥岩
	14	0	16	0	2	冲孔	0.6	39	0.2	18	/	/	/	/	3.558	1.9	强风化砂岩夹含砂泥岩
	16	0	18	0	2	冲孔	0.6	39	0.2	18.2	/	/	/	/	3.358	1.9	强风化砂岩夹含砂泥岩
	18	0	20	0	2	冲孔	0.6	39	0.2	18.4	/	/	/	/	3.158	1.8	强风化砂岩夹含砂泥岩
	20	0	22	0	2	冲孔	0.6	39	0.2	18.6	/	/	/	/	2.958	1.9	强风化砂岩夹含砂泥岩
	22	0	24	0	2	冲孔	0.6	39	0.2	18.8	/	/	/	/	2.758	1.9	强风化砂岩夹含砂泥岩
2011−12−15	0	0	2	0	2	冲孔	0.6	39	0.2	19	/	/	/	/	2.558	1.9	强风化砂岩夹含砂泥岩
钻孔中出现的问题及处理方法	施工正常																

施工项目技术负责人：×××　　工序负责人：×××　　记录人：×××　　监理：×××　　×× 年××月××日

三、钻孔桩钻进记录（旋转钻）

钻孔桩钻进记录（旋转钻）

表 5-10
施记表 7

施工单位：××市政工程有限公司

工程名称	××桥梁工程	墩(台)号	7 号墩	桩位编号	2 号桩

地面标高(m)	3.765	孔外水位标高(m)	/	护筒顶标高(m)	4.065	护筒底标高(m)	−0.635	护筒埋深(m)	4.4

钻机类型及编号	SYR220 型旋挖钻/2-9 号机	钻头类型及编号	筒钻 ϕ1.2	桩径(m)	1.2	桩尖设计标高(m)	−43.115

时间						工作内容	钻进深度(m)					孔底标高(m)	孔斜度	孔位偏差(mm)				地质情况	泥浆				其他
年 月 日	起		止		共计(小时)		钻杆长度	起钻读数	停钻读数	本次进尺	累计进尺			前	后	左	右		比重		黏度		
	时	分	时	分															进	出	进	出	
2008−4−25	15	00	15	35	0.58	开钻				9.9	9.9	−6.135		/	/	/	/	淤泥质亚黏土	1.18	1.20			
	15	35	16	20	0.75	钻进				17.4	27.3	−23.535		/	/	/	/	淤泥质亚黏土	1.20	1.21			
	16	20	18	10	1.83	钻进				7.5	34.8	−31.035		/	/	/	/	亚黏土	1.17	1.18			
	18	10	18	38	0.47	钻进				2.2	37.0	−33.235		/	/	/	/	全风化泥质粉砂岩	1.14	1.16			
	18	38	19	50	1.20	钻进				4.4	41.4	−37.635		/	/	/	/	强风化泥质粉砂岩	1.13	1.14			
2008−4−25～4−26	19	50	03	30	7.67	停钻				5.5	46.9	−43.135	35	/	/	/	/	弱风化泥质粉砂岩	1.12	1.13			
	07	30	10	00	2.30	第一次清孔												弱风化泥质粉砂岩	1.12	1.13			

钻孔中出现的问题及处理方法	经监理现场取岩样确认，于 2007 年 4 月 26 日 06：30，标高−43.135m 终孔

施工项目技术负责人：××× 工序负责人：××× 记录人：××× 监理：××× 2007 年 4 月 26 日

四、钻孔桩成孔质量检查记录

钻孔桩成孔质量检查记录

表 5-11

施记表 9

××年××月××日

<table>
<tr><td>工程名称</td><td colspan="4">××桥梁工程</td><td colspan="2">施工单位</td><td colspan="4">××市政工程有限公司</td></tr>
<tr><td>墩台号</td><td>7墩</td><td colspan="2">桩编号</td><td colspan="2">2号</td><td colspan="2">孔垂直度</td><td colspan="3">10mm</td></tr>
<tr><td>护筒顶标高（m）</td><td>21.558</td><td colspan="2">设计孔底标高（m）</td><td colspan="3">−2.16</td><td colspan="4">孔位偏差（mm）</td></tr>
<tr><td>设计直径（m）</td><td>1.2</td><td colspan="2">成孔孔底标高（m）</td><td colspan="3">−2.66</td><td>前</td><td>后</td><td>左</td><td>右</td></tr>
<tr><td>成孔直径（m）</td><td>＞1.2</td><td colspan="2">灌注前孔底标高（m）</td><td colspan="3">−2.638</td><td>3</td><td>0</td><td>4</td><td>0</td></tr>
<tr><td>钻孔中出现的问题及处理方法</td><td colspan="10">根据岩土工程勘察报告：本桩基以风化砂岩夹含砂泥岩作为持力层，要求进入持力层（−0.16设计入岩）−（−2.16设计孔底）＝2m，本桩以进入持力层（−0.16实际入岩）−（−2.66实际孔底）＝2.5m，符合设计及施工规范要求</td></tr>
<tr><td rowspan="2">钢筋骨架</td><td>骨架总长（m）</td><td colspan="2">20.947</td><td colspan="3">骨架底面标高（m）</td><td colspan="4">−2.660</td></tr>
<tr><td>骨架每节长（m）</td><td colspan="2">8＋8＋5.5</td><td colspan="3">连接方法</td><td colspan="4">单面搭接焊
10d</td></tr>
<tr><td>检查意见</td><td colspan="10"></td></tr>
</table>

施工项目技术负责人：××× 质检员：××× 监理：×××

五、钻孔桩水下混凝土灌注记录

钻孔桩水下混凝土灌注记录　　　　**表5-12**

施记表10

日期：××年××月××日

工程名称	××桥梁工程		施工单位	××市政工程有限公司			
墩台编号	9号墩	桩编号	3号桩	桩设计直径(m)	1.2	设计桩底标高(m)	−45.104
灌注前孔底标高(m)	−45.11	护筒顶标高(m)	3.12	钢筋骨架底标高(m)		−44.98	
计算混凝土方量(m^3)	52.26	混凝土强度等级	C25水下	水泥品种等级	××商品混凝土 ××水泥32.5	坍落度(cm)	20.0

时间	护筒顶至混凝土面深度(m)	护筒顶至导管下口深度(m)	导管拆除数量		实灌混凝土数量		钢筋位置情况、孔内情况、停灌原因、停灌时间、事故原因和处理情况等重要记事
			节数	长度(m)	本次数量(m^3)	累计数量(m^3)	
08:50	48.23	48.0	1	3.0	8.1	8.1	钢筋位置符合设计及规范要求，施工正常
09:05	42.17	45.0	1	2.5	4.9	13.0	钢筋位置符合设计及规范要求，施工正常
09:20	38.38	42.5	1	2.5	3.8	16.8	钢筋位置符合设计及规范要求，施工正常
09:31	36.11	40.0	1	2.5	3.6	20.4	钢筋位置符合设计及规范要求，施工正常
09:43	33.08	37.5	1	2.5	3.5	23.9	钢筋位置符合设计及规范要求，施工正常
09:55	30.05	35.0	1	2.5	3.4	27.3	钢筋位置符合设计及规范要求，施工正常
10:05	27.02	32.5	1	2.5	3.3	30.6	钢筋位置符合设计及规范要求，施工正常
10:15	24.75	30.0	1	2.5	3.2	33.8	钢筋位置符合设计及规范要求，施工正常
10:30	22.48	27.5	1	2.5	3.0	36.8	钢筋位置符合设计及规范要求，施工正常

施工项目技术负责人：×××　　工序负责人：×××　　记录：×××　　监理：×××

六、测量复核记录

1. 测量复核记录（坐标）

（1）桩位测量复核记录（成桩前）

测量复核记录

表 5-13

施记表 3

<table>
<tr><td colspan="2">工程名称</td><td colspan="2">××桥梁工程</td><td colspan="2">施工单位</td><td colspan="3">××市政工程有限公司</td></tr>
<tr><td colspan="2">复核部位</td><td colspan="2">11 号中墩桩位（成桩前）</td><td colspan="2">日　期</td><td colspan="3">××年××月××日</td></tr>
<tr><td colspan="2">原施测人</td><td colspan="2">×××</td><td colspan="2">测量复核人</td><td colspan="3">×××</td></tr>
<tr><td rowspan="12">测量复核情况示意图</td><td rowspan="2">桩　号</td><td colspan="2">设计坐标</td><td colspan="2">实测坐标</td><td colspan="3">差值（mm）</td></tr>
<tr><td>X</td><td>Y</td><td>X</td><td>Y</td><td>X</td><td colspan="2">Y</td></tr>
<tr><td>11-1</td><td>78067.413</td><td>72761.182</td><td>78067.411</td><td>72761.175</td><td>−2</td><td colspan="2">−7</td></tr>
<tr><td>11-2</td><td>78066.908</td><td>72764.341</td><td>78066.915</td><td>72764.334</td><td>+7</td><td colspan="2">−7</td></tr>
<tr><td>11-3</td><td>78063.748</td><td>72763.836</td><td>78063.743</td><td>72763.829</td><td>−5</td><td colspan="2">−7</td></tr>
<tr><td>11-4</td><td>78060.589</td><td>72763.331</td><td>78060.587</td><td>72763.331</td><td>−2</td><td colspan="2">0</td></tr>
<tr><td>11-5</td><td>78061.096</td><td>72760.171</td><td>78061.101</td><td>72760.164</td><td>+5</td><td colspan="2">−7</td></tr>
<tr><td>11-6</td><td>78061.599</td><td>72757.012</td><td>78061.591</td><td>72757.005</td><td>−8</td><td colspan="2">−7</td></tr>
<tr><td>11-7</td><td>78064.759</td><td>72757.517</td><td>78064.761</td><td>72757.514</td><td>+2</td><td colspan="2">−3</td></tr>
<tr><td>11-8</td><td>78067.918</td><td>72758.022</td><td>78067.921</td><td>72758.019</td><td>+3</td><td colspan="2">−3</td></tr>
<tr><td colspan="8">示意图：
将全站仪型号为 SET210K 架设在 QS02 坐标 X77929.747，Y72763.216，后视 QG05 坐标 X78432.958，Y72811.104
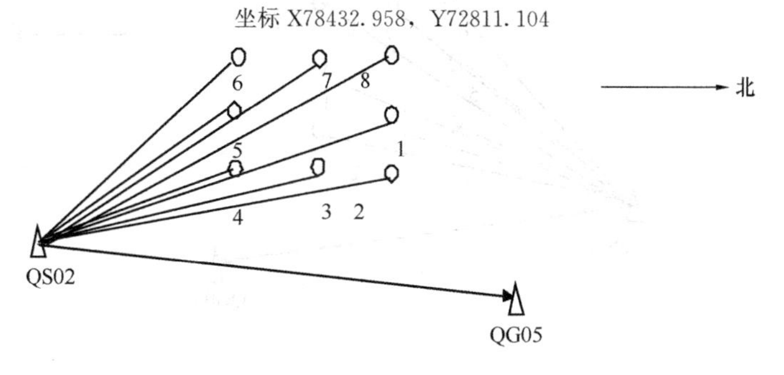
</td></tr>
<tr><td colspan="8"></td></tr>
<tr><td colspan="2">复核结论</td><td colspan="7">符合要求</td></tr>
<tr><td colspan="2">备　注</td><td colspan="7"></td></tr>
</table>

计算：×××　　　　施工项目技术负责人：×××

（2）桩位测量复核记录（成桩后）

测量复核记录

表 5-14
施记表 3

工程名称	××桥梁工程	施工单位	××市政工程有限公司
复核部位	11号中墩桩位（成桩后）	日　　期	××年××月××日
原施测人	×××	测量复核人	×××

测量复核情况示意图

桩　号	设计坐标		实测坐标		差值（mm）		
	X	Y	X	Y	X	Y	Δd
11-1	78067.413	72761.182	78067.408	72761.187	−5	+5	8
11-2	78066.908	72764.341	78066.905	72764.343	−3	+2	4
11-3	78063.748	72763.836	78063.753	72763.839	+5	+3	5
11-4	78060.589	72763.331	78060.591	72763.330	+2	−1	2
11-5	78061.094	72760.171	78061.098	72760.176	+4	+5	6
11-6	78061.599	72757.012	78061.601	72757.014	+2	+2	3
11-7	78064.759	72757.517	78064.767	72757.516	+8	−1	8
11-8	78067.918	72758.022	78067.921	72758.027	+3	+5	7

示意图：

将全站仪型号为SET210K架设在QS02坐标X77929.747，Y72763.216，后视QG05坐标X78432.958，Y72811.104

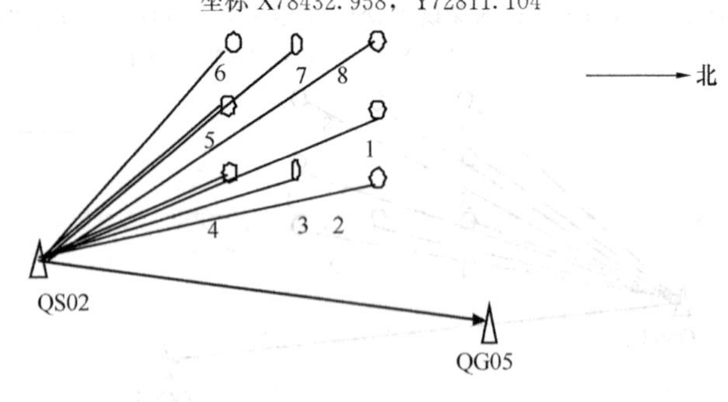

复核结论	符合要求
备　　注	

计算：×××　　　　施工项目技术负责有：×××

(3) 承台混凝土成型测量复核记录（承台成型前）

测量复核记录

表 5-15
施记表 3

工程名称	××桥梁工程	施工单位	××市政工程有限公司
复核部位	11号墩承台定位放样	日　期	××年××月××日
原施测人	×××	测量复核人	×××

测量复核情况示意图

桩　号	设计坐标		实测坐标		差值（mm）	
	X	Y	X	Y	X	Y
1	78069.179	72757.112	78069.174	72757.118	−5	+6
2	78060.687	72755.751	78060.692	72755.754	+5	+3
3	78067.820	72765.602	78067.822	72765.606	+2	+4
4	78059.328	72764.243	78059.326	72764.247	−2	+4

示意图：

将全站仪型号为SET210K架设在QS02坐标X77929.747，Y72763.216，后视QG05坐标X78432.958，Y72811.104

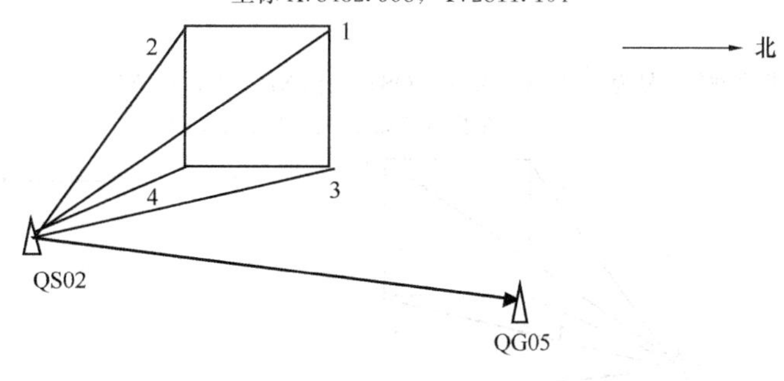

复核结论	符合要求
备　注	

计算：×××　　　　施工项目技术负责人：×××

(4) 承台混凝土成型测量复核记录（承台定型）

测量复核记录

表 5-16

施记表 3

<table>
<tr><td>工程名称</td><td colspan="3">××桥梁工程</td><td>施工单位</td><td colspan="3">××市政工程有限公司</td></tr>
<tr><td>复核部位</td><td colspan="3">10 号墩承台混凝土成形</td><td>日　　期</td><td colspan="3">××年××月××日</td></tr>
<tr><td>原施测人</td><td colspan="3">×××</td><td>测量复核人</td><td colspan="3">×××</td></tr>
<tr><td rowspan="11">测量复核情况示意图</td><td rowspan="2">桩　号</td><td colspan="2">设计坐标</td><td colspan="2">实测坐标</td><td colspan="2">差值（mm）</td></tr>
<tr><td>X</td><td>Y</td><td>X</td><td>Y</td><td>X</td><td>Y</td></tr>
<tr><td>1</td><td>78069.179</td><td>72757.110</td><td>78069.174</td><td>72757.116</td><td>−5</td><td>+6</td></tr>
<tr><td>2</td><td>78060.687</td><td>72755.751</td><td>78060.692</td><td>82755.754</td><td>+5</td><td>+3</td></tr>
<tr><td>3</td><td>78067.82</td><td>72765.602</td><td>78067.822</td><td>72765.606</td><td>+2</td><td>+4</td></tr>
<tr><td>4</td><td>78059.328</td><td>72764.243</td><td>78059.326</td><td>72764.247</td><td>−2</td><td>+4</td></tr>
<tr><td></td><td></td><td></td><td></td><td></td><td></td><td></td></tr>
<tr><td></td><td></td><td></td><td></td><td></td><td></td><td></td></tr>
<tr><td></td><td></td><td></td><td></td><td></td><td></td><td></td></tr>
<tr><td></td><td></td><td></td><td></td><td></td><td></td><td></td></tr>
<tr><td colspan="7">示意图：
将全站仪型号为 SET210K 架设在 QS02 坐标 X77929.747，Y72763.216，后视 QG05 坐标 X78432.958，Y72811.104
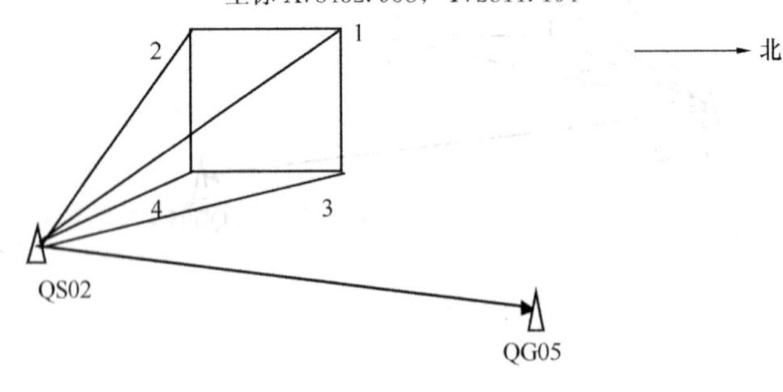
</td></tr>
<tr><td>复核结论</td><td colspan="7">符合要求</td></tr>
<tr><td>备　　注</td><td colspan="7"></td></tr>
</table>

计算：×××　　　　施工项目技术负责人：×××

（5）立柱测量复核记录

测量复核记录

表 5-17
施记表 3

工程名称	××桥梁工程	施工单位	××市政工程有限公司
复核部位	11 号墩立柱	日　期	××年××月××日
原施测人	×××	测量复核人	×××

测量复核情况示意图

桩　号	设计坐标		实测坐标		差值（mm）	
	X	Y	X	Y	X	Y
1	78065.486	72759.304	78065.491	72759.306	+5	+2
2	78063.779	72757.309	78063.782	72757.316	+3	+7
3	78065.754	72757.625	78065.761	72757.622	+7	−3
4	78063.511	72758.988	78063.513	72758.984	+2	−4
5	78064.996	72762.365	78065.001	72762.371	+5	+6
6	78063.021	72762.049	78063.024	72762.053	+3	+4
7	78064.728	72764.044	78064.734	72764.038	+6	−6
8	78062.753	72763.728	78062.755	72763.723	+2	−5

示意图：

将全站仪型号为 SET210K 架设在 QS02 坐标 X77929.747，Y72763.216，后视 QG05 坐标 X78432.958，Y72811.104

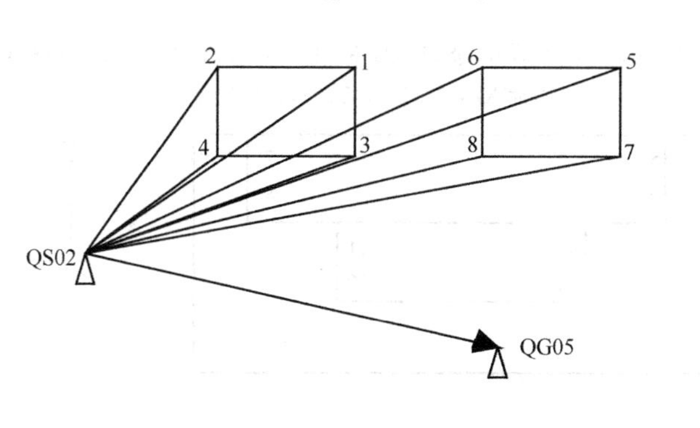

复核结论	符合要求
备　注	

计算：×××　　　　施工项目技术负责人：×××

（6）桥台测量复核记录

测量复核记录　　**表 5-18**

施记表 3

工程名称	××市××路工程（桥梁工程）	施工单位	××市政工程有限公司
复核部位	7 号墩桥台	日　　期	××年××月××日
原施测人	×××	测量复核人	×××

测量复核情况示意图

桩　号	设计坐标		实测坐标		差值（mm）	
	X	Y	X	Y	X	Y
1	78134.650	72790.106	78134.644	72790.108	−6	+2
2	78131.466	72789.787	78131.465	72789.789	−1	+2
3	78133.803	72798.564	78133.805	72798.563	+2	−1
4	78130.619	72798.245	78130.626	72798.242	+7	−3
5	78134.575	72790.350	78134.574	72790.351	−1	+1
6	78133.620	72790.254	78133.623	72790.260	+3	+6
7	78133.778	92798.310	78133.773	92798.313	−5	+3
8	78132.823	72798.214	78132.825	72798.209	+2	−5
9	78133.411	72792.344	78133.409	72792.341	−2	−3
10	78132.277	72792.230	78132.273	72792.232	−4	+2
11	78133.032	72796.125	78133.039	72796.133	+7	+8
12	78131.898	72796.011	78131.900	72796.014	+2	+3

示意图：

将全站仪型号为 SET210K 架设在 QS02 坐标 X77929.747，Y72763.216，后视 QG05 坐标 X78432.958，Y72811.104

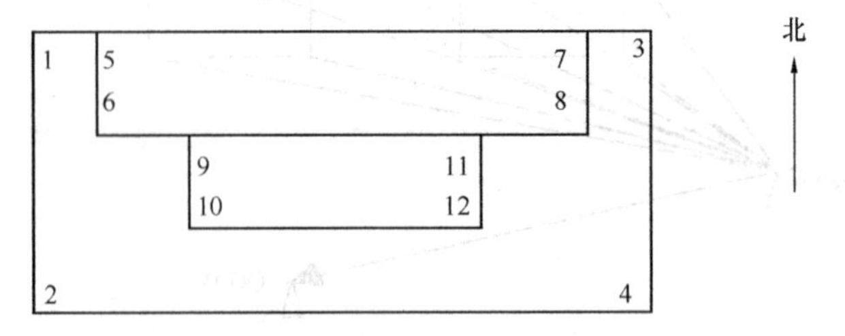

复核结论	符合要求
备　　注	

计算：×××　　施工项目技术负责人：×××

(7) 箱梁底板模板放样测量复核记录(坐标)

测量复核记录

表 5-19
施记表 3

工程名称	××桥梁工程	施工单位	××市政工程有限公司
复核部位	10～13号联T梁底板模板放样(坐标复核)	日　期	××年××月××日
原施测人	×××	测量复核人	×××

测量复核情况(见示意图)

墩号 桩号		设计坐标					实测坐标					偏差(mm)				
		1(中点)	2(左侧)	3(右侧)	4	5	1	2	3	4	5	1	2	3	4	5
20号中墩 K12+671.283	X	78371.386	78371.204	78371.568			78371.385	78371.208	78371.565			−1	+4	−3		
	Y	72789.353	72781.855	72796.851			72789.356	72781.853	72796.856			+3	−2	+5		
K12+677.253	X	78377.354	78377.134	78377.573			78377.354	78377.134	78377.569			0	0	−4		
	Y	72789.193	72781.696	72796.690			72789.192	72781.695	72796.692			−1	−1	+2		
K12+681.53	X	78381.352	78381.108	78381.595			78381.354	78381.109	78381.594			+2	+1	−1		
	Y	72789.069	72781.605	72796.533			72789.074	72781.601	72796.534			+5	−4	+1		
K12+685.253	X	78385.350	78385.084	78385.615			78385.346	78385.084	78385.618			−4	0	+3		
	Y	72788.932	72781.548	72796.316			72788.927	72781.546	72796.320			−5	−2	+4		
K12+689.253	X	78389.347	78389.061	78389.632			78389.346	78389.065	78389.632			−1	+4	0		
	Y	72788.781	72781.519	72796.044			72788.778	72781.523	72796.045			−3	+4	−1		
K12+693.253	X	78393.343	78393.040	78393.646			78393.348	78393.035	78393.645			+5	−5	−1		
	Y	72788.618	72781.513	72795.722			72788.615	72781.511	72795.717			−3	−2	−5		
复核结论		符合要求														

计算:×××　　　　施工项目技术负责人:×××

(8) 箱梁坐标

测量复核记录

表 5-20
施记表 3

工程名称	××桥梁工程	施工单位	××市政工程有限公司
复核部位	10～13 号箱梁顶板模板放样(坐标复核)	日　期	××年××月××日
原施测人	×××	测量复核人	×××

测量复核情况(见示意图)

墩号 桩号		设计坐标					实测坐标					偏差(mm)				
		1(中点)	2(左侧)	3(右侧)	4	5	1	2	3	4	5	1	2	3	4	5
20 号中敦 K12+671.253	X	78371.356	78371.055	78371.657			78371.376	78371.035	78371.677			+2	−2	+2		
	Y	72789.354	72776.957	72801.750			72789.364	72776.977	72801.760			+1	+2	+1		
K12+671.283	X	78371.386	78371.084	78371.687			78371.416	78371.114	78371.707			+3	+3	+2		
	Y	72789.353	72776.957	72801.749			72789.403	72776.987	72801.709			+5	+3	−4		
K12+671.883	X	78371.986	78371.678	78372.293			78371.966	78371.658	78372.283			−2	−2	−1		
	Y	72789.338	72776.942	72801.735			72789.378	72776.922	72801.695			+4	−2	−4		
K12+672.833	X	78372.935	78372.618	78373.253			78372.885	78372.638	78373.203			−5	+2	−5		
	Y	72789.314	72776.918	72801.710			72789.284	72776.958	72801.730			−3	+4	+2		
K12+674.253	X	78374.355	78374.023	78374.687			78374.335	78374.043	78374.647			−2	+2	−4		
	Y	72789.277	72776.882	72801.673			72789.307	72776.862	72801.633			+3	−2	−4		
K12+675.253	X	78375.354	78375.012	78375.697			78375.304	78374.972	78375.707			−5	−4	+1		
	Y	72789.250	72776.855	72801.645			72789.280	72776.875	72801.695			+3	+2	+5		
复核结论		符合要求														

计算:×××　　　　施工项目技术负责人:×××

2. 测量复核记录（标高）

(1) 承台模板标高测量复核记录

测量复核记录

表 5-21

施记表 3

工程名称	××桥梁工程	施工单位	××市政工程有限公司
复核部位	11 号墩承台模板	日　　期	××年××月××日
原施测人	×××	测量复核人	×××

测量复核情况示意图	桩号	设计高程				实测高程				差值（mm）			
		a	b	c	d	a	b	c	d	Δa	Δb	Δc	Δd
	水准点Ⅱ04	5.297											
	11 号墩承台	2.396	2.396	2.396	2.396	2.393	2.394	2.397	2.395	−3	−2	1	−1

示意图：

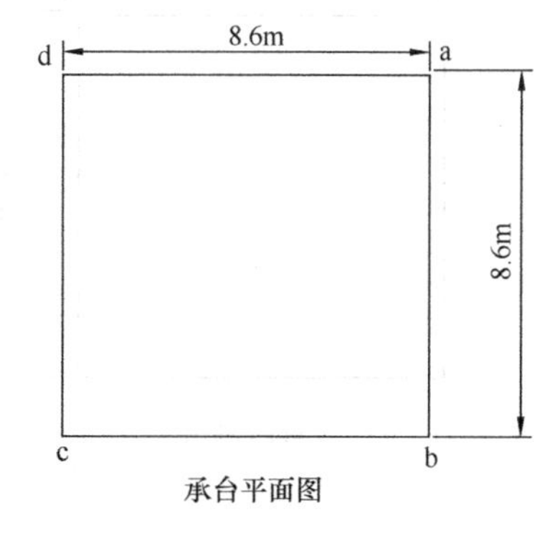

承台平面图

复核结论	符合要求
备　　注	

计算：×××　　　　施工项目技术负责人：×××

(2) 承台标高测量复核记录

测量复核记录　　**表 5-22**

施记表 3

工程名称	××桥梁工程	施工单位	××市政工程有限公司
复核部位	11 号墩承台	日　　期	××年××月××日
原施测人	×××	测量复核人	×××

测量复核情况示意图

桩号	设计高程				实测高程				差值（mm）			
	a	b	c	d	a	b	c	d	Δa	Δb	Δc	Δd
水准点Ⅱ04	5.297											
11 号墩承台	2.396	2.396	2.396	2.396	2.404	2.396	2.391	2.387	8	0	−5	−9

示意图：

d　8.6m　a

8.6m

c　　b

承台平面图

复核结论	符合要求
备　　注	

计算：×××　　施工项目技术负责人：×××

(3) 立柱标高测量复核记录

测量复核记录

表 5-23

施记表 3

工程名称	××桥梁工程	施工单位	××市政工程有限公司
复核部位	8 号墩立柱	日　　期	××年××月××日
原施测人	×××	测量复核人	×××

测量复核情况示意图	桩号	设计高程				实测高程				差值（mm）			
		a	b	c	d	a	b	c	d	Δa	Δb	Δc	Δd
	水准点Ⅱ04	5.297											
	8 号墩立柱	12.712	12.712	12.712	17.712	12.715	12.710	12.707	12.705	3	−2	−5	−7
		12.712	12.712	17.712	12.712	12.714	12.705	12.706	12.709	2	−7	−6	−3

示意图：

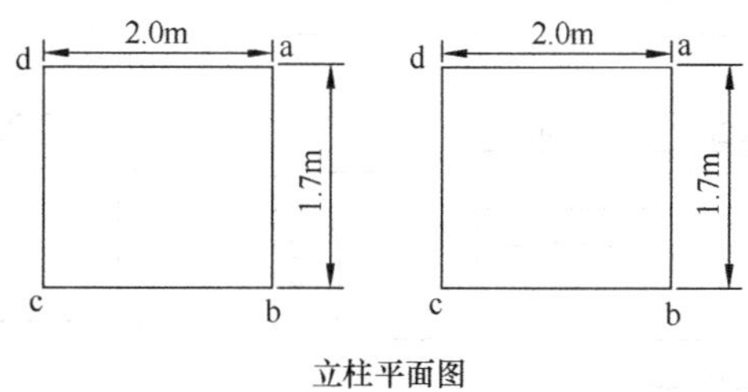

立柱平面图

复核结论	符合要求
备　　注	

计算：×××　　　　施工项目技术负责人：×××

（4）墩帽标高测量复核记录

测量复核记录

表 5-24

施记表 3

工程名称	××桥梁工程	施工单位	××市政工程有限公司
复核部位	11 号墩墩帽	日　　期	××年××月××日
原施测人	×××	测量复核人	×××

测量复核情况示意图	桩号	设计高程				实测高程				差值（mm）			
		a	b	c	d	a	b	c	d	Δa	Δb	Δc	Δd
	水准点Ⅱ04	5.297											
	11 号墩墩帽	15.712	15.712	15.712	15.712	15.722	15.716	15.717	15.717	10	4	5	5
		15.712	15.712	15.712	15.712	15.717	15.715	15.704	15.722	5	3	−8	10

示意图：

立面图

平面图

复核结论	
备　　注	

计算：×××　　　　施工项目技术负责人：×××

(5) 箱梁底板模板标高测量复核记录

测量复核记录

表 5-25

施记表 3

工程名称	××桥梁工程	施工单位	××市政工程有限公司
复核部位	7～10 号墩箱梁底板模板	日　　期	××年××月××日
原施测人	×××	测量复核人	×××

测量复核情况示意图

桩号	设计高程				实测高程				差值 (mm)			
	a	b	c	d	a	b	c	d	Δa	Δb	Δc	Δd
水准点Ⅱ04	5.297											
7～10号墩 K12+272.623	12.710	12.710	12.710	12.712	12.711	12.707	12.721	12.712	−1	−5	9	0
K12+275	12.710	12.710	12.710	12.698	12.709	12.720	12.704	12.705	−3	8	−9	−7

示意图：

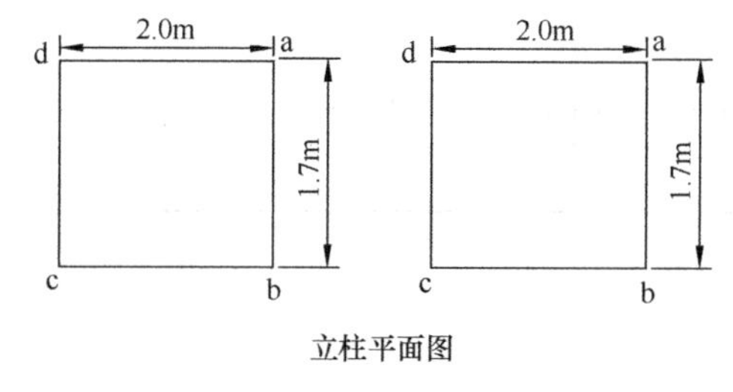

立柱平面图

复核结论	符合要求
备　　注	

计算：×××　　　　施工项目技术负责人：×××

七、预检工程检查记录

预检工程检查验收记录之一　　　　**表 5-26**

××年××月××日　　　　**质检表 3-1**

<table>
<tr><td>工程名称</td><td>××桥梁工程</td><td>施工单位</td><td>××市政工程有限公司</td></tr>
<tr><td>检查项目</td><td>模　板</td><td>隐检范围</td><td>7 号承台</td></tr>
<tr><td>预检内容</td><td colspan="3">1. 模板、支架和拱架制作及安装符合施工方案的规定，稳固牢靠，接缝严密
2. 基础是否有足够的支撑面和排水、防冻融措施
3. 相邻板表面高低差：2mm
4. 表面平整度：3mm
5. 垂直度 $H/500$ 且≤20mm
6. 模内尺寸+5mm～−8mm
7. 轴线位移（10mm）
8. 支承面高程：+2mm～−5mm</td></tr>
<tr><td>检查情况</td><td colspan="3">1. 模板、支架和拱架制作及安装符合施工方案的规定，稳固牢靠，接缝严密
2. 基础有足够的支撑面和排水、防冻融措施
3. 相邻板表面高低差 2mm：2　0　0　1
4. 表面平整度 3mm：3　1　2　2
5. 垂直度 $H/500$ 且≤20mm：12　16
6. 模内尺寸+5mm～−8mm：5　2　0
7. 轴线位移（10mm）：8　5
8. 支承面高程：+2mm～−5mm：2　−1　1　−3</td></tr>
<tr><td>处理情况及结论</td><td colspan="3">同意下道工序施工

复查人：×××（监理工程师签字）　　　××年××月××日</td></tr>
</table>

参加检查人员签字

施工项目技术负责人	测量员	质量员	施工员	班组长	填表人
×××	×××	×××	×××	×××	×××

预检工程检查验收记录之二　　**表5-27**

××年××月××日　　**质检表3-2**

工程名称	××桥梁工程	施工单位	××市政工程有限公司
检查项目	模　板	隐检范围	7号墩帽
预检内容	1. 模板、支架和拱架制作及安装符合施工方案的规定，稳固牢靠，接缝严密 2. 基础是否有足够的支撑面和排水、防冻融措施 3. 相邻板表面高低差：2mm 4. 表面平整度：3mm 5. 垂直度 $H/500$ 且≤20mm 6. 模内尺寸＋5mm～－8mm 7. 轴线位移（10mm） 8. 支承面高程：＋2mm～－5mm		
检查情况	1. 模板、支架和拱架制作及安装符合施工方案的规定，稳固牢靠，接缝严密 2. 基础有足够的支撑面和排水、防冻融措施 3. 相邻板表面高低差2mm：0　0　1　0 4. 表面平整度3mm：0　2　2　1 5. 垂直度 $H/500$ 且≤20mm：17　11 6. 模内尺寸＋5mm～－8mm：5　－6　－6 7. 轴线位移（10mm）：3　0 8. 支承面高程：＋2mm～－5mm：－4　－3　－1　2		
处理情况及结论	同意下道工序施工 复查人：×××（监理工程师签字）　　××年××月××日		

参加检查人员签字

施工项目技术负责人	测量员	质量员	施工员	班组长	填表人
×××	×××	×××	×××	×××	×××

预检工程检查验收记录之三 **表 5-28**

××年××月××日 **质检表 3-3**

工程名称	××桥梁工程	施工单位	××市政工程有限公司
检查项目	支 架	预检部位	7号～10号T梁
预检内容	1. 构配件和加固件是否齐全，质量是否合格，连接和挂扣紧固可靠 2. 安全网的张挂及扶手的设置是否齐全 3. 基础是否平整坚实、支垫是否符合规定。 4. 脚手架是否按方案要求搭设 5. 每步架垂直度：±2mm 6. 脚手架整体垂直度：±50mm 7. 一跨距内水平架两端高差：±3mm 8. 脚手架整体水平度：±50mm		
检查情况	1. 门式脚手架构配件和加固件齐全，质量合格，连接和挂扣紧固可靠 2. 脚手架四周临边均设置扶手，并张挂安全网 3. 基础采用混凝土浇筑，平整坚实；支垫符合规定 4. 脚手架门架间距、高度等均按方案要求搭设。 5. 每步架垂直度（±2mm)：+1 +2 −1 −1 +1 +1 6. 脚手架整体垂直度（±50mm)：+25 +20 +36 +13 −22 +23 7. 一跨距内水平架两端高差（±3mm)：+2 +1 +1 +1 −1 −1 8. 脚手架整体水平度（±50mm)：−15 +31 −25 −22 +39 −25		
处理意见	同意下道工序施工 复查人：×××（监理工程师签字） ××年××月××日		

参加检查人员签字

施工项目技术负责人	测量员	质检员	施工员	班组长	填表人
×××	×××	×××	×××	×××	×××

八、隐蔽工程检查（验收）记录

隐蔽工程检查验收记录之一　　**表 5-29**

××年××月××日　　**质检表 4-1**

<table>
<tr><td>工程名称</td><td colspan="2">×××桥梁工程</td><td>施工单位</td><td colspan="2">××市政工程有限公司</td></tr>
<tr><td>隐检项目</td><td colspan="2">钢筋笼制作安装</td><td>隐检范围</td><td colspan="2">7 号钻孔灌注桩</td></tr>
<tr><td>检查情况及隐检内容</td><td colspan="5">钢筋长度检查情况具体如下：
钢筋长度：1 号钢筋长 20.947m，3 号钢筋长 3.25m
主控项目：
1. 钢筋、焊条的品种、牌号、规格和技术性能必须符合国家现行规定和设计要求
检查情况：符合要求
2. 钢筋进场的进场取样复试，其力学和工艺性能试验，质量必须符合国家现行标准的规定
检查情况：符合要求
3. 钢筋连接形式符合设计要求钢筋接头位置、同一截面的接头数量、焊接接头质量符合国家现行标准 JGJ 18的规定。搭接长度应符合设计要求和规范 CJJ 2—2008 中相关规定
检查情况：符合要求
4. 钢筋安装时，其品种、规格、数量、形状，必须符合设计要求
检查情况：符合要求
一般项目：
1. 钢筋表面不得有裂纹、结疤、折叠、锈蚀和油污，钢筋焊接接头表面不得有夹渣、焊瘤。
检查情况：符合要求
2. 受力钢筋顺长度方向全长的净尺寸〔±10mm〕：2　0　−8
3. 箍筋内净尺寸〔±5mm〕：−1　4　−5
4. 受力钢筋间距（+20，−20mm）：10　−8　18
5. 箍筋及构造筋间距（+10，−10mm）：4　−8　4　4　−4
6. 钢筋骨架尺寸长（±10mm）：1　4　−9
7. 钢筋骨架尺寸宽、高（±5mm）：−3　2　−4
8. 钢筋保护层厚度（+5，−5mm）：4　−4　4　−4　3　−3　0　1　1　5
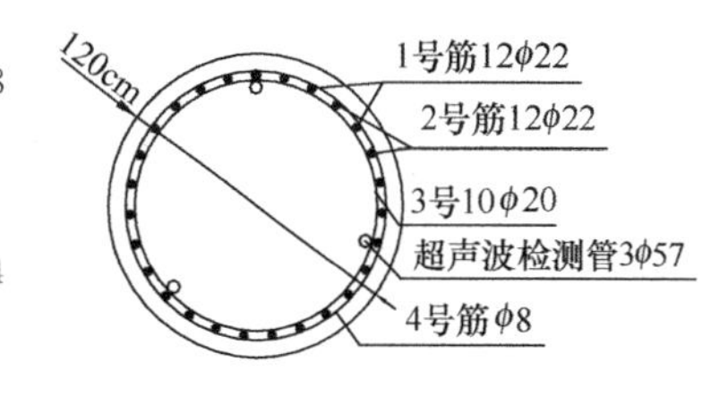</td></tr>
<tr><td>验收意见</td><td colspan="5">符合设计及规范要求</td></tr>
<tr><td>处理情况及结论</td><td colspan="5">同意下道工序施工
复查人：×××　　××年××月××日</td></tr>
<tr><td colspan="2">建设单位</td><td>监理单位</td><td colspan="2">施工项目
技术负责人</td><td>质检员</td></tr>
<tr><td colspan="2">××</td><td>××</td><td colspan="2">×××</td><td>×××</td></tr>
</table>

隐蔽工程检查验收记录之二　　　　**表 5-30**

××年××月××日　　　　**质检表 4-2**

<table>
<tr><td>工程名称</td><td>××桥梁工程</td><td>施工单位</td><td colspan="2">××市政工程有限公司</td></tr>
<tr><td>隐检项目</td><td>混凝土灌注桩成孔</td><td>隐检范围</td><td colspan="2">7号钻孔灌注桩</td></tr>
<tr><td>检查情况及隐检内容</td><td colspan="4">主控项目：
1. 成孔达到设计深度后，必须核实地质情况，确认符合设计要求
检查情况：符合要求
2. 孔径、孔深应符合设计要求
检查情况：符合要求
3. 混凝土抗压强度应符合设计要求
检查情况：混凝土抗压强度试块已见证留置，评定详见混凝土抗压强度报告
4. 桩身不得出现断桩、缩径
检查情况：详见桩基无损检测报告
一般项目：
1. 桩位（100mm）：60mm
2. 沉淀厚度符合设计要求：200mm
3. 垂直度（≤1%桩长，不大于500mm）：120mm</td></tr>
<tr><td>验收意见</td><td colspan="4">符合设计及规范要求</td></tr>
<tr><td>处理情况及结论</td><td colspan="4">同意下道工序施工

复查人：×××　　××年××月××日</td></tr>
<tr><td>建设单位</td><td>监理单位</td><td>施工项目
技术负责人</td><td colspan="2">质检员</td></tr>
<tr><td>××</td><td>××</td><td>×××</td><td colspan="2">×××</td></tr>
</table>

隐蔽工程检查验收记录之三　　　　**表 5-31**

××年××月××日　　　　**质检表 4-3**

工程名称	××桥梁工程	施工单位	××市政工程有限公司
隐检项目	基　坑	隐检范围	7 号承台

检查情况及隐检内容

主控项目：

1. 基坑宜安排在枯水或雨季季节开挖；坑壁必须稳定；基底应避免超挖，严禁受水浸泡和受冻

检查情况：符合要求

2. 基坑开挖前探明周围情况；堆土坡脚距基坑顶边线的距离不小于 1m，堆土高度不大于 1.5m

检查情况：符合要求

3. 基坑开挖至标高后及时进行基础施工，不得长期暴露

检查情况：符合要求

4. 基坑内地基承载力必须满足设计要求，基坑完成后，应会同设计、勘探单位实地验槽，确认地基承载力满足设计要求

检查情况：符合要求

一般项目：

1. 基底高程（－20mm）：－5　－1　－16　1　－16
2. 轴线位移（50mm）：16　39　8　33
3. 基坑尺寸（760cm×720cm）：766　766　728　728

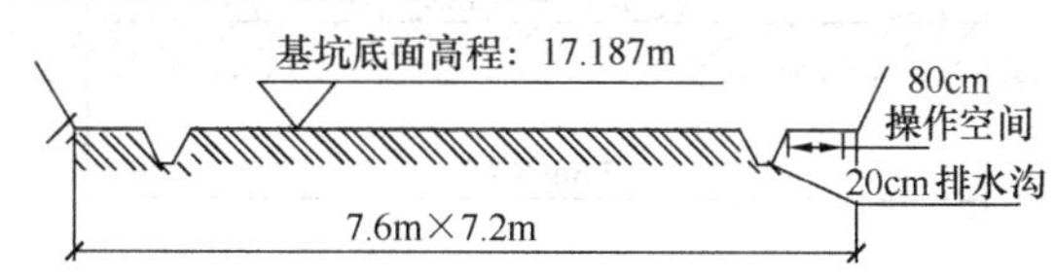

验收意见

符合设计及规范要求

处理情况及结论

同意下道工序施工

复查人：×××　　×× 年××月××日

建设单位	监理单位	施工项目 技术负责人	质检员
××	××	×××	×××

隐蔽工程检查验收记录之四　　　　**表 5-32**

××年××月××日　　　　**质检表 4-4**

工程名称	××桥梁工程	施工单位	××市政工程有限公司
隐检项目	素混凝土垫层	隐检范围	7号承台
检查情况及隐检内容	主控项目： 1. 混凝土强度等级符合设计要求 检查情况：符合要求 2. 砂、水泥、水和外加剂的质量检验符合规范要求 3. 填料应符合设计要求，不得含有影响填筑质量的杂物。基坑填筑应分层回填、分层夯实 检查情况：符合要求 一般项目： 4. 顶面高程（±10mm）：3　2　3　2 5. 素混凝土基础厚度（10mm）：9　8　7　4 6. 轴线偏位（15mm）：9　3　13　5 7. 断面尺寸（±20mm）：　10　−12　−18　14 垫层底面高程：17.287m 素混凝土垫层 50cm 80cm 操作空间 20cm 排水沟 7.6m×7.2m		
验收意见	符合设计及规范要求		
处理情况及结论	同意下道工序施工 复查人：×××　　××年××月××日		

建设单位	监理单位	施工项目 技术负责人	质检员
××	××	×××	×××

隐蔽工程检查验收记录之五　　**表 5-33**

××年××月××日　　**质检表 4-5**

<table>
<tr><td>工程名称</td><td>××桥梁工程</td><td>施工单位</td><td>××市政工程有限公司</td></tr>
<tr><td>隐检项目</td><td>钢筋制作</td><td>隐检范围</td><td>7 号承台</td></tr>
<tr><td>检查情况及隐检内容</td><td colspan="3">主控项目：
1. 钢筋、焊条的品种、牌号、规格和技术性能必须符合国家现行规定和设计要求
检查情况：符合要求
2. 钢筋进场的进场取样复试，其力学和工艺性能试验，质量必须符合国家现行标准的规定
检查情况：符合要求
3. 钢筋连接形式符合设计要求钢筋接头位置、同一截面的接头数量、焊接接头质量符合国家现行标准 JGJ 18 的规定。搭接长度应符合设计要求和规范 CJJ 2—2008 中相关规定
检查情况：符合要求
4. 钢筋安装时，其品种、规格、数量、形状，必须符合设计要求
检查情况：符合要求
一般项目：
1. 钢筋表面不得有裂纹、结疤、折叠、锈蚀和油污，钢筋焊接接头表面不得有夹渣、焊瘤
检查情况：符合要求
2. 受力钢筋顺长度方向全长的净尺寸〔±10mm〕：−1　7　−9
3. 弯起钢筋的弯折（±20mm）：5　3　4
4. 箍筋内净尺寸〔±5mm〕：0　−1　−4
5. 受力钢筋间距（+20，−20mm）　−9　−7　3　−8
6. 箍筋及构造筋间距（+10，−10mm）　9　−2　−8　−9　1
7. 钢筋骨架尺寸长（±10mm）　8　1　2
8. 钢筋骨架尺寸宽、高（±5mm）　−2　−4　5
9. 钢筋保护层厚度（+10，−10mm）　9　2　−3　0　−2　−9</td></tr>
<tr><td>验收意见</td><td colspan="3">符合设计及规范要求</td></tr>
<tr><td>处理情况及结论</td><td colspan="3">同意下道工序施工

复查人：×××　　×× 年××月××日</td></tr>
</table>

建设单位	监理单位	施工项目 技术负责人	质检员
××	××	×××	×××

隐蔽工程检查验收记录之六　　　　**表 5-34**

××年××月××日　　　　**质检表 4-6**

<table>
<tr><td>工程名称</td><td>××桥梁工程</td><td>施工单位</td><td colspan="2">××市政工程有限公司</td></tr>
<tr><td>隐检项目</td><td>混凝土</td><td>隐检范围</td><td colspan="2">7 号承台</td></tr>
<tr><td>检查情况及隐检内容</td><td colspan="4">主控项目：
1. 混凝土抗压强度应符合设计要求
检查情况：混凝土抗压强度试块已见证留置，评定详见混凝土抗压强度报告
2. 水泥混凝土的原材料、配合比符合规范要求水泥混凝土无蜂窝、露筋等现象
检查情况：符合要求
3. 基础表面不得有孔洞、露筋
检查情况：符合要求
4. 承台表面应无孔洞、露筋、缺棱掉角、蜂窝、麻面
检查情况：符合要求
一般项目：
1. 断面尺寸长（±20mm）：12　11　18　−7
2. 断面尺寸宽（±20mm）：3　−7　−5　−15
3. 承台厚度（10mm）：9　6　5　4
4. 顶面高程（±10mm）：−5　6　3　−5
5. 轴线偏位（15mm）：13　5　8　4
6. 预埋件位置（10mm）：7　9
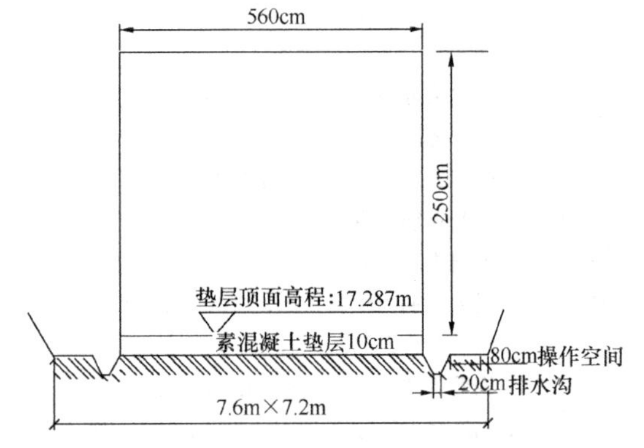
</td></tr>
<tr><td>验收意见</td><td colspan="4">符合设计及规范要求</td></tr>
<tr><td>处理情况及结论</td><td colspan="4">同意下道工序施工

复查人：×××　　××年××月××日</td></tr>
<tr><td>建设单位</td><td>监理单位</td><td>施工项目
技术负责人</td><td colspan="2">质检员</td></tr>
<tr><td>××</td><td>××</td><td>×××</td><td colspan="2">×××</td></tr>
</table>

隐蔽工程检查验收记录之七 **表5-35**

××年××月××日 **质检表4-7**

<table>
<tr><td>工程名称</td><td>××桥梁工程</td><td>施工单位</td><td colspan="2">××市政工程有限公司</td></tr>
<tr><td>隐检项目</td><td>钢筋制作</td><td>隐检范围</td><td colspan="2">7号立柱</td></tr>
<tr><td>检查情况及隐检内容</td><td colspan="4">主控项目：
1. 钢筋、焊条的品种、牌号、规格和技术性能必须符合国家现行规定和设计要求
检查情况：符合要求
2. 钢筋进场的进场取样复试，其力学和工艺性能试验，质量必须符合国家现行标准的规定
检查情况：符合要求
3. 钢筋连接形式符合设计要求钢筋接头位置、同一截面的接头数量、焊接接头质量符合国家现行标准JGJ 18的规定。搭接长度应符合设计要求和规范CJJ 2—2008中相关规定
检查情况：符合要求
4. 钢筋安装时，其品种、规格、数量、形状，必须符合设计要求
检查情况：符合要求
一般项目：
1. 钢筋表面不得有裂纹、结疤、折叠、锈蚀和油污，钢筋焊接接头表面不得有夹渣、焊瘤
检查情况：符合要求
2. 受力钢筋顺长度方向全长的净尺寸〔±10mm〕：2 2 6
3. 弯起钢筋的弯折（±20mm） −5 −1 5
4. 箍筋内净尺寸〔±5mm〕：−5 4 3
5. 受力钢筋间距（+20，−20mm） 7 6 −18
6. 箍筋及构造筋间距（+10，−10mm） 7 1 −7 −6 9
7. 钢筋骨架尺寸长（±10mm） −5 9 7
8. 钢筋骨架尺寸宽、高（±5mm） −4 6 4
9. 钢筋保护层厚度（+5，−5mm） −2 −3 2 −1 1 2 1 0 4 −5</td></tr>
<tr><td>验收意见</td><td colspan="4">符合设计及规范要求</td></tr>
<tr><td>处理情况及结论</td><td colspan="4">同意下道工序施工

复查人：××× ××年××月××日</td></tr>
<tr><td>建设单位</td><td>监理单位</td><td colspan="2">施工项目
技术负责人</td><td>质检员</td></tr>
<tr><td>××</td><td>××</td><td colspan="2">×××</td><td>×××</td></tr>
</table>

隐蔽工程检查验收记录八　　　　**表 5-36**

××年××月××日　　　　**质检表 4-8**

工程名称	××桥梁工程	施工单位	××市政工程有限公司
隐检项目	混凝土	隐检范围	7 号立柱
检查情况及隐检内容	主控项目： 1. 混凝土抗压强度应符合设计要求 检查情况：混凝土抗压强度试块已见证留置，评定详见混凝土抗压强度报告 2. 水泥混凝土的原材料、配合比符合规范要求水泥混凝土无蜂窝、露筋等现象 检查情况：符合要求 3. 基础表面不得有孔洞、露筋 检查情况：符合要求 4. 表面应无孔洞、露筋、缺棱掉角、蜂窝、麻面 检查情况：符合要求 一般项目： 1. 断面尺寸长（±5mm）：0　5　4　3 2. 断面尺寸厚度（±5mm）：　−1　−4　0　4 3. 垂直度（≤0.2% H，且不大于 15mm）（10mm）：0　0　0　1 4. 顶面高程（±10mm）：9　−8 5. 轴线偏位（8mm）：8　7　9　4 6. 平整度（5mm）：4　2　0　2 7. 节段间错台（3mm）：0　1　2　3　3　1　2　0　2　2　2　3  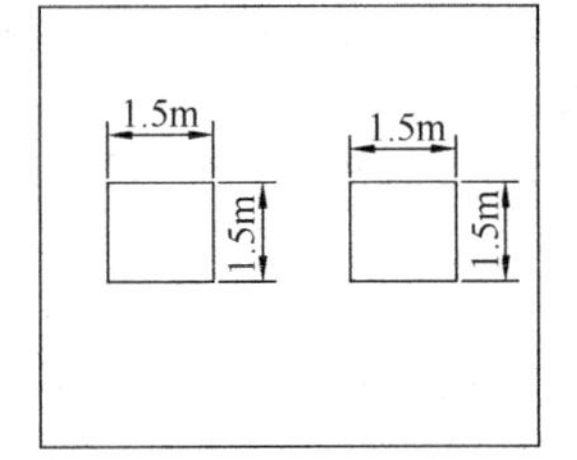 立柱平面示意图 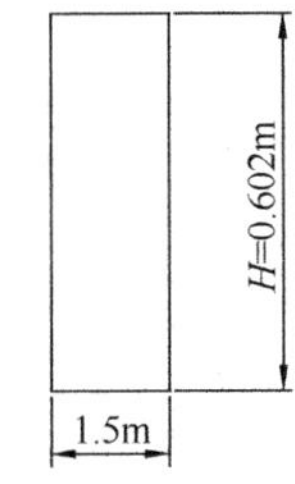 立柱立面图			
验收意见	符合设计及规范要求			
处理情况及结论	同意下道工序施工 复查人：×××　　×× 年××月××日			

建设单位	监理单位	施工项目技术负责人	质检员
××	××	×××	×××

隐蔽工程检查验收记录之九 **表 5-37**

××年××月××日 **质检表 4-9**

<table>
<tr><td>工程名称</td><td>××桥梁工程</td><td>施工单位</td><td>××市政工程有限公司</td></tr>
<tr><td>隐检项目</td><td>钢筋制作</td><td>隐检范围</td><td>7号墩帽</td></tr>
<tr><td>检查情况及隐检内容</td><td colspan="3">主控项目：
1. 钢筋、焊条的品种、牌号、规格和技术性能必须符合国家现行规定和设计要求
检查情况：符合要求
2. 钢筋进场的进场取样复试，其力学和工艺性能试验，质量必须符合国家现行标准的规定
检查情况：符合要求
3. 钢筋连接形式符合设计要求钢筋接头位置、同一截面的接头数量、焊接接头质量符合国家现行标准JGJ 18的规定。搭接长度应符合设计要求和规范 CJJ 2—2008 中相关规定
检查情况：符合要求
4. 钢筋安装时，其品种、规格、数量、形状，必须符合设计要求
检查情况：符合要求
一般项目：
1. 钢筋表面不得有裂纹、结疤、折叠、锈蚀和油污，钢筋焊接接头表面不得有夹渣、焊瘤
检查情况：符合要求
2. 受力钢筋顺长度方向全长的净尺寸〔±10mm〕：−7 −9 −9
3. 弯起钢筋的弯折（±20mm） −5 5 2
4. 箍筋内净尺寸〔±5mm〕：−2 −4 −5
5. 受力钢筋间距（+20，−20mm） −17 −18 12
6. 箍筋及构造筋间距（+10，−10mm） 7 8 7 −11 2
7. 钢筋骨架尺寸长（±10mm） −3 3 6
8. 钢筋骨架尺寸宽、高（±5mm） 1 −1 −7
9. 钢筋保护层厚度（+10，−10mm） −4 −3 8 3 6 −7 −4 3 8 −7</td></tr>
<tr><td>验收意见</td><td colspan="3">符合设计及规范要求</td></tr>
<tr><td>处理情况及结论</td><td colspan="3">同意下道工序施工

复查人：××× ×× 年××月××日</td></tr>
</table>

建设单位	监理单位	施工项目 技术负责人	质检员
××	××	×××	×××

隐蔽工程检查验收记录之十　　**表5-38**

××年××月××日　　**质检表4-10**

<table>
<tr><td>工程名称</td><td>××桥梁工程</td><td>施工单位</td><td colspan="2">××市政工程有限公司</td></tr>
<tr><td>隐检项目</td><td>混凝土</td><td>施工单位</td><td colspan="2">7号墩帽</td></tr>
<tr><td>检查情况及隐检内容</td><td colspan="4">主控项目：
1. 混凝土抗压强度应符合设计要求
检查情况：混凝土抗压强度试块已见证留置，评定详见混凝土抗压强度报告
2. 水泥混凝土的原材料、配合比符合规范要求水泥混凝土无蜂窝、露筋等现象
检查情况：符合要求
3. 基础表面不得有孔洞、漏筋
检查情况：符合要求
4. 承台表面应无孔洞、露筋、缺棱掉角、蜂窝、麻面
检查情况：符合要求
一般项目：
1. 断面尺寸长（±5mm）：2　3　−5
2. 断面尺寸厚度（±5mm）：　1　−2　1
3. 直顺度（10mm）：5
4. 顶面高程（±5mm）：2　2　−2
5. 轴线偏位（10mm）：8
6. 平整度（8mm）：4　1　3</td></tr>
<tr><td>验收意见</td><td colspan="4">符合设计及规范要求</td></tr>
<tr><td>处理情况及结论</td><td colspan="4">同意下道工序施工
复查人：×××　　×× 年××月××日</td></tr>
<tr><td colspan="2">建设单位</td><td>监理单位</td><td>施工项目
技术负责人</td><td>质检员</td></tr>
<tr><td colspan="2">××</td><td>××</td><td>×××</td><td>×××</td></tr>
</table>

九、检验批质量检验记录

检验批质量验收记录之一　　　　**表 5-39**

表 A-1-1

工程名称	××桥梁工程	验收部位	7号 钻孔灌注桩
分项工程名称	钢筋笼制作	施工班组长	×××
施工单位	××市政工程有限公司	专业工长	×××
施工执行标准名称及编号	城市桥梁工程施工与质量验收规范 CJJ 2—2008	项目经理	×××

项目	序号	质量验收规范的规定	施工单位检查评定记录	监理（建设）单位验收记录
主控项目	1	钢筋、焊条的品种、牌号、规格和技术性能必须符合国家现行规定和设计要求	符合要求	符合要求，评定合格
	2	钢筋进场的进场取样复试，其力学和工艺性能试验，质量必须符合国家现行标准的规定	评定详见钢筋原材料试验报告	
	3	当钢筋出现脆断、焊接性能不良或力学性能显著不正常等现象时，应对该批钢筋进行化学成分检验或其他专项检验	正常	
	4	钢筋弯制和末端弯钩均应符合设计要求和规范 CJJ 2—2008 第 6.2.3、6.2.4 条的规定	/	
	5	钢筋连接形式符合设计要求钢筋接头位置、同一截面的接头数量、搭接长度应符合设计要求和规范 CJJ 2—2008 中相关规定。钢筋焊接接头质量符合国家现行标准 JGJ 18 的规定	外观符合要求，力学性能评定详见钢筋焊接试验报告	
	6	钢筋安装时，其品种、规格、数量、形状，必须符合设计要求	符合要求	
一般项目	1	预埋件的规格、数量、位置必须符合设计要求。	/	符合要求，评定合格
	2	钢筋表面不得有裂纹、结疤、折叠、锈蚀和油污，钢筋焊接接头表面不得有夹渣、焊瘤	符合要求	

项目	序号	质量验收规范的规定	1	2	3	4	5	6	7	8	9	10	11	12	应检点数	合格点数	合格率（%）	监理（建设）单位验收记录
一般项目	3	受力钢筋顺长度方向全长的净尺寸（±10mm）	3	1	−5										3	3	100	符合要求，评定合格
	4	箍筋内净尺寸（±5mm）	−2	4	−3										3	3	100	
	平均合格率（%）															100		

施工单位检查评定结论	符合设计及 CJJ 2—2008 等相关规范要求，自评合格 项目专业质量检查员：×××　　　　××年××月××日
监理（建设）单位验收结论	符合设计及规范要求，同意下道工序施工，同意评定合格 监理工程师：×××　　　　××年××月××日 （建设单位项目专业技术负责人）

检验批质量验收记录之二

表 5-40

表 A-1-2

工程名称	××桥梁工程	验收部位	7号 钻孔灌注桩
分项工程名称	钢筋笼安装	施工班组长	×××
施工单位	××市政工程有限公司	专业工长	×××
施工执行标准名称及编号	城市桥梁工程施工与质量验收规范 CJJ 2—2008	项目经理	×××

		质量验收规范的规定	施工单位检查评定记录	监理（建设）单位验收记录
主控项目	1	钢筋、焊条的品种、牌号、规格和技术性能必须符合国家现行规定和设计要求	符合要求	
	2	钢筋进场的进场取样复试，其力学和工艺性能试验，质量必须符合国家现行标准的规定	评定详见钢筋原材料试验报告	
	3	当钢筋出现脆断、焊接性能不良或力学性能显著不正常等现象时，应对该批钢筋进行化学成分检验或其他专项检验	正常	
	4	钢筋弯制和末端弯钩均应符合设计要求和规范 CJJ 2—2008 第6.2.3、6.2.4条的规定	/	
	5	钢筋连接形式符合设计要求钢筋接头位置、同一截面的接头数量、搭接长度应符合设计要求和规范 CJJ 2—2008 中相关规定。钢筋焊接接头质量符合国家现行标准 JGJ 18 的规定	外观符合要求，力学性能评定详见钢筋焊接试验报告	
	6	钢筋安装时，其品种、规格、数量、形状，必须符合设计要求	符合要求	
一般项目	1	预埋件的规格、数量、位置必须符合设计要求	/	
	2	钢筋表面不得有裂纹、结疤、折叠、锈蚀和油污，钢筋焊接接头表面不得有夹渣、焊瘤	符合要求	

		质量验收规范的规定	1	2	3	4	5	6	7	8	9	10	11	12	应检点数	合格点数	合格率（%）
一般项目	3	受力钢筋间距（+20，−20mm）	12	−9	16										3	3	100
	4	箍筋及构造筋间距（+10，−10mm）	5	−9	3	3	−3								5	5	100
	5	钢筋骨架尺寸长（±10mm）	2	5	−8										3	3	100
	6	钢筋骨架尺寸宽、高（±5mm）	−4	3	−5										3	3	100
	7	钢筋保护层厚度（+5，−5mm）	3	−4	5	−2	3	−3	2	1	4	3			10	10	100
		平均合格率（%）													100		

施工单位检查评定结论	符合设计及 CJJ 2—2008 等相关规范要求，自评合格 项目专业质量检查员：×××　　　　××年××月××日
监理（建设）单位验收结论	符合设计及规范要求，同意下道工序施工，同意评定合格 监理工程师：××× （建设单位项目专业技术负责人）　　　　××年××月××日

检验批质量验收记录之三　　　　**表 5-41**

表 A-1-3

工程名称	××桥梁工程	验收部位	7 号 钻孔灌注桩
分项工程名称	混凝土灌注成桩	施工班组长	×××
施工单位	××市政工程有限公司	专业工长	×××
施工执行标准名称及编号	城市桥梁工程施工与质量验收规范 CJJ 2—2008	项目经理	×××

		质量验收规范的规定	施工单位检查评定记录	监理（建设）单位验收记录
主控项目	1	成孔达到设计深度后，必须核实地质情况，确认符合设计要求	符合设计要求	
	2	孔径、孔深应符合设计要求	符合设计要求	
	3	混凝土抗压强度应符合设计要求	详见试验报告	
	4	桩身不得出现断桩、缩径	符合要求	

		质量验收规范的规定	1	2	3	4	5	6	7	8	9	10	11	12	应检点数	合格点数	合格率（%）	
一般项目	1	桩位（100mm）	8												1	1	100	
																	100	
	2	沉淀厚度	20												1	1	100	
	3	垂直度(≤1%桩长，不大于 500mm)	120												1	1	100	
																	100	
	平均合格率（%）															100		

施工单位检查评定结论	符合设计及 CJJ 2—2008 等相关规范要求，自评合格 项目专业质量检查员：×××　　××年××月××日
监理（建设）单位验收结论	符合设计及规范要求，同意下道工序施工，同意评定合格 监理工程师：×××　　××年××月××日 （建设单位项目专业技术负责人）

检验批质量验收记录之四　　**表 5-42**

表 A-1-4

<table>
<tr><td colspan="3">工程名称</td><td colspan="7">××桥梁工程</td><td colspan="3">验收部位</td><td>7号
钻孔灌注桩</td></tr>
<tr><td colspan="3">分项工程名称</td><td colspan="7">混凝土灌注</td><td colspan="3">施工班组长</td><td>×××</td></tr>
<tr><td colspan="3">施工单位</td><td colspan="7">××市政工程有限公司</td><td colspan="3">专业工长</td><td>×××</td></tr>
<tr><td colspan="3">施工执行标准名称及编号</td><td colspan="7">城市桥梁工程施工与质量验收规范
CJJ 2—2008</td><td colspan="3">项目经理</td><td>×××</td></tr>
<tr><td></td><td colspan="9">质量验收规范的规定</td><td colspan="3">施工单位检查评定记录</td><td>监理（建设）单位验收记录</td></tr>
<tr><td rowspan="7">主控项目</td><td>1</td><td colspan="8">混凝土抗压强度应符合设计要求</td><td colspan="3">评定见混凝土抗压强度试验报告</td><td rowspan="7"></td></tr>
<tr><td>2</td><td colspan="8">桩身不得出现断桩、缩径</td><td colspan="3">评定见桩基无损检测报告</td></tr>
<tr><td>3</td><td colspan="8">水泥进场除全数检查合格证和出厂检验报告外，应对其强度、细度、安定性和凝固时间抽样复检</td><td colspan="3">/</td></tr>
<tr><td>4</td><td colspan="8">混凝土外加剂除全数检验合格证和出厂检验报告外，应对其减水率、凝结时间差、抗压强度比抽样检验</td><td colspan="3">/</td></tr>
<tr><td>5</td><td colspan="8">混凝土配合比设计应符合规范 CJJ 2—2008 第7.3节规定</td><td colspan="3">符合要求</td></tr>
<tr><td>6</td><td colspan="8">当使用具有潜在碱活性骨料时，混凝土中的总碱含量应符合规范第7.1.2条规定和设计要求</td><td colspan="3">/</td></tr>
<tr><td>7</td><td colspan="8">抗冻混凝土应进行抗冻性能试验，抗渗混凝土应进行抗渗性能试验</td><td colspan="3">/</td></tr>
<tr><td rowspan="9">一般项目</td><td>1</td><td colspan="8">混凝土掺用的矿物掺和料除全数检验合格证和出厂检验报告外，应对其细度、含水率、抗压强度比率等项目抽样检验</td><td colspan="3">/</td><td rowspan="9"></td></tr>
<tr><td>2</td><td colspan="8">对细骨料，应抽样检验其颗粒级配、细度模数、含泥量及规定要求的检验项，并符合《普通混凝土用砂、石质量及检验方法标准》JGJ 52的规定</td><td colspan="3">/</td></tr>
<tr><td>3</td><td colspan="8">对粗骨料，应抽样检验其颗粒级配、压碎值指标、针片状颗粒含量及规定要求的检验项，并符合《普通混凝土用砂、石质量及检验方法标准》JGJ 52的规定</td><td colspan="3">/</td></tr>
<tr><td>4</td><td colspan="8">当拌制混凝土用水采用非饮用水源时，应进行水质检测，并符合国家现行标准《混凝土用水标准》JGJ 63的规定</td><td colspan="3">/</td></tr>
<tr><td>5</td><td colspan="8">混凝土拌合物坍落度应符合设计配合比要求</td><td colspan="3">符合要求</td></tr>
<tr><td></td><td>材料名称</td><td>允许偏差</td><td colspan="9"></td></tr>
<tr><td>6</td><td>水泥和干燥状态的掺和料</td><td>±2%</td><td>/</td><td>/</td><td>/</td><td>/</td><td>/</td><td>/</td><td colspan="3">/</td></tr>
<tr><td>7</td><td>粗、细骨料</td><td>±3%</td><td>/</td><td>/</td><td>/</td><td>/</td><td>/</td><td>/</td><td colspan="3">/</td></tr>
<tr><td>8</td><td>水、外加剂</td><td>±2%</td><td>/</td><td>/</td><td>/</td><td>/</td><td>/</td><td>/</td><td colspan="3">/</td></tr>
<tr><td colspan="3">施工单位检查评定结论</td><td colspan="11">符合设计及 CJJ 2—2008 等相关规范要求，自评合格

项目专业质量检查员：×××　　××年××月××日</td></tr>
<tr><td colspan="3">监理（建设）单位验收记录</td><td colspan="11">符合设计及规范要求，同意下道工序施工，同意评定合格

监理工程师：×××　　××年××月××日
（建设单位项目专业技术负责人）</td></tr>
</table>

检验批质量验收记录之五

表 5-43
表 A-1-5

<table>
<tr><td colspan="3">工程名称</td><td colspan="7">××桥梁工程</td><td colspan="5">验收部位</td><td>7号承台（基坑）</td></tr>
<tr><td colspan="3">分项工程名称</td><td colspan="7">承台基坑</td><td colspan="5">施工班组长</td><td>×××</td></tr>
<tr><td colspan="3">施工单位</td><td colspan="7">××市政工程有限公司</td><td colspan="5">专业工长</td><td>×××</td></tr>
<tr><td colspan="3">施工执行标准名称及编号</td><td colspan="7">城市桥梁工程施工与质量验收规范 CJJ 2—2008</td><td colspan="5">项目经理</td><td>×××</td></tr>
<tr><td rowspan="6">主控项目</td><td colspan="2">质量验收规范的规定</td><td colspan="14">施工单位检查评定记录</td><td>监理(建设)单位验收记录</td></tr>
<tr><td rowspan="2">1</td><td>10.1.6.1～10.1.6.3</td><td colspan="14">基坑宜安排在枯水或雨季季节开挖；坑壁必须稳定；基底应避免超挖，严禁受水浸泡和受冻</td><td rowspan="16"></td></tr>
<tr><td>10.1.6.4～10.1.6.5</td><td colspan="14">基坑开挖前探明周围情况；堆土坡脚距基坑顶边线的距离不小于1m，堆土高度不大于1.5m</td></tr>
<tr><td>2</td><td>10.1.6.6</td><td colspan="14">基坑开挖至标高后及时进行基础施工，不得长期暴露</td></tr>
<tr><td>3</td><td>10.1.7</td><td colspan="14">基坑内地基承载力必须满足设计要求，基坑完成后，应会同设计、勘探单位实地验槽，确认地基承载力满足涉及要求</td></tr>
<tr><td></td><td></td><td colspan="14"></td></tr>
<tr><td rowspan="10">一般项目</td><td colspan="2">质量验收规范的规定</td><td>1</td><td>2</td><td>3</td><td>4</td><td>5</td><td>6</td><td>7</td><td>8</td><td>9</td><td>10</td><td>11</td><td>应检点数</td><td>合格点数</td><td>合格率（%）</td></tr>
<tr><td rowspan="2">1</td><td rowspan="2">基底高程（−20mm）</td><td>−6</td><td>−2</td><td>−12</td><td>0</td><td>−13</td><td></td><td></td><td></td><td></td><td></td><td></td><td>5</td><td>5</td><td>100</td></tr>
<tr><td></td><td></td><td></td><td></td><td></td><td></td><td></td><td></td><td></td><td></td><td></td><td></td><td></td><td></td></tr>
<tr><td rowspan="2">2</td><td rowspan="2">轴线位移（50mm）</td><td>18</td><td>42</td><td>12</td><td>35</td><td></td><td></td><td></td><td></td><td></td><td></td><td></td><td>4</td><td>4</td><td>100</td></tr>
<tr><td></td><td></td><td></td><td></td><td></td><td></td><td></td><td></td><td></td><td></td><td></td><td></td><td></td><td></td></tr>
<tr><td>3</td><td>基坑尺寸（760cm×720cm）</td><td>768</td><td>768</td><td>728</td><td>728</td><td></td><td></td><td></td><td></td><td></td><td></td><td></td><td>4</td><td>4</td><td>100</td></tr>
<tr><td></td><td></td><td></td><td></td><td></td><td></td><td></td><td></td><td></td><td></td><td></td><td></td><td></td><td></td><td></td><td></td></tr>
<tr><td></td><td></td><td></td><td></td><td></td><td></td><td></td><td></td><td></td><td></td><td></td><td></td><td></td><td></td><td></td><td></td></tr>
<tr><td colspan="15">平均合格率（%）</td><td>100</td></tr>
<tr><td colspan="3">施工单位检查评定结论</td><td colspan="14">符合设计及CJJ 2—2008等相关规范要求，自评合格

项目专业质量检查员：×××　　　　××年××月××日</td></tr>
<tr><td colspan="3">监理（建设）单位验收结论</td><td colspan="14">符合设计及规范要求，同意下道工序施工，同意评定合格

监理工程师：×××
（建设单位项目专业技术负责人）　　　　××年××月××日</td></tr>
</table>

检验批质量验收记录之六

表 5-44

表 A-1-6

工程名称	××桥梁工程	验收部位	7号承台（素混凝土垫层）
分项工程名称	素混凝土垫层	施工班组长	×××
施工单位	××市政工程有限公司	专业工长	×××
施工执行标准名称及编号	城市桥梁工程施工与质量验收规范 CJJ 2—2008	项目经理	×××

主控项目		质量验收规范的规定	施工单位检查评定记录	监理（建设）单位验收记录
	1	混凝土的强度等级应符合设计要求	符合设计要求	
	2	砂、水泥、水和外加剂的质量检验应符合规范要求	符合设计要求	
	3	填料应符合设计要求，不得含有影响填筑质量的杂物；基坑填筑应分层回填、分层夯实	符合设计要求	

一般项目		质量验收规范的规定	1	2	3	4	5	6	7	8	9	10	11	应检点数	合格点数	合格率（%）
	1	顶面高程（±10mm）	4	4	2	3	2							5	5	100
	2	素混凝土基础厚度（10mm）	8	7	5	2	4							5	5	100
	3	轴线偏位（15mm）	8	5	12	7	2							5	5	100
	4	断面尺寸（±20mm）	12	−11	−18	11	5									
		平均合格率（%）													100	

施工单位检查评定结论	符合设计及 CJJ 2—2008 等相关规范要求，自评合格 项目专业质量检查员：×××　　××年××月××日
监理（建设）单位验收结论	符合设计及规范要求，同意下道工序施工，同意评定合格 监理工程师：×××（建设单位项目专业技术负责人）　　××年××月××日

检验批质量验收记录之七　　**表 5-45**

表 A-1-7

工程名称	××桥梁工程	验收部位	7号承台
分项工程名称	承台钢筋	施工班组长	×××
施工单位	××市政工程有限公司	专业工长	×××
施工执行标准名称及编号	城市桥梁工程施工与质量验收规范 CJJ 2—2008	项目经理	×××

		质量验收规范的规定	施工单位检查评定记录	监理(建设)单位验收记录
主控项目	1	钢筋、焊条的品种、牌号、规格和技术性能必须符合国家现行规定和设计要求	符合要求	
	2	钢筋进场的进场取样复试，其力学和工艺性能试验，质量必须符合国家现行标准的规定	评定详见钢筋原材料试验报告	
	3	当钢筋出现脆断、焊接性能不良或力学性能显著不正常等现象时，应对该批钢筋进行化学成分检验或其他专项检验	正常	
	4	钢筋弯制和末端弯钩均应符合设计要求和规范 CJJ 2—2008 第 6.2.3、6.2.4 条的规定	/	
	5	钢筋连接形式符合设计要求钢筋接头位置、同一截面的接头数量、搭接长度应符合设计要求和规范 CJJ 2—2008 中相关规定。钢筋焊接接头质量符合国家现行标准 JGJ 18 的规定	外观符合要求，力学性能评定详见钢筋焊接试验报告	
	6	钢筋安装时，其品种、规格、数量、形状，必须符合设计要求	符合要求	
一般项目	1	预埋件的规格、数量、位置必须符合设计要求	/	
	2	钢筋表面不得有裂纹、结疤、折叠、锈蚀和油污，钢筋焊接接头表面不得有夹渣、焊瘤	符合要求	

	质量验收规范的规定	1	2	3	4	5	6	7	8	9	10	11	12	应检点数	合格点数	合格率（%）
3	受力钢筋顺长度方向全长的净尺寸（±10mm）	−1	6	−8										3	3	100
4	箍筋内净尺寸（±5mm）	7	3	2										3	3	100
5	弯起钢筋的弯折（±20mm）	0	−1	−4										3	3	100
6	受力钢筋间距（+20，−20mm）	−5	−8	3	−7									4	4	100
7	箍筋及构造筋间距（+10，−10mm）	7	−2	−8	−8	0								5	5	100
8	钢筋骨架尺寸长（±10mm）	7	1	3										3	3	100
9	钢筋骨架尺寸宽、高（±5mm）	−2	−4	5										3	3	100
10	钢筋保护层厚度（+10，−10mm）	8	3	−3	1	−2	−7							6	6	100
	平均合格率（%）														100	

施工单位检查评定结论	符合设计及 CJJ 2—2008 等相关规范要求，自评合格 项目专业质量检查员：×××　　××年××月××日
监理（建设）单位验收结论	符合设计及规范要求，同意下道工序施工，同意评定合格 监理工程师：×××　　××年××月××日 （建设单位项目专业技术负责人）

检验批质量验收记录之八

表5-46

表A-1-8

工程名称	××桥梁工程	验收部位	7号承台（模板）
分项工程名称	承台模板	施工班组长	×××
施工单位	××市政工程有限公司	专业工长	×××
施工执行标准名称及编号	城市桥梁工程施工与质量验收规范 CJJ 2—2008	项目经理	×××

主控项目		质量验收规范的规定	施工单位检查评定记录	监理（建设）单位验收记录
	1	模板、支架和拱架制作及安装符合施工方案的规定，稳固牢靠，接缝严密，基础应有足够的支撑面和排水、防冻融措施	符合设计要求	
	2	填料应符合设计要求，不得含有影响填筑质量的杂物；基坑填筑应分层回填、分层夯实	符合设计要求	

一般项目		质量验收规范的规定	1	2	3	4	5	6	7	8	9	10	11	应检点数	合格点数	合格率（%）	
	1	相邻板表面高低差（2mm）	2	1	4	0	3							4	4	100	
	2	表面平整度（3mm）	1	2	3	2								4	4	100	
	3	垂直度（H/500，且不大于20）	10	6	7									2	2	100	
	4	模内尺寸（+5，−8）	−2	−6	3	3								3	3	100	
	5	轴线位移（10mm）	7	4			4							2	2	100	
	6	支承面高程（+2，−5）	−3	2	2	1								4	4	100	
	平均合格率（%）														100		

施工单位检查评定结论	符合设计及CJJ 2—2008等相关规范要求，自评合格 项目专业质量检查员：×××　　××年××月××日
监理（建设）单位验收结论	符合设计及规范要求，同意下道工序施工，同意评定合格 监理工程师：××× （建设单位项目专业技术负责人）　　××年××月××日

检验批质量验收记录之九

表 5-47
表 A-1-9

工程名称	××桥梁工程	验收部位	7 号承台
分项工程名称	承台混凝土	施工班组长	×××
施工单位	××市政工程有限公司	专业工长	×××
施工执行标准名称及编号	城市桥梁工程施工与质量验收规范 CJJ 2—2008	项目经理	×××

主控项目		质量验收规范的规定	施工单位检查评定记录	监理(建设)单位验收记录
主控项目	1	混凝土抗压强度应符合设计要求	详见试验报告	
	2	水泥混凝土的原材料、配合比符合规范要求水泥混凝土无蜂窝、露筋等现象	符合设计要求	
	3	基础表面不得有孔洞、漏筋	符合要求	
	4	承台表面应无孔洞、露筋、缺棱掉角、蜂窝、麻面	符合要求	

一般项目		质量验收规范的规定	1	2	3	4	5	6	7	8	9	10	11	应检点数	合格点数	合格率(%)	监理(建设)单位验收记录
一般项目	1	断面尺寸长（±20mm）	12	17	12	−3								4	4	100	
	2	断面尺寸宽（±20mm）	5	−7	−5	−13								4	4	100	
	3	承台厚度（10mm）	8	8	4	4								4	4	100	
	4	顶面高程（±10mm）	−5	7	3	−5								4	4	100	
	5	轴线偏位（15mm）	13	5	5	4								4	4	100	
	6	预埋件位置（10mm）	4	5										2	2	100	
		平均合格率（%）													100		

施工单位检查评定结论	符合设计及 CJJ 2—2008 等相关规范要求，自评合格 项目专业质量检查员：×××　　　××年××月××日
监理（建设）单位验收结论	符合设计及规范要求，同意下道工序施工，同意评定合格 监理工程师：×××　　　××年××月××日 （建设单位项目专业技术负责人）

检验批质量验收记录之十　　　　**表 5-48**

表 A-1-10

<table>
<tr><td colspan="3">工程名称</td><td colspan="5">××桥梁工程</td><td colspan="3">验收部位</td><td>7 号承台</td></tr>
<tr><td colspan="3">分项工程名称</td><td colspan="5">混凝土</td><td colspan="3">施工班组长</td><td>×××</td></tr>
<tr><td colspan="3">施工单位</td><td colspan="5">××市政工程有限公司</td><td colspan="3">专业工长</td><td>×××</td></tr>
<tr><td colspan="3">施工执行标准名称及编号</td><td colspan="5">城市桥梁工程施工与质量验收规范
CJJ 2—2008</td><td colspan="3">项目经理</td><td>×××</td></tr>
<tr><td rowspan="8">主控项目</td><td colspan="3">质量验收规范的规定</td><td colspan="7">施工单位检查评定记录</td><td>监理（建设）单位验收记录</td></tr>
<tr><td>1</td><td colspan="2">混凝土抗压强度应符合设计要求</td><td colspan="7">评定见混凝土抗压强度试验报告</td><td rowspan="7"></td></tr>
<tr><td>2</td><td colspan="2">桩身不得出现断桩、缩径</td><td colspan="7">/</td></tr>
<tr><td>3</td><td colspan="2">水泥进场除全数检查合格证和出厂检验报告外，应对其强度、细度、安定性和凝固时间抽样复检</td><td colspan="7">/</td></tr>
<tr><td>4</td><td colspan="2">混凝土外加剂除全数检验合格证和出厂检验报告外，应对其减水率、凝结时间差、抗压强度比抽样检验</td><td colspan="7">/</td></tr>
<tr><td>5</td><td colspan="2">混凝土配合比设计应符合规范 CJJ 2—2008 第 7.3 节规定</td><td colspan="7">符合要求</td></tr>
<tr><td>6</td><td colspan="2">当使用具有潜在碱活性骨料时，混凝土中的总碱含量应符合规范第 7.1.2 条规定和设计要求</td><td colspan="7">/</td></tr>
<tr><td>7</td><td colspan="2">抗冻混凝土应进行抗冻性能试验，抗渗混凝土应进行抗渗性能试验</td><td colspan="7">/</td></tr>
<tr><td rowspan="10">一般项目</td><td>1</td><td colspan="2">混凝土掺用的矿物掺和料除全数检验合格证和出厂检验报告外，应对其细度、含水率、抗压强度比率等项目抽样检验</td><td colspan="7">/</td><td rowspan="10"></td></tr>
<tr><td>2</td><td colspan="2">对细骨料，应抽样检验其颗粒级配、细度模数、含泥量及规定要求的检验项，并符合《普通混凝土用砂、石质量及检验方法标准》JGJ 52 的规定</td><td colspan="7">/</td></tr>
<tr><td>3</td><td colspan="2">对粗骨料，应抽样检验其颗粒级配、压碎值指标、针片状颗粒含量及规定要求的检验项，并符合《普通混凝土用砂、石质量及检验方法标准》JGJ 52 的规定</td><td colspan="7">/</td></tr>
<tr><td>4</td><td colspan="2">当拌制混凝土用水采用非饮用水源时，应进行水质检测，并符合国家现行标准《混凝土用水标准》JGJ 63 的规定</td><td colspan="7">/</td></tr>
<tr><td>5</td><td colspan="2">混凝土拌合物坍落度应符合设计配合比要求</td><td colspan="7">符合要求</td></tr>
<tr><td></td><td>材料名称</td><td>允许偏差</td><td colspan="7"></td></tr>
<tr><td>6</td><td>水泥和干燥状态的掺和料</td><td>±2%</td><td>/</td><td>/</td><td>/</td><td>/</td><td>/</td><td>/</td><td>/</td></tr>
<tr><td>7</td><td>粗、细骨料</td><td>±3%</td><td>/</td><td>/</td><td>/</td><td>/</td><td>/</td><td>/</td><td>/</td></tr>
<tr><td>8</td><td>水、外加剂</td><td>±2%</td><td>/</td><td>/</td><td>/</td><td>/</td><td>/</td><td>/</td><td>/</td></tr>
<tr><td colspan="10"></td></tr>
<tr><td colspan="3">施工单位检查评定结论</td><td colspan="9">符合设计及 CJJ 2—2008 等相关规范要求，自评合格

项目专业质量检查员：×××　　　　××年××月××日</td></tr>
<tr><td colspan="3">监理（建设）单位验收记录</td><td colspan="9">符合设计及规范要求，同意下道工序施工，同意评定合格

监理工程师：×××　　　　××年××月××日
（建设单位项目专业技术负责人）</td></tr>
</table>

检验批质量验收记录之十一

表 5-49
表 A-1-11

工程名称	××桥梁工程	验收部位	7号立柱
分项工程名称	立柱钢筋制作	施工班组长	×××
施工单位	××市政工程有限公司	专业工长	×××
施工执行标准名称及编号	城市桥梁工程施工与质量验收规范 CJJ 2—2008	项目经理	×××

		质量验收规范的规定	施工单位检查评定记录	监理(建设)单位验收记录
主控项目	1	钢筋、焊条的品种、牌号、规格和技术性能必须符合国家现行规定和设计要求	符合要求	
	2	钢筋进场的进场取样复试，其力学和工艺性能试验，质量必须符合国家现行标准的规定	评定详见钢筋原材料试验报告	
	3	当钢筋出现脆断、焊接性能不良或力学性能显著不正常等现象时，应对该批钢筋进行化学成分检验或其他专项检验	正常	
	4	钢筋弯制和末端弯钩均应符合设计要求和规范 CJJ 2—2008 第6.2.3、6.2.4条的规定	/	
	5	钢筋连接形式符合设计要求钢筋接头位置、同一截面的接头数量、搭接长度应符合设计要求和规范 CJJ 2—2008 中相关规定。钢筋焊接接头质量符合国家现行标准 JGJ 18 的规定	外观符合要求，力学性能评定详见钢筋焊接试验报告	
	6	钢筋安装时，其品种、规格、数量、形状，必须符合设计要求	符合要求	
一般项目	1	预埋件的规格、数量、位置必须符合设计要求。	/	
	2	钢筋表面不得有裂纹、结疤、折叠、锈蚀和油污，钢筋焊接接头表面不得有夹渣、焊瘤	符合要求	

		质量验收规范的规定	1	2	3	4	5	6	7	8	9	10	11	12	应检点数	合格点数	合格率(%)
一般项目	3	受力钢筋顺长度方向全长的净尺寸(±10mm)	3	3	7										3	3	100
	4	箍筋内净尺寸(±5mm)	−3	−2	5										3	3	100
	5	弯起钢筋的弯折(±20mm)	−18	12	11										3	3	100
	6	受力钢筋间距(+20，−20mm)	8	7	−13										3	3	100
	7	箍筋及构造筋间距(+10，−10mm)	8	2	−5	−3	8								5	5	100
	8	钢筋骨架尺寸长(±10mm)	−2	7	3										3	3	100
	9	钢筋骨架尺寸宽、高(±5mm)	−3	2	5										3	3	100
	10	钢筋保护层厚度(+5，−5mm)	−1	−2	1	−3	1	1	3	1	2	−2			10	10	100
		平均合格率(%)														100	

施工单位检查评定结论	符合设计及 CJJ 2—2008 等相关规范要求，自评合格 项目专业质量检查员：×××　　××年××月××日
监理（建设）单位验收结论	符合设计及规范要求，同意下道工序施工，同意评定合格 监理工程师：×××　　××年××月××日 （建设单位项目专业技术负责人）

检验批质量验收记录之十二 **表5-50**

表A-1-12

工程名称	××桥梁工程	验收部位	7号立柱（模板）
分项工程名称	立柱模板	施工班组长	×××
施工单位	××市政工程有限公司	专业工长	×××
施工执行标准名称及编号	城市桥梁工程施工与质量验收规范 CJJ 2—2008	项目经理	×××

		质量验收规范的规定	施工单位检查评定记录	监理（建设）单位验收记录
主控项目	1	模板、支架和拱架制作及安装符合施工方案的规定，稳固牢靠，接缝严密，基础应有足够的支撑面和排水、防冻融措施	符合设计要求	
	2	固定在模板上的预埋件，预留孔内模应无遗漏，安装牢固	符合设计要求	

		质量验收规范的规定	1	2	3	4	5	6	7	8	9	10	11	应检点数	合格点数	合格率（%）	
一般项目	1	相邻板表面高低差（2mm）	1	1	1	1	1	1	2	1				8	8	100	
	2	表面平整度（3mm）	1	1	2	2	2	2	2	2				8	8	100	
	3	垂直度（H/500，且不大于20）	0	1	0	1								4	4	100	
	4	模内尺寸（+5，−8）	−2	−4	2	2	−3	3						6	6	100	
	5	轴线位移（10mm）	5	7	2	0								4	4	100	
	6	支承面高程（+2，−5）	2	−4	−3	−1	−2	0	2	−2				8	8	100	
	平均合格率（%）													100			

施工单位检查评定结论	符合设计及CJJ 2—2008等相关规范要求，自评合格 项目专业质量检查员：××× ××年××月××日
监理（建设）单位验收结论	符合设计及规范要求，同意下道工序施工，同意评定合格 监理工程师：××× ××年××月××日 （建设单位项目专业技术负责人）

检验批质量验收记录之十三

表 5-51
表 A-1-13

工程名称	××桥梁工程	验收部位	7 号立柱
分项工程名称	立柱混凝土	施工班组长	×××
施工单位	××市政工程有限公司	专业工长	×××
施工执行标准名称及编号	城市桥梁工程施工与质量验收规范 CJJ 2—2008	项目经理	×××

		质量验收规范的规定	施工单位检查评定记录	监理(建设)单位验收记录
主控项目	1	混凝土抗压强度应符合设计要求	详见试验报告	
	2	水泥混凝土的原材料、配合比符合规范要求水泥混凝土无蜂窝、露筋等现象	符合设计要求	
	3	基础表面不得有孔洞、露筋	符合要求	
	4	表面应无孔洞、露筋、缺棱掉角、蜂窝、麻面	符合要求	

		质量验收规范的规定	1	2	3	4	5	6	7	8	9	10	11	应检点数	合格点数	合格率(%)	
一般项目	1	断面尺寸长(±5mm)	1	3	2	3								4	4	100	
	2	断面尺寸厚度(±5mm)	1	−3	1	3								4	4	100	
	3	垂直度(≤0.2%H,且不大于 15mm)	1	1	1	2								4	4	100	
	4	顶面高程(±10mm)	7	−8										2	2	100	
	5	轴线偏位(8mm)	6	6	6	5								4	4	100	
	6	平整度(5mm)	3	1	1	2								4	4	100	
	7	节段间错台(3mm)	0	2	2	2	1	1	1	1	1	1	1	12	12	100	
		平均合格率(%)													100		

施工单位检查评定结论	符合设计及 CJJ 2—2008 等相关规范要求，自评合格 项目专业质量检查员：×××　　××年××月××日
监理(建设)单位验收结论	符合设计及规范要求，同意下道工序施工，同意评定合格 监理工程师：×××　　××年××月××日 (建设单位项目专业技术负责人)

检验批质量验收记录之十四

表5-52

表A-1-14

工程名称	××桥梁工程	验收部位	7号立柱
分项工程名称	立柱混凝土	施工班组长	×××
施工单位	××市政工程有限公司	专业工长	×××
施工执行标准名称及编号	城市桥梁工程施工与质量验收规范 CJJ 2—2008	项目经理	×××

		质量验收规范的规定		施工单位检查评定记录	监理（建设）单位验收记录
主控项目	1	混凝土抗压强度应符合设计要求		评定见混凝土抗压强度试验报告。	
	2	桩身不得出现断桩、缩径		/	
	3	水泥进场除全数检查合格证和出厂检验报告外，应对其强度、细度、安定性和凝固时间抽样复检		/	
	4	混凝土外加剂除全数检验合格证和出厂检验报告外，应对其减水率、凝结时间差、抗压强度比抽样检验		/	
	5	混凝土配合比设计应符合规范CJJ 2—2008第7.3节规定		符合要求	
	6	当使用具有潜在碱活性骨料时，混凝土中的总碱含量应符合规范第7.1.2条规定和设计要求		/	
	7	抗冻混凝土应进行抗冻性能试验，抗渗混凝土应进行抗渗性能试验		/	
一般项目	1	混凝土掺用的矿物掺和料除全数检验合格证和出厂检验报告外，应对其细度、含水率、抗压强度比率等项目抽样检验		/	
	2	对细骨料，应抽样检验其颗粒级配、细度模数、含泥量及规定要求的检验项，并符合《普通混凝土用砂、石质量及检验方法标准》JGJ 52—2006的规定		/	
	3	对粗骨料，应抽样检验其颗粒级配、压碎值指标、针片状颗粒含量及规定要求的检验项，并符合《普通混凝土用砂、石质量及检验方法标准》JGJ 52—2006的规定		/	
	4	当拌制混凝土用水采用非饮用水源时，应进行水质检测，并符合国家现行标准《混凝土用水标准》JGJ 63—2006的规定		/	
	5	混凝土拌合物坍落度应符合设计配合比要求		符合要求	
		材料名称	允许偏差		
	6	水泥和干燥状态的掺和料	±2%	/ / / / / / /	
	7	粗、细骨料	±3%	/ / / / / / /	
	8	水、外加剂	±2%	/ / / / / / /	

施工单位检查评定结论	符合设计及CJJ 2—2008等相关规范要求，自评合格 项目专业质量检查员：×××　　　××年××月××日
监理（建设）单位验收记录	符合设计及规范要求，同意下道工序施工，同意评定合格 监理工程师：××× （建设单位项目专业技术负责人）　　　××年××月××日

检验批质量验收记录之十五

表 5-53

表 A-1-15

工程名称	××桥梁工程	验收部位	8号墩帽
分项工程名称	墩帽钢筋制作	施工班组长	×××
施工单位	××市政工程有限公司	专业工长	×××
施工执行标准名称及编号	城市桥梁工程施工与质量验收规范 CJJ 2—2008	项目经理	×××

		质量验收规范的规定	施工单位检查评定记录	监理(建设)单位验收记录
主控项目	1	钢筋、焊条的品种、牌号、规格和技术性能必须符合国家现行规定和设计要求	符合要求	
	2	钢筋进场的进场取样复试，其力学和工艺性能试验，质量必须符合国家现行标准的规定	评定详见钢筋原材料试验报告	
	3	当钢筋出现脆断、焊接性能不良或力学性能显著不正常等现象时，应对该批钢筋进行化学成分检验或其他专项检验	正常	
	4	钢筋弯制和末端弯钩均应符合设计要求和规范 CJJ 2—2008 第 6.2.3、6.2.4 条的规定	/	
	5	钢筋连接形式符合设计要求钢筋接头位置、同一截面的接头数量、搭接长度应符合设计要求和规范 CJJ 2—2008 中相关规定。钢筋焊接接头质量符合国家现行标准 JGJ 18 的规定	外观符合要求，力学性能评定详见钢筋焊接试验报告	
	6	钢筋安装时，其品种、规格、数量、形状，必须符合设计要求	符合要求	
一般项目	1	预埋件的规格、数量、位置必须符合设计要求。	/	
	2	钢筋表面不得有裂纹、结疤、折叠、锈蚀和油污，钢筋焊接接头表面不得有夹渣、焊瘤。	符合要求	

		质量验收规范的规定	1	2	3	4	5	6	7	8	9	10	11	12	应检点数	合格点数	合格率(%)
一般项目	3	受力钢筋顺长度方向全长的净尺寸(±10mm)	−3	−5	−4										3	3	100
	4	箍筋内净尺寸(±5mm)	−4	3	2										3	3	100
	5	弯起钢筋的弯折(±20mm)	−7	−11	−3										3	3	100
	6	受力钢筋间距(+20，−20mm)	−8	−11	−12										3	3	100
	7	箍筋及构造筋间距(+10，−10mm)	7	8	8	−8	2								5	5	100
	8	钢筋骨架尺寸长(±10mm)	−5	4	5										3	3	100
	9	钢筋骨架尺寸宽、高(±5mm)	3	0	−3										3	3	100
	10	钢筋保护层厚度(+5，−5mm)	−5	−3	8	3	5	−3	−2	3	5	−1			10	10	100
		平均合格率(%)														100	

施工单位检查评定结论	符合设计及 CJJ 2—2008 等相关规范要求，自评合格 项目专业质量检查员：×××　　　　××年××月××日
监理(建设)单位验收结论	符合设计及规范要求，同意下道工序施工，同意评定合格 监理工程师：×××　　　　××年××月××日 (建设单位项目专业技术负责人)

检验批质量验收记录之十六

表5-54
表A-1-16

工程名称	××桥梁工程	验收部位	8号墩帽（模板）
分项工程名称	墩帽模板	施工班组长	×××
施工单位	××市政工程有限公司	专业工长	×××
施工执行标准名称及编号	城市桥梁工程施工与质量验收规范 CJJ 2—2008	项目经理	×××

		质量验收规范的规定	施工单位检查评定记录	监理（建设）单位验收记录
主控项目	1	模板、支架和拱架制作及安装符合施工方案的规定，稳固牢靠，接缝严密，基础应有足够的支撑面和排水、防冻融措施	符合设计要求	
	2	固定在模板上的预埋件，预留孔内模应无遗漏，安装牢固	符合设计要求	

		质量验收规范的规定	1	2	3	4	5	6	7	8	9	10	11	应检点数	合格点数	合格率（%）
一般项目	1	相邻板表面高低差（2mm）	1	1	2	1								4	4	100
	2	表面平整度（3mm）	1	1	1	2								4	4	100
	3	垂直度（H/500，且不大于20）	12	11										2	2	100
	4	模内尺寸（+5，−8）	3	−5	−3									3	3	100
	5	轴线位移（10mm）	4	1										2	2	100
	6	支承面高程（+2，−5）												4	4	100
		平均合格率（%）													100	

施工单位检查评定结论	符合设计及CJJ 2—2008等相关规范要求，自评合格 项目专业质量检查员：×××　　××年××月××日
监理（建设）单位验收结论	符合设计及规范要求，同意下道工序施工，同意评定合格 监理工程师：×××　　××年××月××日 （建设单位项目专业技术负责人）

检验批质量验收记录之十七

表 5-55

表 A-1-17

工程名称	××桥梁工程	验收部位	8 号墩帽
分项工程名称	墩帽混凝土	施工班组长	×××
施工单位	××市政工程有限公司	专业工长	×××
施工执行标准名称及编号	城市桥梁工程施工与质量验收规范 CJJ 2—2008	项目经理	×××

		质量验收规范的规定	施工单位检查评定记录	监理(建设)单位验收记录
主控项目	1	混凝土抗压强度应符合设计要求	详见试验报告	
	2	水泥混凝土的原材料、配合比符合规范要求水泥混凝土无蜂窝、露筋等现象	符合设计要求	
	3	基础表面不得有孔洞、露筋	符合要求	
	4	墩帽表面应无孔洞、露筋、缺棱掉角、蜂窝、麻面	符合要求	

		质量验收规范的规定	1	2	3	4	5	6	7	8	9	10	11	应检点数	合格点数	合格率(%)	监理(建设)单位验收记录
一般项目	1	断面尺寸长(±5mm)	2	3	1									3	3	100	
	2	断面尺寸厚度(±5mm)	−2	3	2									3	3	100	
	3	直顺度(10mm)	4											1	1	100	
	4	顶面高程(±5mm)	−2	2	−3									3	3	100	
	5	轴线偏位(10mm)	2											1	1	100	
	6	平整度(8mm)	3	2	4									3	3	100	
		平均合格率(%)													100		

施工单位检查评定结论

符合设计及 CJJ 2—2008 等相关规范要求，自评合格

项目专业质量检查员：×××　　　　××年××月××日

监理(建设)单位验收结论

符合设计及规范要求，同意下道工序施工，同意评定合格

监理工程师：×××　　　　××年××月××日

(建设单位项目专业技术负责人)

检验批质量验收记录之十八

表 5-56

表 A-1-18

<table>
<tr><td colspan="3">工程名称</td><td colspan="2">××桥梁工程</td><td colspan="6">验收部位</td><td>8号墩帽</td></tr>
<tr><td colspan="3">分项工程名称</td><td colspan="2">混凝土</td><td colspan="6">施工班组长</td><td>×××</td></tr>
<tr><td colspan="3">施工单位</td><td colspan="2">××市政工程有限公司</td><td colspan="6">专业工长</td><td>×××</td></tr>
<tr><td colspan="3">施工执行标准名称及编号</td><td colspan="2">城市桥梁工程施工与质量验收规范
CJJ 2—2008</td><td colspan="6">项目经理</td><td>×××</td></tr>
<tr><td rowspan="8">主控项目</td><td colspan="3">质量验收规范的规定</td><td colspan="7">施工单位检查评定记录</td><td>监理(建设)单位验收记录</td></tr>
<tr><td>1</td><td colspan="2">混凝土抗压强度应符合设计要求</td><td colspan="7">评定见混凝土抗压强度试验报告。</td><td rowspan="15"></td></tr>
<tr><td>2</td><td colspan="2">桩身不得出现断桩、缩径</td><td colspan="7">/</td></tr>
<tr><td>3</td><td colspan="2">水泥进场除全数检查合格证和出厂检验报告外，应对其强度、细度、安定性和凝固时间抽样复检</td><td colspan="7">/</td></tr>
<tr><td>4</td><td colspan="2">混凝土外加剂除全数检验合格证和出厂检验报告外，应对其减水率、凝结时间差、抗压强度比抽样检验</td><td colspan="7">/</td></tr>
<tr><td>5</td><td colspan="2">混凝土配合比设计应符合规范 CJJ 2—2008 第 7.3 节规定</td><td colspan="7">符合要求</td></tr>
<tr><td>6</td><td colspan="2">当使用具有潜在碱活性骨料时，混凝土中的总碱含量应符合规范第 7.1.2 条规定和设计要求</td><td colspan="7">/</td></tr>
<tr><td>7</td><td colspan="2">抗冻混凝土应进行抗冻性能试验，抗渗混凝土应进行抗渗性能试验</td><td colspan="7">/</td></tr>
<tr><td rowspan="9">一般项目</td><td>1</td><td colspan="2">混凝土掺用的矿物掺和料除全数检验合格证和出厂检验报告外，应对其细度、含水率、抗压强度比率等项目抽样检验</td><td colspan="7">/</td></tr>
<tr><td>2</td><td colspan="2">对细骨料，应抽样检验其颗粒级配、细度模数、含泥量及规定要求的检验项，并符合《普通混凝土用砂、石质量及检验方法标准》JGJ 52—2006 的规定</td><td colspan="7">/</td></tr>
<tr><td>3</td><td colspan="2">对粗骨料，应抽样检验其颗粒级配、压碎值指标、针片状颗粒含量及规定要求的检验项，并符合《普通混凝土用砂、石质量及检验方法标准》JGJ 52—2006 的规定</td><td colspan="7">/</td></tr>
<tr><td>4</td><td colspan="2">当拌制混凝土用水采用非饮用水源时，应进行水质检测，并符合国家现行标准《混凝土用水标准》JGJ 63—2006 的规定</td><td colspan="7">/</td></tr>
<tr><td>5</td><td colspan="2">混凝土拌合物坍落度应符合设计配合比要求</td><td colspan="7">符合要求</td></tr>
<tr><td></td><td>材料名称</td><td>允许偏差</td><td colspan="7"></td></tr>
<tr><td>6</td><td>水泥和干燥状态的掺和料</td><td>±2%</td><td>/</td><td>/</td><td>/</td><td>/</td><td>/</td><td>/</td><td>/</td></tr>
<tr><td>7</td><td>粗、细骨料</td><td>±3%</td><td>/</td><td>/</td><td>/</td><td>/</td><td>/</td><td>/</td><td>/</td></tr>
<tr><td>8</td><td>水、外加剂</td><td>±2%</td><td>/</td><td>/</td><td>/</td><td>/</td><td>/</td><td>/</td><td>/</td></tr>
<tr><td colspan="3">施工单位检查评定结论</td><td colspan="9">符合设计及 CJJ 2—2008 等相关规范要求，自评合格
项目专业质量检查员：×××　　　　××年××月××日</td></tr>
<tr><td colspan="3">监理(建设)单位验收记录</td><td colspan="9">符合设计及规范要求，同意下道工序施工，同意评定合格
监理工程师：×××
(建设单位项目专业技术负责人)　　　　××年××月××日</td></tr>
</table>

十、预应力张拉数据表

预应力张拉数据表

表 5-57

施记表 11

工程名称：××桥梁工程　　　　施工单位：××市政工程有限公司

部位	预应力钢筋编号	预应力钢筋种类	规格			张拉方式	抗拉标准强度 MPa	张拉控制应力 MPa	超张控制应力 MPa	张拉初始应力 MPa	控制张拉力 kN	超张张拉力 kN	张拉初始力 kN	孔道累计转角 θ rad	孔道长度 X m	钢材弹性模量 E GPa	孔道摩擦系数 μ	孔道偏差系数 K	计算伸长值 ΔL mm
			直径 (mm)	根数	截面积 (mm^2)														
7～10号墩每一联预应力张拉数据	F1-1	钢绞线	15.24	15	2380	两端	1860	1395	/	139.5	3320.1	/	335.03	2.0942	103.58	196	0.16	0.0015	610.7
	F1-2	钢绞线	15.24	15	2380	两端	1860	1395	/	139.5	3320.1	/	335.03	2.0942	103.41	196	0.16	0.0015	610.7
	F1-3	钢绞线	15.24	15	2380	两端	1860	1395	/	139.5	3320.1	/	335.03	2.0942	103.66	196	0.16	0.0015	610.7
	F2-1	钢绞线	15.24	15	2380	两端	1860	1395	/	139.5	3320.1	/	335.03	2.0942	104.25	196	0.16	0.0015	610.7
	F2-2	钢绞线	15.24	15	2380	两端	1860	1395	/	139.5	3320.1	/	335.03	2.0942	107.78	196	0.16	0.0015	634.8
	F2-3	钢绞线	15.24	15	2380	两端	1860	1395	/	139.5	3320.1	/	335.03	2.0942	107.54	196	0.16	0.0015	634.8
	F3-1	钢绞线	15.24	15	2380	两端	1860	1395	/	139.5	3320.1	/	335.03	2.0942	107.80	196	0.16	0.0015	634.8
	F3-2	钢绞线	15.24	15	2380	两端	1860	1395	/	139.5	3320.1	/	335.03	2.0942	108.46	196	0.16	0.0015	634.8
	F3-3	钢绞线	15.24	15	2380	两端	1860	1395	/	139.5	3320.1	/	335.03	2.0942	111.99	196	0.16	0.0015	673.8
	F1a	钢绞线	15.24	15	2380	两端	1860	1395	/	139.5	3320.1	/	335.03	2.0942	111.67	196	0.16	0.0015	673.8
	F2a	钢绞线	15.24	15	2380	两端	1860	1395	/	139.5	3320.1	/	335.03	2.0942	111.94	196	0.16	0.0015	673.8
	F3a	钢绞线	15.24	15	2380	两端	1860	1395	/	139.5	3320.1	/	335.03	2.0942	112.66	196	0.16	0.0015	673.8
	F1b	钢绞线	15.24	15	1260	两端	1860	1395	/	139.5	1757.7	/	176.88	0.3228	27.84	196	0.16	0.0015	180.5
	F2b	钢绞线	15.24	15	1260	两端	1860	1395	/	139.5	1757.7	/	176.88	0.3228	27.88	196	0.16	0.0015	180.5
	F3b	钢绞线	15.24	15	1260	两端	1860	1395	/	139.5	1757.7	/	176.88	0.3228	27.93	196	0.16	0.0015	180.5

施工项目技术负责人：×××　　　　填表人：×××　　　　制表日期：××年××月××日

十一、预应力张拉记录

预应力张拉记录 **表 5-58**

工程名称	××桥梁工程				结构部位		8～11号预应力箱梁			施工单位	××市政工程有限公司		
构件编号	8号端横梁				张拉方式		后张法		张拉日期		××年××月××日		
预应力钢筋种类		高强底松弛钢绞线		规格	$\phi^{S}15.24$		标准抗拉强度（MPa）		1860	张拉时混凝土强度（MPa）			97.00
张拉机具设备编号	A端	千斤顶	1号		油泵			压力表	0773418#		理论伸长值（mm）		详见表格
	B端		2号						200753449#		断、滑丝情况		无
初始应力	A端	4.34MPa			次应力	A端		9.22MPa		控制应力	A端	41.14MPa	
	B端	4.91MPa				B端		9.65MPa			B端	47.89MPa	
预应力钢筋编号	预应力钢筋束长（m）	张拉初始力（kN）	初应力阶段油表读数		张拉次应力（kN）	次应力阶段油表读数		控制张拉力（kN）	控制应力阶段油表读数		实测伸长值（mm）	理论值（mm）	伸长值偏差（%）
			A端（mm）	B端（mm）		A端（mm）	B端（mm）		A端（mm）	B端（mm）			
8-N1-1	18.194	234.36	55	48	468.72	60	56	2343.6	108	103	121	119	2
8-N1-2	18.194	234.36	56	21	468.72	60	27	2343.6	108	78	119	119	0
8-N2-3	17.614	234.36	15	20	468.72	21	26	2343.6	59	60	96	91	5
8-N2-2	17.614	234.36	36	42	468.72	42	47	2343.6	76	82	91	91	0
8-N2-1	17.614	234.36	26	38	468.72	31	45	2343.6	65	80	93	91	2
8-N2-4	17.614	234.36	49	48	468.72	55	55	2343.6	90	88	94	91	3
8-N3-3	17.040	234.36	31	50	468.72	35	56	2343.6	78	101	108	110	−2
8-N3-2	17.040	234.36	52	39	468.72	58	45	2343.6	102	89	112	110	2
8-N3-1	17.040	234.36	40	16	468.72	44	23	2343.6	90	65	110	110	0
8-N3-4	17.040	234.36	52	35	468.72	57	41	2343.6	102	87	113	110	3

监理工程师：×××　　　施工项目技术负责人：×××　　　复核：×××　　　记录：×××

十二、预应力张拉记录（后张法两端张拉）

预应力张拉记录表（后张法两端张拉）

表 5-59

施记表 12

工程名称：××桥梁工程 施工单位：××市政工程有限公司

构件编号		8～11号箱梁腹板			张拉混凝土强度		92（MPa）		张拉日期		××年××月××日		
千斤顶编号		标定日期	标定资料编号	油表编号	初应力读数（MPa）		控制张拉力读数（MPa）		安装时油表读数（MPa）		理论伸长值		详见表格
1		××月××日	LX-2007060260	200753418	332.01		3320.1		41.14		详见下表		
2		××月××日	LX-2007060260	200753449	332.01		3320.1		47.89				
钢束编号	张拉断面编号	千斤顶编号	记录项目		张拉					伸长值（mm）	总延伸长度（mm）	理论伸长值（mm）	伸长值偏差（%）
					初读数	二倍初应力读数	第一行程	第二行程	安装应力（MPa）				
F3-2-1	A	1	油表读数（MPa）		4.34	9.22	24.53965	41.14	41.14				
			尺读数（mm）		20	33	157	115		285			
	B	2	油表读数（MPa）		4.91	9.65	28.70175	47.89	47.89				
			尺读数（mm）		11	22	167	119		297	582	555	4.86
F3-1-1	A	1	油表读数（MPa）		4.34	10.22	24.75357	42.14	41.14				
			尺读数（mm）		22	32	158	118		286			
	B	2	油表读数（MPa）		4.91	10.65	29.29933	48.89	47.89				
			尺读数（mm）		19	31	157	113		282	568	555	2.34
F2-1-1	A	1	油表读数（MPa）		4.34	11.22	24.18455	43.14	41.14				
			尺读数（mm）		20	31	137	116		264			
	B	2	油表读数（MPa）		4.91	11.65	28.61075	49.89	47.89				
			尺读数（mm）		17	27	150	119		279	543	529	2.65

续表

构件编号	8～11 号箱梁腹板			张拉混凝土强度	92（MPa）	张拉日期	××年××月××日	
千斤顶编号	标定日期	标定资料编号	油表编号	初应力读数（MPa）	控制张拉力读数（MPa）	安装时油表读数（MPa）	理论伸长值	详见表格
1	××月××日	LX-2007060260	200753418	332.01	3320.1	41.14	详见下表	
2	××月××日	LX-2007060260	200753449	332.01	3320.1	47.89		

钢束编号	张拉断面编号	千斤顶编号	记录项目	张拉					伸长值	总延伸长度（mm）	理论伸长值（mm）	伸长值偏差（%）
				初读数	二倍初应力读数	第一行程	第二行程	安装应力（MPa）	（mm）			
F1-1-1	A	1	油表读数（MPa）	4.34	12.22	26.12367	44.14	41.14				
			尺读数（mm）	19	32	161	120		294			
	B	2	油表读数（MPa）	4.91	12.65	30.1705	50.89	47.89				
			尺读数（mm）	23	36	153	114		280	574	538	6.69
F3-2-2	A	1	油表读数（MPa）	4.34	13.22	27.36711	45.14	41.14				
			尺读数（mm）	19	31	162	113		287			
	B	2	油表读数（MPa）	4.91	13.65	31.38364	51.89	47.89				
			尺读数（mm）	16	29	163	115		291	578	555	4.14
F3-1-2	A	1	油表读数（MPa）	4.34	14.22	28.00221	46.14	41.14				
			尺读数（mm）	17	29	164	114		290			
	B	2	油表读数（MPa）	4.91	14.65	32.30195	52.89	47.89				
			尺读数（mm）	11	21	172	116		298	588	555	5.95

续表

构件编号	8～11号箱梁腹板			张拉混凝土强度	92（MPa）	张拉日期	××年××月××日	
千斤顶编号	标定日期	标定资料编号	油表编号	初应力读数（MPa）	控制张拉力读数（MPa）	安装时油表读数（MPa）	理论伸长值	详见表格
1	××月××日	LX-2007060260	200753418	332.01	3320.1	41.14	详见下表	
2	××月××日	LX-2007060260	200753449	332.01	3320.1	47.89		

钢束编号	张拉断面编号	千斤顶编号	记录项目	张拉					伸长值	总延伸长度（mm）	理论伸长值（mm）	伸长值偏差（%）
				初读数	二倍初应力读数	第一行程	第二行程	安装应力（MPa）	（mm）			
F2-1-2	A	1	油表读数（MPa）	4.34	12.22	25.24674	44.14	41.14				
			尺读数（mm）	20	31	140	113		264			
	B	2	油表读数（MPa）	4.91	12.65	28.97109	50.89	47.89				
			尺读数（mm）	25	36	141	115		267	531	529	0.38
F1-1-2	A	1	油表读数（MPa）	4.34	13.22	27.17612	45.14	41.14				
			尺读数（mm）	15	33	159	117		294			
	B	2	油表读数（MPa）	4.91	13.65	30.81522	51.89	47.89				
			尺读数（mm）	14	33	155	119		293	587	538	9.11
F3-4-1	A	1	油表读数（MPa）	4.34	14.22	27.87625	46.14	41.14				
			尺读数（mm）	15	27	162	114		288			
	B	2	油表读数（MPa）	4.91	14.65	31.94698	52.89	47.89				
			尺读数（mm）	11	22	169	118		298	586	555	5.59

监理工程师：××× 施工技术负责人： ××× 复核： ××× 记录： ×××

十三、预应力张拉孔道压浆记录

预应力张拉孔道压浆记录　　表5-60

施记表13

工程名称	××桥梁工程				施工单位		××市政工程有限公司	
部位(构件)编号	8～11号预应力现浇箱梁8号墩中横梁(2008-4-30)							
孔道编号	起止时间	压强(MPa)	水泥品种及等级	水灰比	冒浆情况	水泥浆用量(m^3)	气温(℃)/净浆温度(℃)	28天压浆强度
8-N1-3	07：15～07：23	0.8	普硅42.5	0.45	冒浓浆正常	0.1080	22/24	详见试块报告
8-N1-4	07：24～07：30	0.8	普硅42.5	0.45	冒浓浆正常	0.1080	22/24	详见试块报告
8-N1-5	07：32～07：38	0.8	普硅42.5	0.45	冒浓浆正常	0.1080	22/24	详见试块报告
8-N1-2	07：43～07：52	0.8	普硅42.5	0.45	冒浓浆正常	0.1080	22/24	详见试块报告
8-N1-1	08：00～08：06	0.8	普硅42.5	0.45	冒浓浆正常	0.1080	22/24	详见试块报告
8-N1-6	08：13～08：21	0.8	普硅42.5	0.45	冒浓浆正常	0.1080	22/24	详见试块报告
8-N2-3	08：25～08：35	0.8	普硅42.5	0.45	冒浓浆正常	0.1046	22/24	详见试块报告
8-N2-4	08：38～08：47	0.8	普硅42.5	0.45	冒浓浆正常	0.1046	22/24	详见试块报告
8-N2-5	08：50～9：02	0.8	普硅42.5	0.45	冒浓浆正常	0.1046	22/24	详见试块报告
8-N2-2	09：05～09：14	0.8	普硅42.5	0.45	冒浓浆正常	0.1046	22/24	详见试块报告
8-N2-1	09：16～09：27	0.8	普硅42.5	0.45	冒浓浆正常	0.1046	22/24	详见试块报告
8-N2-6	09：30～09：38	0.8	普硅42.5	0.45	冒浓浆正常	0.1046	22/24	详见试块报告
示意图								

记录：×××　　　　审核：×××

十四、混凝土浇筑记录

混凝土浇筑记录　　　　**表 5-61**

施工单位：××市政工程有限公司　　　　**施记表 14**

<table>
<tr><td colspan="2">工程名称</td><td colspan="3">××桥梁工程</td><td colspan="2">浇筑部位</td><td colspan="2">8 号承台</td></tr>
<tr><td colspan="2">浇筑日期</td><td colspan="2">××年××月××日</td><td>天气情况</td><td>雨夹雪</td><td>室外气温</td><td colspan="2">−2～2℃</td></tr>
<tr><td colspan="2">设计强度等级</td><td colspan="2">C30</td><td colspan="3">钢筋模板验收负责人</td><td colspan="2">/</td></tr>
<tr><td rowspan="10">混凝土拌制方法</td><td rowspan="2">商品混凝土</td><td colspan="2">供料厂名</td><td>××商品混凝土有限公司</td><td>合同号</td><td colspan="3">/</td></tr>
<tr><td colspan="2">供料强度等级</td><td>C30</td><td>试验单编号</td><td colspan="3">2011-01-446</td></tr>
<tr><td rowspan="8">现场拌和</td><td colspan="3">配合比通知单编号</td><td colspan="4">/</td></tr>
<tr><td rowspan="7">混凝土配合比</td><td>材料名称</td><td>规格产地</td><td>每立方米用量(kg)</td><td>每盘用量(kg)</td><td>材料含水质量(kg)</td><td>实际每盘用量(kg)</td></tr>
<tr><td>水泥</td><td>/</td><td>/</td><td>/</td><td>/</td><td>/</td></tr>
<tr><td>石子</td><td>/</td><td>/</td><td>/</td><td>/</td><td>/</td></tr>
<tr><td>砂子</td><td>/</td><td>/</td><td>/</td><td>/</td><td>/</td></tr>
<tr><td>水</td><td>/</td><td>/</td><td>/</td><td>/</td><td>/</td></tr>
<tr><td>掺合料</td><td>/</td><td>/</td><td>/</td><td>/</td><td>/</td></tr>
<tr><td>外加剂</td><td>/</td><td>/</td><td>/</td><td>/</td><td>/</td></tr>
<tr><td colspan="2">实测坍落度(cm)</td><td colspan="2">16.5</td><td>出盘温度(℃)</td><td colspan="2">2</td><td>入模温度(℃)</td><td>0</td></tr>
<tr><td colspan="2">混凝土完成数量(m^3)</td><td colspan="4">75</td><td>完成时间</td><td colspan="2">3h40min</td></tr>
<tr><td colspan="2">试块留置</td><td colspan="2">数量(组)</td><td colspan="5">编　　号</td></tr>
<tr><td colspan="2">标　　养</td><td colspan="2">2</td><td colspan="5">8 号承台−1、8 号承台−2</td></tr>
<tr><td colspan="2">有　见　证</td><td colspan="2">2</td><td colspan="5">8 号承台−1、8 号承台−2</td></tr>
<tr><td colspan="2">同　条　件</td><td colspan="2">1</td><td colspan="5">8 号承台−3</td></tr>
<tr><td colspan="2">混凝土浇筑中出现的问题及处理方法</td><td colspan="7">正常</td></tr>
</table>

注：本记录每浇筑一次混凝土，记录一张。

施工项目技术负责人　×××　　　　填表人　×××

十五、构件吊装施工记录

构件吊装施工记录表　　**表 5-62**

施记表 15

<table>
<tr><td>工程名称</td><td colspan="3">××桥梁工程</td><td colspan="2">施工单位</td><td colspan="2">××市政工程有限公司</td></tr>
<tr><td>吊装机具</td><td colspan="3">90t 吊车 1 台，130t 吊车 1 台</td><td colspan="2">日　期</td><td colspan="2">××年××月××日</td></tr>
<tr><td>负责人</td><td colspan="3">××</td><td colspan="2">记录人</td><td colspan="2">×××</td></tr>
<tr><td rowspan="11">吊装情况及施工记录</td><td>构件型号</td><td>安装位置</td><td>安装标高</td><td>就位情况</td><td>固定方法</td><td>接缝处理</td><td>安装偏差</td><td>质量情况</td></tr>
<tr><td>1-1</td><td>南侧
T 梁</td><td>25.692</td><td>正常</td><td>侧向固定支撑和钢丝绳的捆绑</td><td>预留 30.2cm</td><td>中心位
4mm</td><td>良好</td></tr>
<tr><td>1-2</td><td>中间
T 梁</td><td>25.692</td><td>正常</td><td>同上</td><td>预留 30.8cm</td><td>3mm</td><td>良好</td></tr>
<tr><td>1-3</td><td>北侧
T 梁</td><td>25.692</td><td>正常</td><td>同上</td><td>预留 30.6cm</td><td>4mm</td><td>良好</td></tr>
<tr><td></td><td></td><td></td><td></td><td></td><td></td><td></td><td></td></tr>
<tr><td></td><td></td><td></td><td></td><td></td><td></td><td></td><td></td></tr>
<tr><td></td><td></td><td></td><td></td><td></td><td></td><td></td><td></td></tr>
<tr><td></td><td></td><td></td><td></td><td></td><td></td><td></td><td></td></tr>
<tr><td></td><td></td><td></td><td></td><td></td><td></td><td></td><td></td></tr>
<tr><td></td><td></td><td></td><td></td><td></td><td></td><td></td><td></td></tr>
<tr><td colspan="8">施工图略</td></tr>
<tr><td>复核结果</td><td colspan="8">符合要求</td></tr>
<tr><td>备　注</td><td colspan="8"></td></tr>
</table>

任务3 施工试验记录

一、有见证试验汇总表

有见证试验汇总表

表 5-63

试验表 2

工程名称：××桥梁工程

施工单位：××市政有限公司

建设单位：××城建指挥部

监理单位：××监理有限公司

见证人：×××、×××

试验室名称：××市政材料测试站

试验项目	应送试件总组数	有见证试验组数	不合格组数	备注
水泥复试	6组	6组	无	
石子复试	4组	4组	无	
黄砂复试	3组	3组	无	
混凝土配合比试验	6组	6组	无	
砂浆配合比试验	1组	1组	无	
净浆配合比试验	2组	2组	无	
砂碎石振实密度	1组	1组	无	
原土样最大干密度和最佳含水量（轻、重型）	1组	1组	无	
钢筋冷拉弯曲试验	194组	194组	无	
钢筋对焊，单、双面焊接试验	198组	198组	无	
锚具	15套	15套	无	
钢绞线	14组	14组	无	
钢绞线锚固性能试验	6套	6套	无	

制表人：×××　　××年××月××日

有见证试验汇总表

表 5-64
试验表 2

工程名称：××桥梁工程

施工单位：××市政工程有限公司

建设单位：××城建指挥部

监理单位：××监理有限公司

见证人：×××、×××

试验室名称：××市政材料测试站

试验项目	应送试件总组数	有见证试验组数	不合格组数	备注
钢筋网片	6组	6组	无	
千斤顶	7套	7套	无	
波纹管	13组	13组	无	
支座	10组	10组	无	
28天抗压强度C15混凝土试块	125组	125组	无	
28天抗压强度C25混凝土试块	431组	431组	无	
28天抗压强度C30混凝土试块	156组	156组	无	
28天抗压强度C40混凝土试块	195组	195组	无	
28天抗压强度C50混凝土试块	301组	301组	无	
C40S6抗渗强度	28组	28组	无	
28天抗压强度C40净浆	79组	79组	无	
28天抗压强度C25净浆	9组	9组	无	

制表人：××× ××年××月××日

二、见证记录

见证记录之一

表 5-65
试验表 3-1
编号：ZZ-001

工程名称：××桥梁工程
取样部位：桥梁工程地基与基础
样品名称：原材料（钢筋）　取样数量：5组
取样地点：现场　取样日期：××年××月××日
见证记录：(1)钢筋拉伸、冷拉试验，详见下表：

序号	物质名称	规格	钢号	质保单编号	炉号	数量(t)	产地	使用部位
1	热轧圆盘条钢筋	$\phi 8$	Q235	002006	Ys6012064	27.211	宜兴圣力	桥梁工程：中墩10、15、17、18、19、21号墩桩基
2	热轧带肋钢筋	$\phi 16$	HRB335	0043246	E702-169	15.823t	江阴长达	
3	热轧带肋钢筋	$\phi 22$	HRB335	0002139	2-06-9-208	37.023	常州中天	
4	热轧带肋钢筋	$\phi 25$	HRB335	0006325	4-06-12-95	29.672	浙江中天	
5	热轧带肋钢筋	$\phi 28$	HRB335	Z411940-1	0650009792	39.645	江苏沙钢	

有见证取样和送检印章：
取样人签字：×××
见证人签字：×××
填制本记录日期：××年××月××日

见证记录之二

表 5-66
试验表 3-2
编号：GJX-001

工程名称：××桥梁工程
取样部位：桥跨承重结构箱梁
样品名称：钢绞线　取样数量：1组
取样地点：现场　取样日期：××年××月××日
见证记录：
钢绞线($\phi 15.24$mm)　取样数量：1组
试验种类：力学试验
质保书编号：960　代表数量：49.748t
产地：××科信工程材料有限公司
使用部位：主线20号墩～23号墩箱梁
有见证取样和送检印章：
取样人签字：×××
见证人签字：×××
填制本记录日期：××年××月××日

见证记录之三

表5-67

试验表3-3

编号：MJ-001

工程名称：××桥梁工程

取样部位：桥梁工程箱梁

样品名称：锚具　取样数量：37组

取样地点：现场　取样日期：××年××月××日

见证记录：

(1)锚具(BM15-3联体锚环)及夹片(3个/套)　取样数量：13套

产地：××预应力有限公司　代表数量：250套

试验种类：外观、硬度

使用部位：主线20号墩～23号墩箱梁

(2)锚具(QM15-17锚环)及夹片(17个/套)　取样数量：5套

产地：××预应力有限公司　代表数量：100套

试验种类：外观、硬度

使用部位：主线20号墩～23号墩箱梁

(3)锚具(QM15-9锚环)及夹片(9个/套)　取样数量：19套

产地：××预应力有限公司　代表数量：370套

试验种类：外观、硬度

使用部位：主线20号墩～23号墩箱梁

有见证取样和送检印章：

取样人签字：×××

见证人签字：×××

填制本记录日期：××年××月××日

见证记录之四

表5-68

试验表3-4

编号：

工程名称：××桥梁工程

取样部位：桥梁工程箱梁

样品名称：预应力钢绞线挤压套组装件　取样数量：1组

取样地点：现场　取样日期：××年××月××日

见证记录：

预应力钢绞线——挤压套组装件(P锚锚固试验)　1组

有见证取样和送检印章：

取样人签字：×××

见证人签字：×××

填制本记录日期：××年××月××日

三、主要原材料及构配件出厂证明及复试报告目录

主要原材料及构配件出厂证明及复试报告目录之一 表 5-69

试验表 1

共 页

工程名称：××市××路工程(桥梁工程) 施工单位：××市政工程有限公司 第 页

名称	品种	型号（规格）	代表数量	单位	使用部位	出厂证或出厂试验单编号	进场复试报告编号	见证记录编号	备注
钢筋	Q235	$\phi 8$	27.211	t	桥梁工程10、15、17、18、19、21号墩桩基	002006(质保单) Ys6012064(炉号)	2006CLg00610		
钢筋	HRB335	$\phi 16$	15.823	t		0043246(质保单) E702-169(炉号)	2006CLg0069		
钢筋	HRB335	$\phi 22$	37.03	t		0002139(质保单) 2-06-9-208(炉号)	2006CLg00609		
钢筋	HRB335	$\phi 25$	29.672	t		0006325(质保单) 4-06-12-95(炉号)	2007CLg00066		
钢筋	HRB335	$\phi 28$	39.654	t		Z411940-1(质保单) 0650009792(炉号)	2007CLg00089		

任务4　竣工验收阶段的施工技术文件编制

一、工程竣工测量资料

市政桥梁工程外观评分表　　表5-70

<table>
<tr><td>工程名称</td><td>××市××路工程</td><td>工程地点</td><td>××区××村</td><td>施工单位</td><td>××有限公司</td><td>施工负责人</td><td>×××</td></tr>
<tr><td>检查项目</td><td>外观要求</td><td colspan="2">存在问题</td><td>应得分</td><td>实得分</td><td>加权系数</td><td>评分</td></tr>
<tr><td rowspan="3">下部结构</td><td>1. 混凝土无缺边、掉角、裂缝、露筋、蜂窝麻面、孔洞。线角挺拔，线形顺直，无凹凸，美观，接缝平顺</td><td colspan="2">个别存在蜂窝麻面、掉角</td><td>70</td><td>69</td><td rowspan="3">0.2</td><td rowspan="3">19.6</td></tr>
<tr><td>2. 沉降缝贯通、垂直，位置准确，边角整齐</td><td colspan="2">符合要求</td><td>15</td><td>15</td></tr>
<tr><td>3. 支座位置准确，平稳，接触严密</td><td colspan="2">支座位置准确、平稳、接触严密</td><td>15</td><td>15</td></tr>
<tr><td rowspan="3">上部结构</td><td>1. 梁板拱杆件直顺、一致、混凝土施工缝平顺，无蜂窝麻面、露筋，缺边掉角，允许范围外的裂缝，接缝平顺</td><td colspan="2">蜂窝麻面个别存在</td><td>70</td><td>68</td><td rowspan="3">0.2</td><td rowspan="3">19.6</td></tr>
<tr><td>2. 各部位平行、垂直对称关系准确无异常</td><td colspan="2">各部位平行、对称、满足要求</td><td>15</td><td>14</td></tr>
<tr><td>3. 安装准确，梁、拱肋高程一致，间距无异常</td><td colspan="2">符合要求</td><td>15</td><td>15</td></tr>
<tr><td rowspan="2">桥面系</td><td>1. 铺装坚实、平整、无裂缝，离析，有足够粗糙度，沥青混凝土还不应有松散，油包现象</td><td colspan="2">铺装坚实、平整、沥青无松散、油包现象</td><td>60</td><td>58</td><td rowspan="2">0.3</td><td rowspan="2">29.4</td></tr>
<tr><td>2. 伸缩缝安装牢固、直顺、不扭曲，缝宽符合要求，与保护带接顺，伸缩有效</td><td colspan="2">局部扭曲</td><td>40</td><td>40</td></tr>
<tr><td rowspan="3">栏杆人行道</td><td>1. 安装牢固、线条直顺，无歪斜扭曲</td><td colspan="2">安装牢固、直顺无扭曲</td><td>40</td><td>40</td><td rowspan="3">0.3</td><td rowspan="3">29.1</td></tr>
<tr><td>2. 各部位接缝平直，无错台，灌缝砂浆饱满，伸缩缝处断开</td><td colspan="2">接缝平直、灌浆饱满、伸缩处断开</td><td>30</td><td>29</td></tr>
<tr><td>3. 构件无破损，蜂窝麻面，颜色一致，安装直顺，钢构件防腐败无遗漏，美观</td><td colspan="2">直线欠顺</td><td>30</td><td>28</td></tr>
<tr><td></td><td colspan="3">合　计</td><td></td><td></td><td></td><td>97.7</td></tr>
</table>

××年××月××日　　　　检验人：×××

注：1. 上部构造如是钢结构或是地道桥，外观要求中4代1；

2. 侧墙、锥坡、护坡、台阶中，有台阶者，1、2、3小项应得分为40、40、20；

3. 依据存在问题多少、严重程度参照外观要求和应得分，酌情扣分；

4. 无锥坡、台阶、侧墙、护坡时，地袱，防撞墩、栏杆、人行道项目加权系数为0.30。

市政桥梁工程实测实量评分表 表 5-71

工程名称	××桥梁工程	认证项目	应测点	合格点	合格率	认证单位
工程地点	××区××村	桩高程	316	316	100	××监理有限公司
施工单位	××市政工程有限公司	桩强度	316	316	100	
施工负责人	×××	梁强度	151	151	100	
		铺装强度（压实度）	28	28	100	

序号	实测项目	允许偏差（mm）	实测频率		各实测点偏差值（mm）																应检点数	合格点数	合格率（%）
			范围	点数	1	2	3	4	5	6	7	8	9	10	11	12	13	14	15	16			
Δ1	跨径	≥设计	每跨	3																			
Δ2	桥下净空	≥设计	每跨	3																			
3	混凝土墩柱尺寸	±5	每根	2	4	1	−4	5	6	−5	−5	−1	0	−4	−4	3	−3	6	−5	1	16	14	87.5
4	混凝土墩柱垂直度	0.25%H≤25		2	4	7	6	10	6	6	10	3	0	0	9	0	7	5	4	7	16	16	100
5	混凝土墩柱平整度	5		2	3	2	1	5	5	0	5	0	5	4	3	5	2	6	0	6	16	14	87.5
6	蜂窝麻面	≤1%		1																			
7	混凝土梁尺寸宽	5		2	2	2	0	1	5	3	4	1	3	5	3	6	3	5	4	4	16	15	93.8
8	高	5		2	1	2	2	2	1	2	6	3	2	1	6	5	5	0	0	2	16	14	87.5
9	长	±10		2	2	6	8	−6	−2	7	1	2	4	−7	1	−3	1	3	1	−11	16	15	93.8
10	板梁侧向弯曲	L/1000≤10		2																			
11	板梁纵横轴线位置	10		2																			
12	铺装中线高程	±10	30m	3	−8	−2	8	5	6												5	5	100
13	铺装横坡	±10 且≤0.3		4	3	−4	5	−1	8	−2	−8	9	−8	0	2	6	−8	5	8	8	16	16	100
14	铺装宽度	±20，0		3	11	2	15	15	8												5	5	100
15	铺装平整度	5		4	2	3	6	0	1	2	2	3	4	6	1	2	2	0	3	6	16	14	87.5
16	桥面变形缝直顺度	5	每缝	2																			
17	桥面变形缝顺桥平整度	5		2																			
18	直顺 扶手	5	每跨	1																			
19	垂直度 栏杆柱	3	每柱	2																			
20	直顺度 缘石	10	40m	1																			
21	相邻高差 缘石	3	20m	1																			

注：1. 斜拉桥桩标高、塔柱、桩的混凝土强度、拉索拉力、冷墩填料强度是认证项目；

2. 计算合格率单元，序号 1～2、3～5、6～13、14～20、21～25、26～30、31～33、34～35、36～40、41～48、49～51、52～55，然后再计算平均合格率即为得分；

3. 有水桥桥下净空可用梁底标高代替。

二、竣工资料相关评定

钢筋笼钢筋 分项工程质量验收记录之一

表 5-72

表 A-2-1

编号：________

工程名称	××桥梁工程			检验批数	16批
施工单位	××市政工程有限公司	项目经理	×××	项目技术负责人	×××
分包单位	/	分包单位负责人	/	分包项目经理	/

序号	检验批部位、区段	施工单位检查评定结果	监理(建设)单位验收结果
1	8号承台基坑开挖	自评合格，合格率为92%	符合设计及规范要求，同意评定合格
2	9号承台基坑开挖	自评合格，合格率为90%	符合设计及规范要求，同意评定合格
3	10号承台基坑开挖	自评合格，合格率为95%	符合设计及规范要求，同意评定合格
4	11号承台基坑开挖	自评合格，合格率为94%	符合设计及规范要求，同意评定合格
5	12号承台基坑开挖	自评合格，合格率为85%	符合设计及规范要求，同意评定合格
6	13号承台基坑开挖	自评合格，合格率为92%	符合设计及规范要求，同意评定合格
7	14号承台基坑开挖	自评合格，合格率为92%	符合设计及规范要求，同意评定合格
8	15号承台基坑开挖	自评合格，合格率为93%	符合设计及规范要求，同意评定合格
9	16号承台基坑开挖	自评合格，合格率为90%	符合设计及规范要求，同意评定合格
10	17号承台基坑开挖	自评合格，合格率为95%	符合设计及规范要求，同意评定合格
11	18号承台基坑开挖	自评合格，合格率为92%	符合设计及规范要求，同意评定合格
12	19号承台基坑开挖	自评合格，合格率为86%	符合设计及规范要求，同意评定合格
13	20号承台基坑开挖	自评合格，合格率为92%	符合设计及规范要求，同意评定合格
14	21号承台基坑开挖	自评合格，合格率为97%	符合设计及规范要求，同意评定合格
15	22号承台基坑开挖	自评合格，合格率为94%	符合设计及规范要求，同意评定合格
16	23号承台基坑开挖	自评合格，合格率为95%	符合设计及规范要求，同意评定合格

检查结论	符合设计及CJJ 2—2008 规范要求，自评合格，合格率为92.3% 项目专业：×××　技术负责人：××× ××年××月××日	验收结论	符合设计及CJJ 2—2008 等规范要求，同意评定合格 监理工程师：××× （建设单位项目专业技术负责人） ××年××月××日

承台基坑开挖　分项工程质量验收记录之二

表 5-73

表 A-2-2

编号：________

工程名称	××桥梁工程			检验批数	16 批
施工单位	××市政工程有限公司	项目经理	×××	项目技术负责人	×××
分包单位	/	分包单位负责人	/	分包项目经理	/

序号	检验批部位、区段	施工单位检查评定结果	监理(建设)单位验收结果
1	8 号承台基坑开挖	自评合格，合格率为 87%	符合设计及规范要求，同意评定合格
2	9 号承台基坑开挖	自评合格，合格率为 92%	符合设计及规范要求，同意评定合格
3	10 号承台基坑开挖	自评合格，合格率为 97%	符合设计及规范要求，同意评定合格
4	11 号承台基坑开挖	自评合格，合格率为 94%	符合设计及规范要求，同意评定合格
5	12 号承台基坑开挖	自评合格，合格率为 95%	符合设计及规范要求，同意评定合格
6	13 号承台基坑开挖	自评合格，合格率为 92%	符合设计及规范要求，同意评定合格
7	14 号承台基坑开挖	自评合格，合格率为 92%	符合设计及规范要求，同意评定合格
8	15 号承台基坑开挖	自评合格，合格率为 93%	符合设计及规范要求，同意评定合格
9	16 号承台基坑开挖	自评合格，合格率为 90%	符合设计及规范要求，同意评定合格
10	17 号承台基坑开挖	自评合格，合格率为 95%	符合设计及规范要求，同意评定合格
11	18 号承台基坑开挖	自评合格，合格率为 92%	符合设计及规范要求，同意评定合格
12	19 号承台基坑开挖	自评合格，合格率为 87%	符合设计及规范要求，同意评定合格
13	20 号承台基坑开挖	自评合格，合格率为 92%	符合设计及规范要求，同意评定合格
14	21 号承台基坑开挖	自评合格，合格率为 97%	符合设计及规范要求，同意评定合格
15	22 号承台基坑开挖	自评合格，合格率为 94%	符合设计及规范要求，同意评定合格
16	23 号承台基坑开挖	自评合格，合格率为 95%	符合设计及规范要求，同意评定合格

检查结论	符合设计及 CJJ 2—2008 规范要求，自评合格，合格率为 92.8% 项目专业：×××　技术负责人：××× ×× 年××月××日	验收结论	符合设计及 CJJ 2—2008 等规范要求，同意评定合格 监理工程师：××× (建设单位项目专业技术负责人) ××年××月××日

承台 C15 混凝土垫层　分项工程质量验收记录之三

表 5-74

表 A-2-3

编号：________

<table>
<tr><td colspan="2">工程名称</td><td colspan="3">××桥梁工程</td><td>检验批数</td><td>16 批</td></tr>
<tr><td colspan="2">施工单位</td><td>××市政工程有限公司</td><td>项目经理</td><td>×××</td><td>项目技术负责人</td><td>×××</td></tr>
<tr><td colspan="2">分包单位</td><td>/</td><td>分包单位负责人</td><td>/</td><td>分包项目经理</td><td>/</td></tr>
<tr><td>序号</td><td colspan="2">检验批部位、区段</td><td colspan="2">施工单位检查评定结果</td><td colspan="2">监理(建设)
单位验收结果</td></tr>
<tr><td>1</td><td colspan="2">8 号承台 C15 混凝土垫层</td><td colspan="2">自评合格，合格率为 95%</td><td colspan="2">符合设计及规范要求，同意评定合格</td></tr>
<tr><td>2</td><td colspan="2">9 号承台 C15 混凝土垫层</td><td colspan="2">自评合格，合格率为 92%</td><td colspan="2">符合设计及规范要求，同意评定合格</td></tr>
<tr><td>3</td><td colspan="2">10 号承台 C15 混凝土垫层</td><td colspan="2">自评合格，合格率为 86%</td><td colspan="2">符合设计及规范要求，同意评定合格</td></tr>
<tr><td>4</td><td colspan="2">11 号承台 C15 混凝土垫层</td><td colspan="2">自评合格，合格率为 94%</td><td colspan="2">符合设计及规范要求，同意评定合格</td></tr>
<tr><td>5</td><td colspan="2">12 号承台 C15 混凝土垫层</td><td colspan="2">自评合格，合格率为 90%</td><td colspan="2">符合设计及规范要求，同意评定合格</td></tr>
<tr><td>6</td><td colspan="2">13 号承台 C15 混凝土垫层</td><td colspan="2">自评合格，合格率为 92%</td><td colspan="2">符合设计及规范要求，同意评定合格</td></tr>
<tr><td>7</td><td colspan="2">14 号承台 C15 混凝土垫层</td><td colspan="2">自评合格，合格率为 90%</td><td colspan="2">符合设计及规范要求，同意评定合格</td></tr>
<tr><td>8</td><td colspan="2">15 号承台 C15 混凝土垫层</td><td colspan="2">自评合格，合格率为 95%</td><td colspan="2">符合设计及规范要求，同意评定合格</td></tr>
<tr><td>9</td><td colspan="2">16 号承台 C15 混凝土垫层</td><td colspan="2">自评合格，合格率为 90%</td><td colspan="2">符合设计及规范要求，同意评定合格</td></tr>
<tr><td>10</td><td colspan="2">17 号承台 C15 混凝土垫层</td><td colspan="2">自评合格，合格率为 92%</td><td colspan="2">符合设计及规范要求，同意评定合格</td></tr>
<tr><td>11</td><td colspan="2">18 号承台 C15 混凝土垫层</td><td colspan="2">自评合格，合格率为 92%</td><td colspan="2">符合设计及规范要求，同意评定合格</td></tr>
<tr><td>12</td><td colspan="2">19 号承台 C15 混凝土垫层</td><td colspan="2">自评合格，合格率为 88%</td><td colspan="2">符合设计及规范要求，同意评定合格</td></tr>
<tr><td>13</td><td colspan="2">20 号承台 C15 混凝土垫层</td><td colspan="2">自评合格，合格率为 92%</td><td colspan="2">符合设计及规范要求，同意评定合格</td></tr>
<tr><td>14</td><td colspan="2">21 号承台 C15 混凝土垫层</td><td colspan="2">自评合格，合格率为 98%</td><td colspan="2">符合设计及规范要求，同意评定合格</td></tr>
<tr><td>15</td><td colspan="2">22 号承台 C15 混凝土垫层</td><td colspan="2">自评合格，合格率为 94%</td><td colspan="2">符合设计及规范要求，同意评定合格</td></tr>
<tr><td>16</td><td colspan="2">23 号承台 C15 混凝土垫层</td><td colspan="2">自评合格，合格率为 91%</td><td colspan="2">符合设计及规范要求，同意评定合格</td></tr>
<tr><td></td><td colspan="2"></td><td colspan="2"></td><td colspan="2"></td></tr>
<tr><td></td><td colspan="2"></td><td colspan="2"></td><td colspan="2"></td></tr>
<tr><td></td><td colspan="2"></td><td colspan="2"></td><td colspan="2"></td></tr>
<tr><td>检查结论</td><td colspan="2">符合设计及 CJJ 2—2008
规范要求，自评合格，合格率为 92.2%

项目专业：×××　技术负责人：×××
×× 年××月××日</td><td>验收结论</td><td colspan="3">符合设计及 CJJ 2—2008
等规范要求，同意评定合格

监理工程师：×××
(建设单位项目专业技术负责人)
××年××月××日</td></tr>
</table>

承台钢筋　分项工程质量验收记录之四

表 5-75

表 A-2-4

编号：________

<table>
<tr><td>工程名称</td><td colspan="3">××桥梁工程</td><td>检验批数</td><td>16 批</td></tr>
<tr><td>施工单位</td><td>××市政工程有限公司</td><td>项目经理</td><td>×××</td><td>项目技术负责人</td><td>×× ×</td></tr>
<tr><td>分包单位</td><td>/</td><td>分包单位负责人</td><td>/</td><td>分包项目经理</td><td>/</td></tr>
</table>

序号	检验批部位、区段	施工单位检查评定结果	监理(建设)单位验收结果
1	8 号承台钢筋	自评合格，合格率为 92%	符合设计及规范要求，同意评定合格
2	9 号承台钢筋	自评合格，合格率为 90%	符合设计及规范要求，同意评定合格
3	10 号承台钢筋	自评合格，合格率为 93%	符合设计及规范要求，同意评定合格
4	11 号承台钢筋	自评合格，合格率为 94%	符合设计及规范要求，同意评定合格
5	12 号承台钢筋	自评合格，合格率为 87%	符合设计及规范要求，同意评定合格
6	13 号承台钢筋	自评合格，合格率为 95%	符合设计及规范要求，同意评定合格
7	14 号承台钢筋	自评合格，合格率为 87%	符合设计及规范要求，同意评定合格
8	15 号承台钢筋	自评合格，合格率为 95%	符合设计及规范要求，同意评定合格
9	16 号承台钢筋	自评合格，合格率为 92%	符合设计及规范要求，同意评定合格
10	17 号承台钢筋	自评合格，合格率为 96%	符合设计及规范要求，同意评定合格
11	18 号承台钢筋	自评合格，合格率为 90%	符合设计及规范要求，同意评定合格
12	19 号承台钢筋	自评合格，合格率为 95%	符合设计及规范要求，同意评定合格
13	20 号承台钢筋	自评合格，合格率为 95%	符合设计及规范要求，同意评定合格
14	21 号承台钢筋	自评合格，合格率为 98%	符合设计及规范要求，同意评定合格
15	22 号承台钢筋	自评合格，合格率为 90%	符合设计及规范要求，同意评定合格
16	23 号承台钢筋	自评合格，合格率为 92%	符合设计及规范要求，同意评定合格

<table>
<tr><td>检查结论</td><td>符合设计及 CJJ 2—2008
规范要求，自评合格，合格率为 92.5%

项目专业：×××　技术负责人：×××
×× 年××月××日</td><td>验收结论</td><td>符合设计及 CJJ 2—2008
等规范要求，同意评定合格

监理工程师：×××
(建设单位项目专业技术负责人)
××年××月××日</td></tr>
</table>

承台模板 分项工程质量验收记录之五

表 5-76

表 A-2-5

编号：________

工程名称	××桥梁工程			检验批数	16批
施工单位	××市政工程有限公司	项目经理	×××	项目技术负责人	×××
分包单位	/	分包单位负责人	/	分包项目经理	/

序号	检验批部位、区段	施工单位检查评定结果	监理(建设) 单位验收结果
1	8号承台模板	自评合格，合格率为93%	符合设计及规范要求，同意评定合格
2	9号承台模板	自评合格，合格率为98%	符合设计及规范要求，同意评定合格
3	10号承台模板	自评合格，合格率为94%	符合设计及规范要求，同意评定合格
4	11号承台模板	自评合格，合格率为90%	符合设计及规范要求，同意评定合格
5	12号承台模板	自评合格，合格率为90%	符合设计及规范要求，同意评定合格
6	13号承台模板	自评合格，合格率为92%	符合设计及规范要求，同意评定合格
7	14号承台模板	自评合格，合格率为90%	符合设计及规范要求，同意评定合格
8	15号承台模板	自评合格，合格率为92%	符合设计及规范要求，同意评定合格
9	16号承台模板	自评合格，合格率为98%	符合设计及规范要求，同意评定合格
10	17号承台模板	自评合格，合格率为94%	符合设计及规范要求，同意评定合格
11	18号承台模板	自评合格，合格率为91%	符合设计及规范要求，同意评定合格
12	19号承台模板	自评合格，合格率为88%	符合设计及规范要求，同意评定合格
13	20号承台模板	自评合格，合格率为92%	符合设计及规范要求，同意评定合格
14	21号承台模板	自评合格，合格率为98%	符合设计及规范要求，同意评定合格
15	22号承台模板	自评合格，合格率为94%	符合设计及规范要求，同意评定合格
16	23号承台模板	自评合格，合格率为90%	符合设计及规范要求，同意评定合格

检查结论	符合设计及CJJ 2—2008 规范要求，自评合格，合格率为92.6% 项目专业：××× 技术负责人：××× ××年××月××日	验收结论	符合设计及CJJ 2—2008 等规范要求，同意评定合格 监理工程师：××× (建设单位项目专业技术负责人) ××年××月××日

承台混凝土 分项工程质量验收记录之六

表 5-77

表 A-2-6

编号：________

工程名称	××桥梁工程			检验批数	16批
施工单位	××市政工程有限公司	项目经理	×××	项目技术负责人	×× ×
分包单位	/	分包单位负责人	/	分包项目经理	/

序号	检验批部位、区段	施工单位检查评定结果	监理(建设)单位验收结果
1	8号承台混凝土	自评合格，合格率为91%	符合设计及规范要求，同意评定合格
2	9号承台混凝土	自评合格，合格率为95%	符合设计及规范要求，同意评定合格
3	10号承台混凝土	自评合格，合格率为90%	符合设计及规范要求，同意评定合格
4	11号承台混凝土	自评合格，合格率为92%	符合设计及规范要求，同意评定合格
5	12号承台混凝土	自评合格，合格率为98%	符合设计及规范要求，同意评定合格
6	13号承台混凝土	自评合格，合格率为94%	符合设计及规范要求，同意评定合格
7	14号承台混凝土	自评合格，合格率为91%	符合设计及规范要求，同意评定合格
8	15号承台混凝土	自评合格，合格率为94%	符合设计及规范要求，同意评定合格
9	16号承台混凝土	自评合格，合格率为92%	符合设计及规范要求，同意评定合格
10	17号承台混凝土	自评合格，合格率为92%	符合设计及规范要求，同意评定合格
11	18号承台混凝土	自评合格，合格率为92%	符合设计及规范要求，同意评定合格
12	19号承台混凝土	自评合格，合格率为91%	符合设计及规范要求，同意评定合格
13	20号承台混凝土	自评合格，合格率为92%	符合设计及规范要求，同意评定合格
14	21号承台混凝土	自评合格，合格率为98%	符合设计及规范要求，同意评定合格
15	22号承台混凝土	自评合格，合格率为96%	符合设计及规范要求，同意评定合格
16	23号承台混凝土	自评合格，合格率为94%	符合设计及规范要求，同意评定合格

检查结论	符合设计及CJJ 2—2008 规范要求，自评合格，合格率为93.1% 项目专业：×××　技术负责人：××× ××年××月××日	验收结论	符合设计及CJJ 2—2008 等规范要求，同意评定合格 监理工程师：××× (建设单位项目专业技术负责人) ××年××月××日

地基与基础分部(子分部)工程质量验收记录之一

表 5-78

表 A-3-1

编号：________

<table>
<tr><td colspan="2">工程名称</td><td colspan="2">××桥梁工程</td><td>项目经理</td><td>×××</td></tr>
<tr><td colspan="2">施工单位</td><td colspan="2">××市政工程有限公司</td><td>项目技术负责人</td><td>×××</td></tr>
<tr><td colspan="2">分包单位</td><td colspan="2">/</td><td>分包技术负责人</td><td>/</td></tr>
<tr><td>序号</td><td>分项工程名称</td><td>检验批数</td><td colspan="2">施工单位检查评定结果</td><td>验收意见</td></tr>
<tr><td>1</td><td>钢筋笼钢筋</td><td>16批</td><td colspan="2">自评合格，合格率为93%</td><td rowspan="8">符合设计及规范要求，同意评定合格，合格率为92.8%</td></tr>
<tr><td>2</td><td>承台基坑开挖</td><td>16批</td><td colspan="2">自评合格，合格率为93%</td></tr>
<tr><td>3</td><td>承台C15混凝土垫层</td><td>16批</td><td colspan="2">自评合格，合格率为92%</td></tr>
<tr><td>4</td><td>承台钢筋</td><td>16批</td><td colspan="2">自评合格，合格率为94%</td></tr>
<tr><td>5</td><td>承台模板</td><td>16批</td><td colspan="2">自评合格，合格率为93%</td></tr>
<tr><td>6</td><td>承台混凝土</td><td>16批</td><td colspan="2">自评合格，合格率为94%</td></tr>
<tr><td></td><td></td><td></td><td colspan="2"></td></tr>
<tr><td></td><td></td><td></td><td colspan="2"></td></tr>
<tr><td colspan="2">质量控制资料</td><td colspan="4">资料字迹清晰、完整、齐全整理</td></tr>
<tr><td colspan="2">安全和功能检验(检测)报告</td><td colspan="4">齐全</td></tr>
<tr><td colspan="2">观感质量验收</td><td colspan="4">合格</td></tr>
<tr><td>验收结论</td><td colspan="5">合格</td></tr>
<tr><td rowspan="5">验收单位</td><td>分包单位</td><td colspan="3">项目经理 ×××</td><td>××年××月××日</td></tr>
<tr><td>施工单位</td><td colspan="3">项目经理 ×××</td><td>××年××月××日</td></tr>
<tr><td>勘察单位</td><td colspan="3">项目负责人 ×××</td><td>××年××月××日</td></tr>
<tr><td>设计单位</td><td colspan="3">项目负责人 ×××</td><td>××年××月××日</td></tr>
<tr><td>监理(建设)单位</td><td colspan="3">总监理工程师 ×××
(建设单位项目专业负责人)</td><td>××年××月××日</td></tr>
</table>

墩台、立柱分部（子分部）工程质量验收记录之二　　**表 5-79**

表 A-3-2

编号：________

工程名称	××桥梁工程		项目经理	×××
施工单位	××市政工程有限公司		项目技术负责人	×××
分包单位	/		分包技术负责人	/
序号	分项工程名称	检验批数	施工单位检查评定结果	验收意见
1	立柱钢筋	16批	自评合格，合格率为93%	符合设计及规范要求，同意评定合格，合格率为93%
2	立柱模板	16批	自评合格，合格率为93%	
3	立柱混凝土	16批	自评合格，合格率为93%	
4				
5				
6				
质量控制资料		资料字迹清晰、完整、齐全整理		
安全和功能检验(检测)报告		齐全		
观感质量验收		合格		
验收结论	合格			
验收单位	分包单位	项目经理 ×××	××年××月××日	
	施工单位	项目经理 ×××	××年××月 ××日	
	勘察单位	项目负责人 ×××	×× 年××月××日	
	设计单位	项目负责人 ×××	××年××月 ××日	
	监理(建设)单位	总监理工程师 ××× (建设单位项目专业负责人)	××年××月××日	

盖梁、墩帽（子分部）工程质量验收记录之三

表 5-80
表 A-3-3

编号：________

<table>
<tr><td colspan="2">工程名称</td><td colspan="2">××桥梁工程</td><td>项目经理</td><td>×××</td></tr>
<tr><td colspan="2">施工单位</td><td colspan="2">××市政工程有限公司</td><td>项目技术负责人</td><td>×××</td></tr>
<tr><td colspan="2">分包单位</td><td colspan="2">/</td><td>分包技术负责人</td><td>/</td></tr>
<tr><td>序号</td><td>分项工程名称</td><td>检验批数</td><td colspan="2">施工单位检查评定结果</td><td>验收意见</td></tr>
<tr><td>1</td><td>墩帽钢筋</td><td>16 批</td><td colspan="2">自评合格，合格率为 94%</td><td rowspan="8">符合设计及规范要求，同意评定合格，合格率为 93.5%</td></tr>
<tr><td>2</td><td>墩帽模板</td><td>16 批</td><td colspan="2">自评合格，合格率为 94%</td></tr>
<tr><td>3</td><td>墩帽混凝土</td><td>16 批</td><td colspan="2">自评合格，合格率为 93%</td></tr>
<tr><td>4</td><td></td><td></td><td colspan="2"></td></tr>
<tr><td>5</td><td></td><td></td><td colspan="2"></td></tr>
<tr><td>6</td><td></td><td></td><td colspan="2"></td></tr>
<tr><td></td><td></td><td></td><td colspan="2"></td></tr>
<tr><td></td><td></td><td></td><td colspan="2"></td></tr>
<tr><td colspan="3">质量控制资料</td><td colspan="3">资料字迹清晰、完整、齐全整理</td></tr>
<tr><td colspan="3">安全和功能检验(检测)报告</td><td colspan="3">齐全</td></tr>
<tr><td colspan="3">观感质量验收</td><td colspan="3">合格</td></tr>
<tr><td>验收结论</td><td colspan="5">合格</td></tr>
<tr><td rowspan="5">验收单位</td><td>分包单位</td><td colspan="4">项目经理 ×××　　××年××月××日</td></tr>
<tr><td>施工单位</td><td colspan="4">项目经理 ×××　　××年××月 ××日</td></tr>
<tr><td>勘察单位</td><td colspan="4">项目负责人 ×××　　×× 年××月××日</td></tr>
<tr><td>设计单位</td><td colspan="4">项目负责人 ×××　　××年××月 ××日</td></tr>
<tr><td>监理(建设)单位</td><td colspan="4">总监理工程师 ×××
(建设单位项目专业负责人)　　××年××月××日</td></tr>
</table>

单位（子单位）工程质量验收记录

表 5-81

表 A-4

编号：________

<table>
<tr><td>工程名称</td><td colspan="3">××桥梁工程</td><td>工程规模</td><td colspan="4"></td></tr>
<tr><td>施工单位</td><td>××市政工程有限公司</td><td>技术负责人</td><td>×××</td><td>开工日期</td><td colspan="4">××年××月××日</td></tr>
<tr><td>项目经理</td><td>×××</td><td>项目技术负责人</td><td>×××</td><td>竣工日期</td><td colspan="4">××年××月××日</td></tr>
<tr><td>序号</td><td>项目</td><td colspan="2">验收记录</td><td colspan="5">验收结论</td></tr>
<tr><td>1</td><td>分部工程</td><td colspan="2">共7分部，经查7分部，符合标准及设计要求7分部</td><td colspan="5">合格</td></tr>
<tr><td>2</td><td>质量控制资料核查</td><td colspan="2">共22项，经审查符合要求项，经核定符合规范要求22项</td><td colspan="5">完整并符合要求</td></tr>
<tr><td>3</td><td>安全和主要使用功能核查和抽查结果</td><td colspan="2">共核查7项，符合要求7项，共抽查7项，符合要求7项</td><td colspan="5">符合要求</td></tr>
<tr><td>4</td><td>观感质量验收</td><td colspan="2">共抽查5项，符合要求5项</td><td colspan="5">符合要求</td></tr>
<tr><td>5</td><td>综合验收结论</td><td colspan="7">合格</td></tr>
<tr><td rowspan="4">参加验收单位</td><td>建设单位</td><td>监理单位</td><td colspan="2">设计单位</td><td colspan="4">施工单位</td></tr>
<tr><td>（公章）</td><td>（公章）</td><td colspan="2">（公章）</td><td colspan="4">（公章）</td></tr>
<tr><td>单位（项目）负责人×××</td><td>单位（项目）负责人×××</td><td colspan="2">单位（项目）负责人×××</td><td colspan="4">单位（项目）负责人×××</td></tr>
<tr><td>××年××月××日</td><td>××年××月××日</td><td colspan="2">××年××月××日</td><td colspan="4">××年××月××日</td></tr>
</table>

单位（子单位）工程观感检查记录

表 5-82

表 A-5

编号：__________

工程名称	××桥梁工程
施工单位	××市政工程有限公司

序号	项　目	抽查质量状况	质量评价		
			好	一般	差
1	墩（柱）、塔		√		
2	盖梁		√		
3	桥台		√		
4	混凝土梁		√		
5	系梁		√		
6	拱部	/	√		
7	拉索、吊索	/	/	/	/
8	桥面		√		
9	人行道		√		
10	防撞设施		√		
11	排水设施		√		
12	伸缩缝		√		
13	栏杆、扶手		√		
14	桥台护坡		√		
15	涂装、饰面		√		
16	钢结构焊缝	/	√		
17	灯柱、照明		√		
18	隔声装置	/	√		
19	防眩装置	/	√		
观感质量综合评价		好			
检查结论	好				

施工单位项目经理：×××　　　　总监理工程师：×××

××年××月××日　　　　（建设单位项目负责人）××年××月××日

注：质量评为差的项目，应进行返修

单位（子单位）工程质量控制资料核查记录 **表5-83**

表A-6

编号：________

工程名称	××桥梁工程			
施工单位	××市政工程有限公司			
序号	资料名称	份数	核查意见	核查人
1	图纸会审、设计变更、洽商记录	5份	符合要求	×××
2	工程定位测量、交桩、放线、复核记录	5份	符合要求	×××
3	施工组织设计、施工方案及审批	15份	符合要求	×××
4	原材料出厂合格证书及进场检（试）验报告	10份	符合要求	×××
5	成品、半成品出厂合格证及试验报告	15份	符合要求	×××
6	施工试验报告及见证检测报告	20份	符合要求	×××
7	隐蔽工程验收记录	40份	符合要求	×××
8	施工记录	40份	符合要求	×××
9	工程质量事故及事故调查处理资料	无	符合要求	×××
10	分项、分部工程质量验收记录	29份	符合要求	×××
11	新材料、新工艺施工记录	2份	符合要求	×××

检查结论：完整并符合要求

总监理工程师：×××

施工单位项目经理：××× （建设单位项目负责人）

××年××月××日 ××年××月××日

单位（子单位）工程安全和功能检验资料核查及主要功能抽查记录 **表5-84**

表A-7

编号：________

工程名称	××桥梁工程			
施工单位	××市政工程有限公司			
序号	安全和功能检查项目	份数	核查、抽查意见	核查、抽查人
1	地基土承载力试验记录	5份	符合要求	×××
2	基桩无损检测记录	10份	符合要求	×××
3	钻芯取样检测记录	1份	符合要求	×××
4	同条件养护试件试验记录	3份	符合要求	×××
5	斜拉索张拉力振动频率试验记录	/	/	/
6	索力调整检测记录	/	/	/
7	桥梁的动、静载试验记录	5份	符合要求	×××
8	桥梁工程竣工测量资料	1份	符合要求	×××

检查结论：符合要求

总监理工程师：×××

施工单位项目经理：××× （建设单位项目负责人）

××年××月××日 ××年××月××日

项　目　小　结

施工准备阶段的施工资料编制包括：

一、专项施工方案

二、施工技术交底记录

三、水准点复测记录

四、钻孔桩成孔质量检查记录

五、钻孔桩水下混凝土灌注记录

六、测量复核记录

七、预检工程检查记录

八、隐蔽工程检查（验收）记录

九、检验批质量检验记录

十、预应力张拉数据表

十一、预应力张拉记录

十二、预应力张拉记录（后张法两端张拉）

十三、预应力张拉孔道压浆记录

十四、混凝土浇筑记录

十五、工程洽商记录

十六、材料、构配件检查记录

施工试验记录包括：

一、有见证试验汇总表

二、见证记录

三、主要原材料及构配件出厂证明及复试报告目录

四、原材料、（半）成品出厂合格证及进场前抽检试验报告

五、混凝土配合比、抗压强度试验报告及混凝土强度性能汇总和统计评定

六、砂浆配合比、抗压强度试验报告及砂浆强度汇总和统计评定

七、压实度试验报告

竣工验收阶段的施工资料编制包括：

一、工程竣工测量资料

二、竣工资料相关评定

复习思考题

1. 钻孔桩水下混凝土灌注记录的重要内容有哪些？
2. 简述预应力张拉孔道压浆记录。
3. 钢绞线见证记录内容有哪些？
4. 简述市政桥梁工程外观评分表。

项目6 市政工程施工资料归档

知识目标

1. 能够叙述工程施工资料管理的概念；
2. 掌握电子文件与声像资料制作；
3. 掌握声像资料归档；
4. 掌握声像资料整理。

任务1 市政工程施工资料归档概述

市政工程资料的归档管理是指建设项目各参与单位，按照规范的要求对与工程建设有关的重要活动、工程建设主要过程和现状的记载，并将具有保存价值的各种载体文件进行收集、按照《建设工程文件归档整理规范》（GB/T 50328—2001）的归档范围基本原则整理立卷后归档。

一、市政工程资料的归档管理职责

市政工程技术资料管理职责包括建设单位、监理单位、施工单位、城建档案馆在内的全部工程资料的编制和管理。工程资料不仅由施工单位提供，而且参与工程建设的建设单位、承担监理任务的监理或咨询单位，都负有收集、整理、签署、核查工程资料的责任。建设、勘察、设计、施工、监理等单位应将工程文件的形成和积累纳入工程建设管理的各个环节和有关人员的职责范围。

1. 在工程文件与档案的整理立卷、验收移交工程中，建设单位应履行下列职责：

(1) 在工程招标及与勘察、设计、施工、监理等单位签订协议、合同时，应对工程文件的套数、费用、质量、移交时间等提出明确要求；

(2) 收集和整理工程准备阶段、竣工验收阶段形成的文件，并应进行立卷归档；

(3) 负责组织、监督和检查勘察、设计、施工、监理等单位的工程文件形成、积累和立卷归档工作，也可委托监理单位监督、检查工程文件的形成、积累和立卷归档工作；

(4) 收集和汇总勘察、设计、施工、监理等单位立卷归档的工程档案；

(5) 在组织工程竣工验收前，应提请当地的城建档案管理机构对工程档案进行预验收，未取得工程档案验收认可文件，不得组织工程竣工验收；

(6) 对列入城建档案馆（室）接收范围的工程，工程竣工验收后3个月内，向当地城建档案馆（室）移交一套符合规定的工程档案。

2. 勘察、设计、施工、监理等单位应将本单位形成的工程文件立卷后向建设单位移交。

3. 市政工程项目实行总承包的，总包单位负责收集、汇总各分包单位形成的工程档案，并应及时向建设单位移交；各分包单位遵循《建设工程文件归档整理规范》（GB/T

50328—2001）基本规定，应将本单位形成的工程文件整理、立卷后及时移交总包单位。建设工程项目由几个单位承包的，各承包单位负责收集、整理立卷其承包项目的工程文件，并应及时向建设单位移交。

4. 城建档案管理机构应对工程文件的立卷归档工作进行监督、检查、指导。在工程竣工验收前，应对工程档案进行预验收，验收合格后，须出具工程档案认可文件。

二、市政工程资料的归档范围

市政工程资料的具体归档范围应符合《建设工程文件归档整理规范》GB/T 50328—2001基本规定，见表6-1。

建设工程文件归档范围和保管期限表　　**表6-1**

序号	归档文件	保存单位和保管期限				
		建设单位	施工单位	设计单位	监理单位	城建档案馆
	工程准备阶段文件					
一	立项文件					
1	投资项目建议书及批复文件、前期工作通知书	永久				✓
2	环境影响审批报告书	永久				✓
3	可行性研究报告（含附件）及批复文件	永久				✓
4	关于立项有关的会议纪要、领导讲话	永久				✓
5	专家对项目的有关建议、调查资料、项目评估研究材料	永久				✓
二	建设用地、征地、拆迁文件					
6	建设项目选址规划意见书（含附件及勘设红线图）	永久				✓
7	县级以上人民政府城乡建设用地批准书	永久				✓
8	拆迁安置意见、协议、方案等	长期				✓
9	建设用地规划许可证复印件（含附件及附图）	永久				✓
10	划拨决定书，出让合同及过程文件材料，“一书一方案”建设用地项目呈报材料等划拨、出让建设用地文件	永久				✓
11	国有土地使用证复印件	永久				✓
三	勘察、测绘、设计文件					
12	工程地质勘察报告、水文地质勘察报告	永久		永久		✓
13	建设用地勘测定界成果等地形测量和拨地测量成果	永久		永久		✓
14	定位略图，±0.00检测	永久		永久		✓
15	方案设计、初步设计图纸、说明及审批意见（含附图）	长期				
16	技术设计图纸、说明及审批意见（含附图）	长期				

续表

序号	归　档　文　件	保存单位和保管期限				
		建设单位	施工单位	设计单位	监理单位	城建档案馆
17	有关行政主管部门（消防、人防、环保、交通、园林、市政、文物、抗震、教育、卫生等）批准文件或取得的有关协议	永久				√
18	施工图审查文件及审批意见	长期		长期		√
四	合同					
19	勘察合同	长期				√
20	设计合同	长期		长期		√
21	施工承包合同	长期	长期			√
22	监理委托合同	长期			长期	√
23	其他合同	长期				√
五	开工审批文件					
24	建设项目列入年度计划的申报、批复文件或年度计划项目表	永久				√
25	建设工程规划许可证（含附件、附图）	永久				√
26	掘路占路审批文件、移伐树审批文件、投资许可证、审计证明、缴纳绿化建设费证明、工程项目统计登记文件、人防备案（施工图）文件、非政府投资项目备案等文件	永久				√
27	工程质量监督（安监）书	永久				√
28	建设工程施工许可证（复印件）	永久				原件 交建委备案
六	建设、设计、勘测、施工、监理机构及负责人					
29	建设、设计、勘测、施工、监理机构及负责人名单	长期	长期		长期	√
	监理文件					
30	监理规划；监理实施细则	长期			短期	√
31	监理日记；监理月报	长期			短期	√
32	监理会议纪要（附签到表）	长期			短期	√
33	工程开工/复工报审表；工程暂停令；分包单位资格报审表	长期			长期	√
34	监理通知书、通知回复单；监理工作联系单及汇总表	长期			长期	√
35	质量事故报告及处理意见	长期			长期	√
36	工程竣工决算审核意见书；索赔文件资料	长期				√
37	工程延期报告及审批	长期				√

续表

序号	归档文件	保存单位和保管期限				
		建设单位	施工单位	设计单位	监理单位	城建档案馆
38	合同变更、争议、违约材料及处理意见	长期				√
39	监理工作总结	长期				√
40	质量评价意见报告	长期				√
	施工文件					
一	施工准备					
41	施工组织设计及报审表（含各类专项技术方案）	短期	短期			√
42	图纸会审记录；技术交底；开工报告	长期	长期			√
43	设计变更、施工联系单及汇总表	长期	长期			√
44	工程测量复核记录（含导线点、水准点等）	长期	长期			√
二	产品质量合格证书、出厂（检）试验报告和复试报告					
45	砂、石、砌块、水泥、钢筋（材）、石灰、沥青、涂料、混凝土外加剂、防水材料、粘接材料、防腐保温材料、焊接材料等原材料质量合格证书，出厂检（试）验报告，进场检查记录，进场报审表，现场复试报告及各相关汇总表	长期				√
46	水泥、石灰、粉煤灰类混合料，沥青混合料、商品混凝土等半成品出厂合格证，试验报告，进场检查记录，进场报审表，现场复试报告及各相关汇总表	长期				√
47	混凝土预制构件、管材、管件、钢结构构件等出厂合格证书，试验报告，进场检查记录，进场报审表，复试报告，各相关汇总表，以及相应的施工技术资料	长期				√
48	厂站工程的成套设备、预应力混凝土张拉设备、各类地下管线井室设施、支座、变形装置、止水带等产品出厂合格证书，进场检查记录，进场报审表，各相关汇总表及安装使用说明	长期				√
三	施工试验					
49	见证记录及见证试验汇总表	长期				√
50	压实度（密度）、强度试验记录（包括砂、石、填土压实度、回弹、承载及道路基层、面层（含厚度）强度、压实度等试验资料）	长期				√
51	水泥混凝土抗压、抗折强度试验资料；抗渗、抗冻性能试验资料等（包括配合比通知单，试验报告及汇总表，统计、评定记录等）	长期				√
52	砂浆试块强度试验资料（包括配合比通知单，试验报告及汇总表，统计、评定记录等）	长期				√

续表

序号	归 档 文 件	保存单位和保管期限				
		建设单位	施工单位	设计单位	监理单位	城建档案馆
53	钢筋焊、连接检（试）验资料	长期				√
54	钢结构、钢管道、金属容器等及其他设备焊接检（试）验资料	长期				√
55	桩基础检（试）验报告等常规检测报告	长期				√
四	施工记录					
56	地基与基槽验收记录（含地基处理记录）	长期	长期			√
57	桩基施工记录（含桩位平面示意图，打桩记录，钻孔（挖孔）灌注桩记录等）	长期	长期			√
58	构件、设备安装与调试记录	长期	长期			√
59	施加预应力（含注浆）记录	长期				√
60	沉井下沉观测记录	长期				√
61	混凝土浇筑记录（凡现场浇筑C20（含）强度等级以上的结构混凝土均应填写）	长期				√
62	管道、箱涵顶进记录	长期				√
63	构筑物沉降观测记录	长期				√
64	施工测温记录	长期				√
65	有特殊要求的工程，按有关规定及设计要求提供相应的施工记录	长期				√
66	公用场站工程中的结构工程中间验收记录	长期				√
五	隐蔽工程检查验收记录					
67	隐蔽工程检查（验收）记录	长期				√
六	工程质量检验评定资料					
68	工序质量评定、部位工程质量评定、单位工程质量评定	长期				√
七	使用功能试验记录					
69	道路弯沉试验	长期				√
70	无压力管道严密性试验	长期				√
71	桥梁动、静载试验	长期				√
72	水池满水试验	长期				√
73	消化池气密性试验	长期				√
74	压力管道的强度试验、严密性试验和通球试验	长期				√
75	其他使用功能试验	长期				√
八	工程质量事故资料					
76	工程质量事故报告	永久	长期			√
77	工程质量事故处理记录	永久	长期			√

续表

序号	归　档　文　件	保存单位和保管期限				
		建设单位	施工单位	设计单位	监理单位	城建档案馆
九	竣工图及竣工测量资料					
78	竣工测量记录及测量示意图，地下管线竣工测量材料	永久	长期			√
79	竣工图	永久	长期			√
	竣工验收资料					
一	工程概况和总结					
80	工程竣工报告	永久	长期			√
81	工程竣工总结；工程简介	永久	长期			√
二	竣工验收记录					
82	预验收纪要及整改消项	永久	长期			
83	工程竣工验收证书	永久	长期			可缓交
84	竣工验收报告；设计、勘察、监理、施工单位工程质量合格证明	永久	长期			交建委
85	竣工验收备案表	永久	长期			交建委
三	财务文件					
86	决算文件	永久	长期			可缓交
87	交付使用财产总表和财产明细表	永久	长期			可缓交
四	声像、缩微、电子档案					
88	工程照片（5寸光面彩照）	永久				√
89	录音、录像材料	永久				√
90	缩微品、光盘、磁盘	永久				√

三、市政工程资料归档的质量要求

根据《建设工程文件归档整理规范》GB/T 50328—2001的规定，市政工程资料的归档时应满足以下质量要求：

1. 归档的工程文件应为原件；

2. 工程文件的内容及其深度必须符合国家有关工程勘察、设计、施工、监理等方面的技术规范、标准和规程；

3. 工程文件的内容必须真实、准确，与工程实际相符合；

4. 工程文件应采用耐久性强的材料书写，如碳素墨水、蓝黑墨水，不得使用易褪色的材料书写，如：红色墨水、纯蓝墨水、圆珠笔、复写纸、铅笔等；

5. 工程文件应字迹清楚，图样清晰，图表整洁，签字盖章手续完备；

6. 工程文件中文字材料幅面尺寸规格宜为A4幅面（297mm×210mm），图纸宜采用国家标准图幅；

7. 工程文件的纸张应采用能够长期保存的韧力大、耐久性强的纸张。图纸一般采用蓝图，竣工图应是新蓝图。计算机出图必须清晰，不得使用计算机出图的复印件；

8. 所有竣工图均应加盖竣工图章。

（1）竣工图标题栏的基本内容应包括："竣工图"字样、施工单位、编制人、审核人、技术负责人、编制日期、监理单位、现场监理、总监。竣工图章尺寸为50mm×80mm，其中竣工图一栏15mm×80mm，其实行间距均为7mm，每列间距均为20mm。竣工图印章应使用不易褪色的红印泥，应盖在图标题栏上方空白处。

竣工图标题栏示例如下。

竣　工　图			
施工单位			
编制人		审核人	
技术负责人		编制日期	
监理单位			
总监		现场监理	

（2）利用施工图改绘竣工图，必须标明变更修改依据；凡施工图结构、工艺、平面布置等有重大改变，或变更部分超过图面1/3的，应当重新绘制竣工图。

（3）不同幅面的工程图图纸应按《技术制图复制图的折叠方法》GB/T 10609.3—2009统一折叠成A4面（297mm×210mm），图标题栏露在外面。

四、市政工程资料组卷的原则和方法

立卷是指按照一定的原则和方法，将有保存价值的资料分门别类地整理成案卷。

1. 组卷的基本原则

（1）组卷应遵循工程文件的自然形成规律，保持卷内文件的有机联系，便于档案的保管和利用；

（2）一个建设工程由多个单位工程组成时，工程文件应按单位工程组卷。

2. 组卷的方法

（1）工程文件可按建设程序划分为工程准备阶段的文件、监理文件、施工文件、竣工图、竣工验收文件五个部分。

（2）工程准备阶段文件可按建设程序、专业、形成单位等组卷。

（3）监理文件可按单位工程、分部工程、专业、阶段等组卷。

（4）施工文件可按单位工程、分部工程、专业、阶段等组卷。

（5）竣工图可按单位工程、专业等组卷。

（6）竣工验收文件按单位工程、专业等组卷。

3. 组卷过程中宜遵循下列要求

（1）案卷不宜过厚，一般不超过40mm；

（2）案卷内不应有重份文件；

（3）不同载体的文件一般应分别组卷；

4. 组卷时卷内文件的排列

（1）文字材料按事项、专业顺序排列；

（2）同一事项的请示与批复、同一文件的印本与定稿、主件与附件不能分开，并按批复在前、请示在后，印本在前、定稿在后，主件在前、附件在后的顺序排列；

(3) 图纸按专业排列，同专业图纸按图号顺序排列；

(4) 既有文字材料又有图纸的案卷，文字材料排前，图纸排后；

5. 组卷时案卷的编目要求

(1) 编制卷内文件页号应符合下列规定：

1) 卷内文件均按有书写内容的页面编号。每卷单独编号，页号从“1”开始；

2) 页号编写位置：单面书写的文件在右下角；双面书写的文件，正面在右下角，背面在左下角。折叠后的图纸一律在右下角；

3) 成套图纸或印刷成册的科技文件材料，自成一卷的，原目录可代替卷内目录，不必重新编写页码；

4) 案卷封面、卷内目录、卷内备考表不编写页号。

(2) 卷内目录的编制应符合下列规定：

1) 卷内目录式样宜符合《建设工程文件归档整理规范》GB/T 50328—2001 附录 B（略）的要求；

2) 序号：以一份文件为单位，用阿拉伯数字从 1 依次标注；

3) 责任者：填写文件的直接形成单位和个人。有多个责任者时，选择两个主要责任者，其余用“等”代替；

4) 文件编号：填写工程文件原有的文号或图号；

5) 文件题名：填写文件标题的全称；

6) 日期：填写文件形成的日期；

7) 页次：填写文件在卷内所排的起始页号，最后一份文件填写起止页号；

8) 卷内目录排列在卷内文件首页之前。

(3) 卷内备考表的编制应符合下列规定：

1) 卷内备考表的式样宜符合《建设程文件归档整理规范》GB/T 50328—2001 附录 C（略）的要求；

2) 卷内备考表主要标明卷内文件的总页数、各类文件页数（照片张数）以及立卷单位对案卷情况的说明。

3) 卷内备考表排列在卷内文件的尾页之后。

(4) 案卷封面的编制应符合下列规定：

1) 案卷封面印刷在卷盒、卷夹的正表面，也可采用内封面形式。案卷封面的式样宜符合《建设程文件归档整理规范》GB/T 50328—2001 附录 D（略）的要求。

2) 案卷封面的内容应包括：档号、档案馆代号、案卷题名、编制单位、起止日期、密级、保管期限、共几卷、第几卷。

3) 档号应由分类号、项目号和案卷号组成。档号由档案保管单位填写。

4) 档案馆代号应填写国家给定的本档案馆的编号。档案馆代号由档案馆填写。

5) 案卷题名应简明、准确地揭示卷内文件的内容。案卷题名应包括工程名称、专业名称、卷内文件的内容。

6) 编制单位应填写案卷内文件的形成单位或主要责任者。

7) 起止日期应填写案卷内全部文件形成的起止日期。

8) 保管期限分为永久、长期、短期三种期限。各类文件的保管期限详见表 6-1。永久是指工程档案需永久保存，长期是指工程档案的保存期限等于该工程的使用寿命，短期是指工程档案保存20年以下。同一案卷内有不同保管期限的文件，该案卷保管期限应从长。密级分为绝密、机密、秘密三种，同一案卷内有不同密级的文件，应以高密级为本卷密级。

（5）卷内目录、卷内备考表，案卷内封面应采用70g以上白色书写纸制作，幅面统一采用A4幅面。

6. 案卷装订的要求

案卷可采用装订与不装订两种形式。文字材料必须装订；既有文字材料，又有图纸的案卷应装订。装订应采用线绳三孔左侧装订法，要整齐、牢固，便于保管和利用。装订时必须剔除金属物。

7. 卷盒、卷夹、案卷脊背的要求

案卷装具一般采用卷盒、卷夹两种形式。卷盒的外表尺寸为220～310mm，厚度分别为20、30、40、50mm。卷夹的外表尺寸为220～310mm，厚度一般为20～30mm。卷盒、卷夹应采用无酸纸制作。

案卷脊背的内容包括档号、案卷题名。式样宜符合《建设程文件归档整理规范》GB/T 50328—2001附录E（略）的要求；

五、市政工程资料的归档规定

1. 归档资料应符合的规定：归档文件必须完整、准确、系统，能够反映工程建设活动的全过程。文件材料归档范围详见表6-1。文件材料的质量符合建筑工程资料归档的质量要求。归档的文件必须经过分类整理，并应组成符合要求的案卷。

2. 归档时间应符合的规定：根据市政建设程序和工程特点，归档可以分阶段分期进行，也可以在单位或分部工程通过竣工验收后进行。施工单位应在工程竣工验收前，将各自形成的有关工程档案向建设单位归档。

3. 归档顺序应符合的规定：施工单位在收齐工程文件并整理立卷后，建设单位、监理单位应根据城建档案管理机构的要求对档案文件完整、准确、系统情况和案卷质量进行审查。审查合格后向建设单位移交。施工单位向建设单位移交档案时，应编制移交清单，双方签字、盖章后方可交接。

4. 归档数量应符合的规定：工程档案一般不少于两套，一套由建设单位保管，一套（原件）移交当地城建档案馆。凡设计、施工及监理单位需要向本单位归档的文件，应按国家有关规定和《建设程文件归档整理规范》GB/T 50328—2001附录A的要求单独立卷归档。

六、市政工程资料验收与移交

1. 列入城建档案馆档案接收范围的工程，建设单位在组织工程竣工验收前，应提请城建档案管理机构对工程档案进行预验收。建设单位未取得城建档案管理机构出具的认可文件，不得组织工程竣工验收。

2. 城建档案管理机构在进行工程档案预验收时，应重点验收以下内容：工程档案齐全、系统完整；工程档案的内容真实、准确地反映工程建设活动和工程实际状况；工程档案已整理立卷，立卷符合《建设程文件归档整理规范》GB/T 50328—2001的规定；竣工图绘制方法、图式及规格等符合专业技术要求，图面整洁、盖有竣工图章；文件的形成、来源符合实际，要求单位或个人签章的文件，其签章手续完备；文件材质、幅面、书写、绘图、用墨、托裱等符合要求。

3. 列入城建档案馆接收范围的工程，建设单位在工程竣工验收后3个月内，必须向城建档案馆移交一套符合规定的工程档案。

4. 停建、缓建市政工程的档案，暂由建设单位保管。

5. 对改建、扩建和维修工程，建设单位应当组织设计、施工单位据实修改、补充和完善原工程档案。对改变的部位，应当重新编制工程档案，并在工程竣工验收后3个月内向城建档案馆移交。

6. 建设单位向城建档案馆移交工程档案时，应办理移交手续，填写移交目录，双方签字、盖章后交接。

任务2　电子文件与声像资料制作

一、工程电子文件制作

建设工程电子文件是建设电子文件的重要组成部分，它主要包括工程准备阶段电子文件、监理电子文件、施工电子文件、竣工图电子文件和竣工验收电子文件。

建设工程电子文件简称工程电子文件，是指具有参考和利用价值并作为档案保存的建设电子文件及相应的支持软件、参数和其他相关数据。建设电子档案主要包括建设系统业务管理电子档案和建设工程电子档案。

建设电子档案电子文件必须具有真实性、完整性和有效性的特征。真实性就是指电子文件的内容、结构和背景信息等与形成时的原始状态保持一致；完整性就是指电子文件的内容、结构、背景信息和元数据等无缺损和遗漏；所谓有效性就是指电子文件的可理解性和可被利用性，包括信息的可识别性、存储系统的可靠性；载体的完好性和兼容性。还有一个元数据，就是描述电子文件背景、内容、结构及其整个管理过程的数据。

市政工程电子资料就是指某一市政工程在建设的全过程中，管理者或专业人员通过电子数字设备采集、制作及整理成的对国家和社会有保存、再利用价值的照片、录像带（盘）、光盘、数字装置等不同材质为载体的电子文件资料。它们主要以声、像资料为主，并辅以文字、图表、数据说明的历史原始记录。

二、DVD光盘的制作

1.《会声会影》软件介绍

由于电子计算机应用的迅速普及和各类应用软件的开发，越来越多的行政管理部门和产业行业将与日俱增的有效信息通过各种电子设备、数码设备进行采集、整理，然后在计算机软盘、硬盘、移动硬盘、光盘上进行存储，以便于保存和利用。采用数码成像技术，将现场的实况通过录音机、照相机、摄像机将其记录下来，进行适当的整理和编辑，将内容刻录在光盘上，组成的声像资料已是工程建设技术资料归档内容之一，所以了解和熟悉、掌握这一技术已成为当前我国工程建设施工企业现场资料员本岗位专业的知识内容。

将数码成像设备采集到的图像（也称视频）刻录制作成DVD光盘可以有很多种类的电子计算机软件来完成。《会声会影》软件是目前广泛采用的DVD光盘制作软件。目前最新的版本为《会声会影11》。《会声会影11》对于计算机系统的配置，主要考虑因素为硬盘的存储容量和运行速度，内存和芯片 CPU。这些配置的大小和高低决定了保存视频文件的容量，处理和渲染文件的速度，所以配置尽量要求高一些。对于常规和代理 HDV 编辑的系统需求如表 6-2 所列：

系统需求配置　　**表 6-2**

序号	名　称	基本配置及建议配置
1	CPU	Intel Petium4 处理器或以上中央处理器机型
2	操作系统	Windows 2000 sp4. xpsp 家用版/专业版、Windows vista 等
3	系统内存	>512MB（建议使用 1GB 以上内存）
4	硬盘	安装程序需要 1GB 可用空间；硬盘空间至少 4GB，用于图像整理和编辑；硬盘运行速度 7200r/min。（说明：用于制作 DVD 的 MPEG-1 图像捕获胜者 10min 时间需 100MB 容量；用于制作 DVD 的 MPEG-2 图像捕获胜者 10min 时间需 400MB 容量；用于 1h 的 DV 视频需要有 13GB 的硬盘空间）
5	驱动器	DVD-ROM
6	显示卡	≥16MB（为了避免在显示器屏幕上产生“雪花”点，甚至“马赛克”现象，建议显示卡采用 64MB 以上的显存）
7	显示器	至少支持 1024×768 像素的显示分辨率，24 位真彩显示的显示器
8	声卡	Windows 兼容的声卡（建议采用多声道卡，以便支持环绕音响效果）
9	其他	Windows 兼容的点击设备及 Windows 兼容的声卡

2. 声像原始资料的收集

DVD 声像资料制作的好坏，首先取决于原始资料的收集是否成功。原始资料的收集，必须符合真实性、正确性、完整性、时效性和可追溯性的要求。

（1）真实性。反映建设工程各方面情况的资料，首先要做到真实，资料采集人员必须亲自到现场进行收集和拍摄、录音，真实地、实事求是地将当场看到的、听到的内容用录音、摄像设备如实地记录下来。

（2）正确性。制作 DVD 声像资料都有一个目的，一个主题，例如反映工程质量情况、现场开展 QC（Quality Control，质量控制）活动情况，工地安全生产情况等，由于目的主题的不同，资料的采集也应符合主题的需要，不能张冠李戴，似是而非。到施工现场采集资料应该先进行策划，然后按冀索图，将符合要求的资料尽量多的采集起来。

（3）完整性。一项基本建设工程实施都有一个过程，一个起始点和终极点。作为工程建设的资料文件应该是反映这个工程建设的全过程，因此资料的采集过程也是工程实施的过程，这样，才能说该工程的资料文件真实地反映了工程建设的全过程和工程建设的历史见证。对于施工企业来讲，资料员要收集的资料从工程施工投标开始就要介入，直至工程施工完成后竣工验收、交付使用和保修期满，项目全部移交为止，按工程建设的城建档案管理要示，采集与整理好资料文件，保证了工程建设全部资料文件的完整性。

（4）时效性。建设工地现场的情况非常复杂，经常发生变化，可谓一天一个样，一消即逝，因此，抓住时机、抓住部位、抓住内容，在规定的时间和空间内对有效资料进行采集，是每个资料采集人员必备的工作能力。这种资料由于受到时间的制约，因此，采集人员一定要做到脑勤、手勤、眼勤、脚勤，只有这样，才能获得十分有效的声像资料。

(5) 可追溯性。建设工程资料有许多属于隐蔽性资料，事后很难再观察得到。便如：地下管线铺设工程、桩基础工程、临时支护工程、爆破工程、水下作业工程等。这类工程除了以纸质技术文件资料当时记录下来，以备事后了解，但当时当地的实际形象和行为无法再追索，而声像资料的采集和保存就能直接弥补上述的缺陷和事后的遗憾了。因此，对于具有可追溯性的声像资料一定要真实、认真地采集，这是十分重要的工程建设档案资料。

3.《会声会影 11》软件安装

在系统中安装《会声会影 11》软件，可以按以下步骤操作：

(1) 将《会声会影 11》的安装盘放入光盘驱动器内，Windows 操作系统将自动启动安装程序，单击《会声会影 11》进入安装向导界面，如果系统中曾安装过《会声会影》的旧版本，那么先将旧版本卸载（删除掉），并在安装《会声会影 11》前，将先前版本内容做好备份。

(2) 单击“下一步”指令，阅读许可协议内容，选择“我接受许可证协议中的条款”，再单击“下一步”指令。

(3) 在界面“客户信息”栏内，按照要求分别填注“用户名”、“公司名称”和软件（正版）包装盒中提供的“序列号”，再单击“下一步”。

(4) 选择好软件的安装路径后，单击窗口底的“确认”。

(5) 再单击“下一步”，选择“中华人民共和国”。

(6) 再单击“下一步”，选择“PAL/SECAM”。

(7) 再单击“下一步”，仔细阅读窗口显示的内容，确认安装设置无误。

(8) 再单击“下一步”，安装盘上《会声会影 11》所有软件内容就复制在计算机内的硬盘上了，然后安装窗口提示，将购买《会声会影 11》光盘时的赠送光盘置换光盘驱动器内的《会声会影 11》光盘，安装其他工具软件。

(9) 再单击“下一步”，计算机进行工具软件安装。

(10) 其他工具软件安装完成后，窗口会显示“安装程序已完成”字样，这时再单击窗口底下“完成”指令。这样《会声会影 11》DVD 制作软件就完成在计算机内的安装。

4.《会声会影 11》具有强大的编辑功能，完全支持 Sony JVC 等公司的磁带式及硬盘 HDV、HDD、AVCHD 制式的高清摄像机，不需要进行格式转换，就可直接捕获、剪辑、配音、编辑、输出（刻录光盘）高清画质的影片。

下面简单介绍《会声会影 11》的应用：

在计算机系统中安装了《会声会影 11》后，就可以通过双击 Windwos 桌面上《会声会影 11》的图标或者从 Windwos“开始”菜单中选择 Ulead Video Studio 11 程序组中的《会声会影 11》，这样第二种方法启动《会声会影 11》软件，这时界面就会显示“会声会影编辑器”、“影片向导”和“DV 转 DVD 向导”三种形式供你选用。

(1) 单击“会声会影编辑器”提示，就会进入《会声会影 11》的主程序界面，通过界面上各种功能框的点击，按照对话框要求，在会声会影编辑器中，可以通过捕获、编辑、效果、覆叠、标题、音频、分享等步骤，完成对采集内容的编辑。“会声会影”编辑器适合于中、高级对象，能够让你充分发挥想象力，制作成既有丰富内容，又具创作特色的声像光盘。

（2）单击“影片向导”提示，就会进入《会声会影 11》的影片向导程序。对于视频编辑的初学者，或者又想快速制作 DVD 光盘，那么可以采用“影片向导”来编排采集到的图像、音响资料、并进行剪辑，添加文字、图表、画像等内容，然后将最终的内容输出成视频文件，刻录到光盘上，或者输入“会声会影编辑器”内，进行更高级的视频编辑。

（3）单击“DV 转 DVD 向导”提示，就会进入《会声会影 11》的 DV 转 DVD 向导程序。如果不需要对影片进行剪辑想要快速地把 DV 带上从现场录制、拍摄的视频内容直接刻录成 DVD 光盘。步骤 1 ：选择“开始”→“所有程序”→“Ulead Video Studio11”命令，显示“会声会影”启动界面。步骤 2：单击《会声会影 11》启动界面上有个“刻录整个磁带”提示语，它是“会声会影”的一个非常重要功能，只要把 DV 通过 IEE1394 传输线接到计算机相应接口上，将 DV 切换到播放模式、启动“会声会影”的“影片向导”命令，在“设备”栏中选择要录制的设备名称，然后单击“捕获格式”中选定的 DVD 格式右侧的“V”钮，将 DVD 空白光盘放入计算机光驱内，单击“下一步”在操作界面上为影片制定名称、格式、质量等级、日期等信息内容后，单击“刻录”命令，DV 带中的影片就传输到计算机中，被刻录在光盘上了。

任务3 声 像 资 料 归 档

一、拍摄内容及数量

拍摄工程全过程，包括工程准备阶段、施工阶段及竣工阶段的内容。大工程每个单项工程拍摄照片数量不少于 60 张，录像素材带拍摄时间不少于 60 分钟，并制作工程资料片一部，长度在 5～10 分钟。

二、归档内容

1. 用普通相机拍摄的：照片及说明、底片；
2. 用数码相机拍摄的：照片及说明、光盘；
3. 录像素材带；
4. 资料片；
5. 根据实际形成情况，特别是重大活动时记录有关人员讲话的录像带及文字整理稿。

三、归档要求

1. 质量要求

（1）归档的文件必须是可读文件，在设备上演示或检测运转正常、无病毒、清洁、无划伤，确保文件的完整性和内容的准确性；

（2）一件载体只能录制同一工程项目的内容，不同的工程项目的声像档案不宜存放在同一载体中；

（3）照片分类、排列正确，说明完整，组卷规范；

（4）录像资料片、专题片需配解说词；

（5）录音的文字整理稿，应完整、准确地反映录音内容，录音带需简要说明讲话人的姓名、职务、录制日期等；

（6）标签内容填写完整。

2. 型号规格

（1）照片：可采用普通相机或数码相机拍摄。

1）采用普通相机拍摄的照片，底片使用普通胶片（彩色100ISO），照片一般为5寸光面彩照；

2）采用数码相机拍摄的照片，应使用像素在500万以上的相机，并将拍摄内容刻录在光盘上，要求每张照片大小为TIFF：15M、JPEG：2M或BMP：8M。

（2）录像：可采用数码带或模拟带拍摄。

1）采用数码带拍摄，应使用像素在200万以上的数码摄像机录制，并刻录DVD保存，确保普通DVD设备能正常播放；

2）采用数码相机拍摄的照片，应使用ET BETACAM专业摄像机录制，内容应保存在BETACAM录像带中；

3）录音带使用模拟带、数码带录制，录音带文字整理稿为XML、DOC、TXT、RTF格式的电子文件。

3. 拍摄要求

（1）构图完整、重点突出、曝光准确、影像清晰、画面完整，能准确反映建设工程的实际状况；

（2）每项单位工程拍摄的内容要覆盖工程建设全过程，各阶段拍摄的数量均要占一定比例。

4. 移交时间

照片、光盘、录像带、录音带拍摄、录制完成后，由承办单位整理并编写说明，与其他载体的工程竣工档案同时向城建档案馆移交。

任务4 声像资料整理

一、照片档案的整理要求

照片档案的整理应遵循有利于保持照片档案的有机联系，有利于保管、利用的原则。

1. 分类：在同一工程项目内应按照建设程序、工程部位（工序）、问题等进行分类。非工程施工活动的内容可按时间顺序或活动性质分类。单张照片或组合照片都可以作为一类，分类方案保持一致，不应随意变动。

2. 排列：应按照分类方案，结合时间和重要程序等进行排列。

3. 编号：照片号是固定和反映每张照片在整个工程项目照片中的代码，同一个工程项目的照片应连续编号，从“1”开始按顺序编号。

4. 入册：应按照分类、排列顺序将照片固定在芯页上，组成照片册。应使用国家规定的标准照片册。

5. 说明：分单张照片说明和组合照片说明两种。

（1）单张照片说明的格式：应采用横写格式，分段书写。其格式如下：

①题名；

②照片号；

③底片号；

④参见号；

⑤时间；

⑥摄影者；

⑦文字说明。

（2）单张照片说明的内容：

①题名应简明概括、准确反映照片的基本内容；

②照片号即照片的编号；

③底片号为档案保管单位底片的统一编号，由档案保管单位填写；

④参见号由档案保管单位填写；

⑤照片的拍摄时间用8位阿拉伯数字表示，如2007年5月6日拍摄，则拍摄时间表示为20070506；

⑥摄影者一般填写个人，必要时可加写单位；

⑦文字说明应综合运用事由、时间、地点、人物、背景、摄影者等要素，概括揭示照片影像所反映的主要信息；或仅对题名未及内容作出补充。其他需要说明的事项亦可在此栏表述，例如照片归属权不属于本单位的，应注明照片版权、来源等。

（3）单张照片说明的位置：单张照片的说明，可根据照片固定的位置，在照片的右侧、左侧或正下方书写。

（4）组合照片说明的填写

一组（若干张）联系密切的照片按顺序排列后，可拟写组合照片总说明。采用组合照片总说明的照片，其单张照片说明可以从简。组合照片总说明应概括揭示该组照片所反映的主要信息内容及其他需要说明的事项。应在组合照片总说明中指出所含照片的起止张号和数量。组合照片一般不宜越册。

6. 卷内目录的编制

照片整理成册后，每一册要编写卷内目录，卷内目录由序号、照片号、底片号、题名、拍摄时间、备注组成。卷内目录的条目应根据分类原则，按单张照片或组合照片填写，并按照片号排列。

二、底片档案的整理要求

底片应放入专用底片袋内保管，一张一袋，同时在该底片袋的右上角标明底片号，底片号与照片号应保持一致。底片的进馆编号由档案保管单位填写。

三、光盘、录像带、录音带档案的整理要求

1. 卷内目录的编制

光盘、录像带、录音带，应根据录制内容，制作卷内目录，将不同时段录制的内容逐段反映到卷内目录中。卷内目录由序号、录制时间、内容、录制者、备注组成。

2. 光盘、录音带、录像带的正面，录像带的脊背，应粘贴标签，标签内容包括：建设单位、工程项目、总登记号、档号。

项　目　小　结

市政工程资料的归档管理是指建设项目各参与单位，按照规范的要求对与工程建设有关的重要活动、工程建设主要过程和现状的记载，并将具有保存价值的各种载体的文件进行收集、按照《建设工程文件归档整理规范》GB/T 50328—2001的归档范围的基本原则整理立卷后归档。工程资料不仅由施工单位提供，而且参与工程建设的建设单位、承担监理任务的监理或咨询单位，都负有收集、整理、签署、核查工程资料的责任。

建设工程电子文件是建设电子文件的重要组成部分，它主要包括工程准备阶段电子文件、监理电子文件、施工电子文件、竣工图电子文件和竣工验收电子文件。建设电子档案电子文件必须具有真实性、完整性和有效性的特征。

照片、光盘、录像带、录音带拍摄、录制完成后，由承办单位整理并编写说明，与其他载体的工程竣工档案同时向城建档案馆移交。

光盘、录像带、录音带，应根据录制内容，制作卷内目录，将不同时段录制的内容逐段反映到卷内目录中。卷内目录由序号、录制时间、内容、录制者、备注组成。

复习思考题

1. 市政工程资料的归档依据是什么?
2. 电子文件与声像资料制作软件有哪些?
3. 声像资料归档内容有哪些?
4. 简述照片档案的整理要求。

项目7 施工资料编制软件应用

“品茗施工资料制作与管理软件”是一套建筑行业施工现场资料管理软件。该软件采用了最新的建筑工程施工质量验收检查用表和建设工程（施工阶段）监理工作基本表式等建设工程质量监督站规定的规范的建筑施工资料标准样式，是一套新版“《建筑工程施工质量验收规范》配套软件”。并且，该软件涵盖了施工现场所需的所有资料，包括：检验批资料、质量保证资料、工程管理资料、安全资料、监理资料等。

任务1 软件功能介绍

一、通用功能介绍

1. 主要功能

(1) 智能评定功能

软件自动根据国家标准和企业标准的数据对检验批进行等级评定，对不合格点自动标记“△”或“○”。

(2) 自动计算功能

包含计算的表格，软件自动计算。

(3) 验收数据逐级生成

检验批资料数据自动生成分项工程评定表数据、分部工程评定表数据。

(4) 填表示例功能

提供规范的填表示例，资料管理无师自通。用户可编辑示例资料形成新资料，大大提高资料填写效率。

(5) 图形编辑器功能

内嵌图形编辑器，可以灵活方便的绘制建设行业常用图形，直接嵌入表格。

(6) 施工日记

(7) 电子档案功能

为技术资料管理从纸质载体向光盘载体过渡提供优秀的解决方案。

2. 特色功能

(1) 新的模板目录

把市政工程各专业验收规范的表格，根据不同的分部子分部进行划分。

(2) 回收站表格还原

删除到回收站的表格可以还原到原位。

(3) 新的打印方式

支持后台打印快速打印。

(4) 某一施工阶段的表格可在该分部子分部的节点上创建

(5) 各类汇总表实时刷新

(6) 多个不同专业表格在一个工程中创建

在操作市政模板的时候可以打开安全台账模板，将安全台账模板的表格添加到当前工程中。

(7) 全新的在线升级模式，采用升级包，无需重新安装程序。

(8) 新的施工日记及混凝土试块送检智能提醒功能

改变传统的每天记载施工日记，只要记录每道工序的延续时间就可自动生成施工日记。

(9) 自动提醒混凝土、砂浆试块送日期

(10) 归档更灵活；数据关联：检验批对应数据直接导入到隐蔽记录表中。

3. 人性化功能

(1) 查找→定位功能

快速找表，随手创建。

(2) 快速打开最近创建的工程或表格

(3) 用户设置

提供否填写验收部位、表格编号、分项分组评定等多种功能。

(4) 随意输入带圈字符

二、市政专项功能介绍

1. 检验批数据导入到附属关联表格中。首先选择道路分部工程（图7-1）：路基中的检验批表格，输入要新建的部位名称：

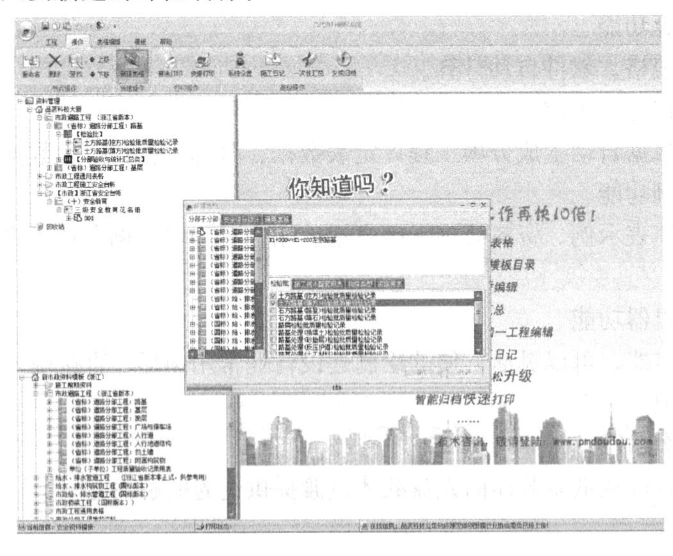

图7-1　道路分部工程案例

表格创建以后，打开附属生成的隐蔽工程检查验收记录表（图7-2），可以看到土方路基（挖方）检验批表中的主控项目和一般项目的内容出现在隐蔽工程检查验收记录表的隐蔽内容及检查情况一栏中：

而检验批表中有高程的偏差数据会导入到测量复核记录表中对应的高程偏差栏中，见图7-3，根据高程设计值及相关的高程偏差值，自动完成实测高程的计算。

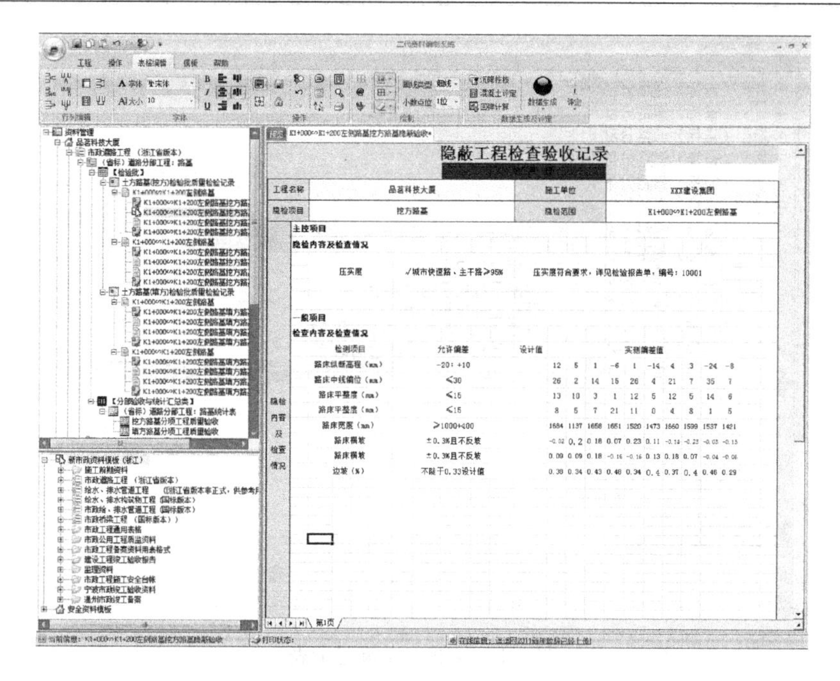

图 7-2　隐蔽工程检查验收记录表

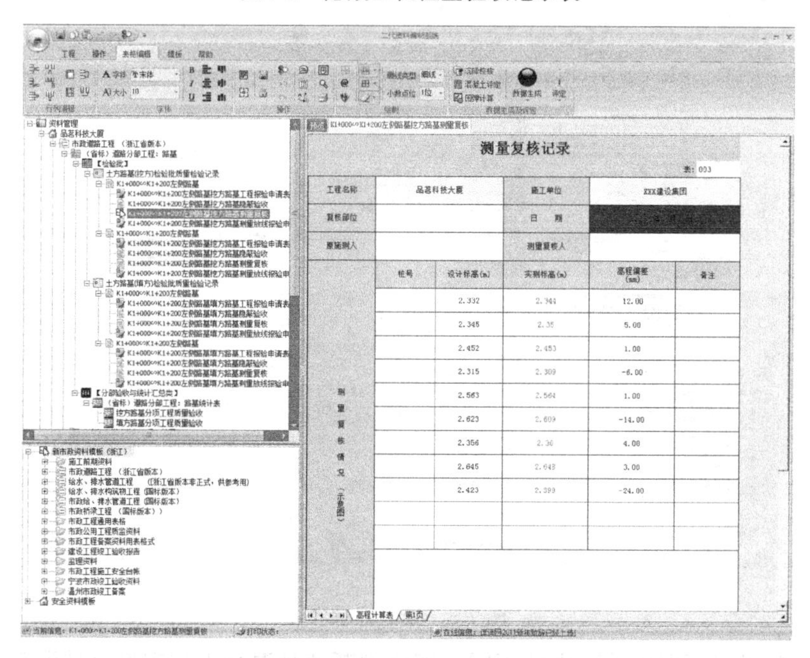

图 7-3　测量复核记录表

2. 智能编制混凝土试块见证记录

根据现场混凝土试块留置需要监理见证的原则，根据现场混凝土浇筑记录内容，智能实现见证记录的填写，选择（省标）道路分部工程：基层施工配套用表中的混凝土浇筑记录表新建（图 7-4）。

表格创建以后，生成相对应的见证记录表，混凝土浇筑记录中的关联数据自动导入到见证记录表（图 7-5）的相应单元内：

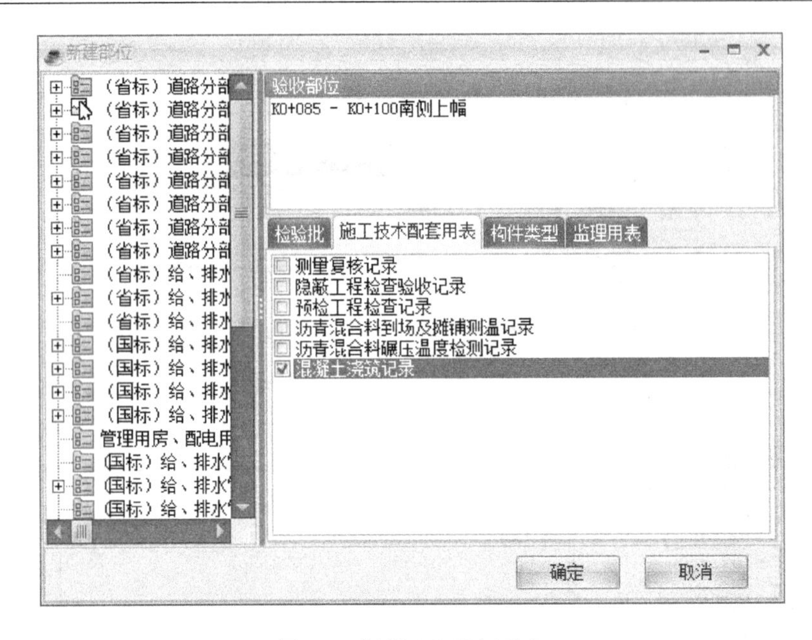

图 7-4　混凝土浇筑记录表

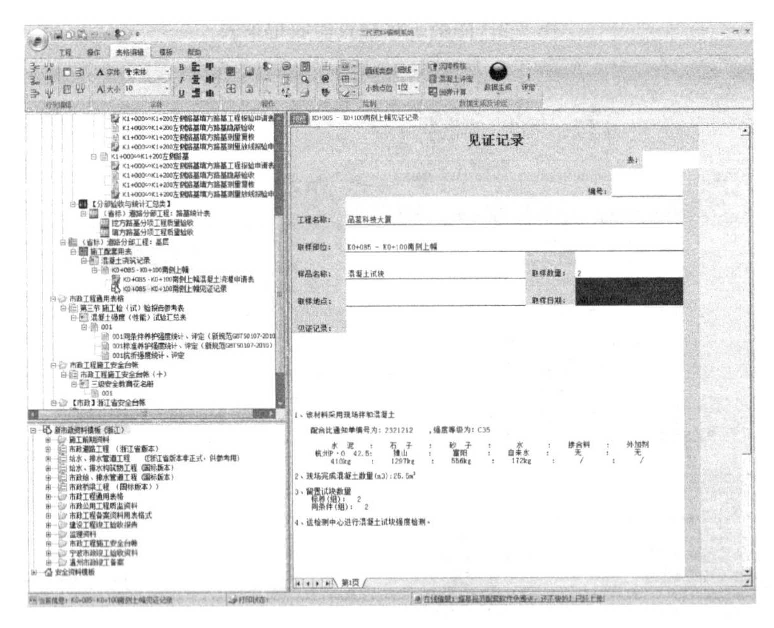

图 7-5　见证记录表

可根据现场采用混凝土种类的不同，智能判断商品混凝土与现场自拌混凝土。

3. 自动区分混凝土试块种类，智能识别评定功能

根据各种混凝土试块强度（性能）汇总表的内容，智能对不同强度等级的混凝试块实现自动区分、评定功能，选择市政工程通用表格→第三节 施工检（试）验报告参考表节点下的混凝土强度（性能）试验汇总表新建（图 7-6）。

表格创建以后，选中已创建表的节点右键，在弹出的右键菜单中鼠标左键点击“计算混凝土评定数据”项后，根据汇总表填写的数据内容自动生成，如图 7-7 所示。

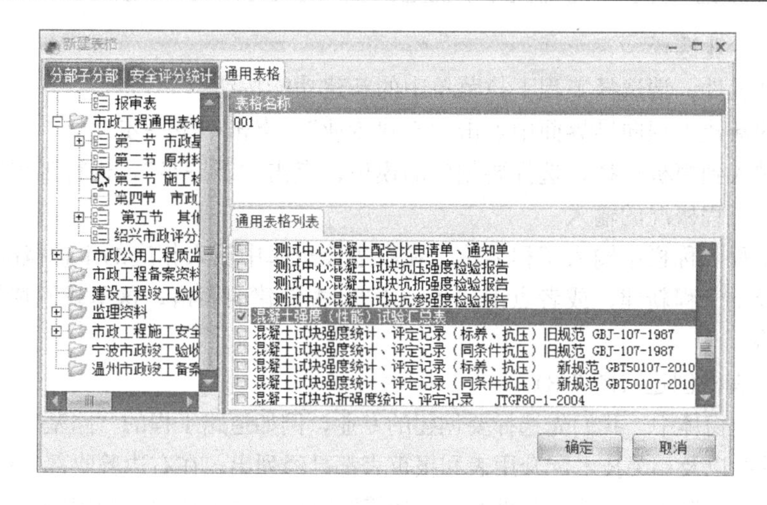

图 7-6　混凝土强度试验汇总表

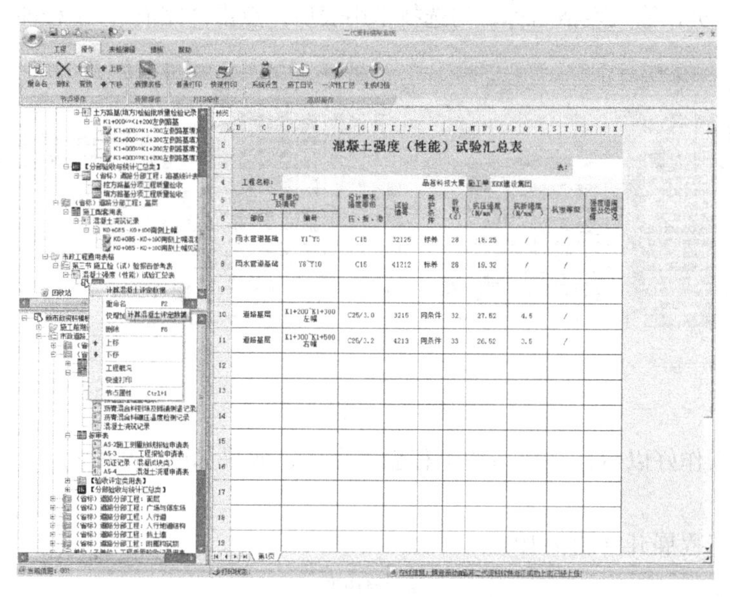

图 7-7　混凝土强度试验汇总表的数据自动生成

（1）表 1.1 同条件养护强度统计、评定表（新规范 GB/T 50107—2010）；

（2）表 2.1 标准养护强度统计、评定表（新规范 GB/T 50107—2010）；

（3）表 3.1 混凝土试块抗折强度统计、评定记录表（JTG F80/1—2004）。

双击打开上述表格，点击工具栏上的“混凝土评定”按钮，给出各表评定结果。

任务 2　软件操作与使用

一、新建工程

步骤一：软件登录

打开桌面上的快捷方式，启动品茗施工资料与制作软件二代，显示软件登录界面，输入用户名、密码，点击确定；默认用户名：admin，密码：admin。

步骤二：专业选择

首次打开软件，请选择工程下拉菜单中的新建功能按钮；

在弹出的新建工程向导界面中点击“土建专业”，点击“下一步”；

单击后进入到模板选择，选择要创建的模板，点击“下一步”，进行工程概况的填写。

步骤三：工程概况的输入

在左边工程名称栏中输入工程名称，在右边信息库中输入相应的工程概况，点击“确定”后，完成空工程新建，或者点击“下一步”，去创建的表格，这里我们选择“下一步”直接创建表格。

步骤四：表格创建（图 7-8）

在新建部位窗体中，我们先选择要创建的专业，例如道路工程的“路基”分部，这时该分部下的检验批以及相关技术配套用表和报审表都已经列出，在右边验收部位框输入相关的验收部位名称，勾选要创建的检验批表格，如需同时创建施工技术配套用表，点击“施工技术配套用表”插页，输入表格名称，勾选技术用表后，点击“完成”，工程即创建完毕。

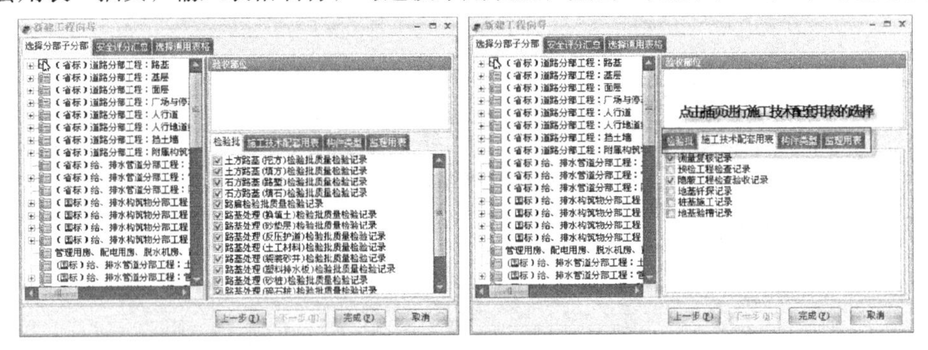

图 7-8　表格创建

上述步骤操作好以后，一个新的工程创建完毕，效果如图 7-9 所示：

二、表格编辑

步骤一：工程展开（图 7-10）

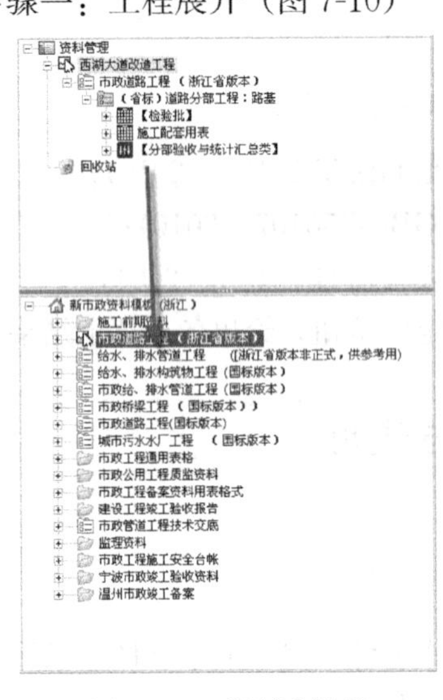

图 7-9　工程创建效果

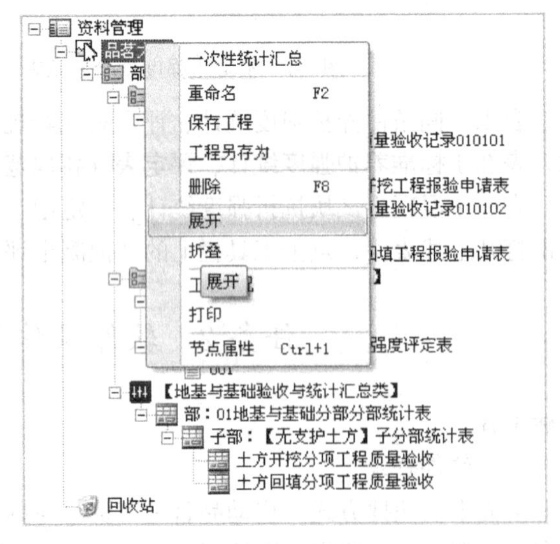

图 7-10　工程展开

工程建好后可以点击右键菜单的“展开”按钮，展开当前工程下所有的表格，见图 7-10。选择要编辑的表格双击，在右边的编辑区域进行表格编辑、修改。

步骤二：表格编辑

双击以后，表格出现在右边编辑区域内，工程条自动切换到表格编辑条，对表格的文字输入、学习数据生成、示例数据导入、检验批评定，都通过表格编辑栏条的按钮操作即可。

也可以多张表格同时打开，选中要编辑的表格，一张张双击添加到右边的编辑框即可。

三、保存表格

表格编辑完毕后，双击表格名称保存退出。也可以点击表格编辑的保存按钮保存。多表一起保存的话，可以选择工程工具栏中的保存工程来快速进行多表保存。

四、自动刷新（图 7-11）

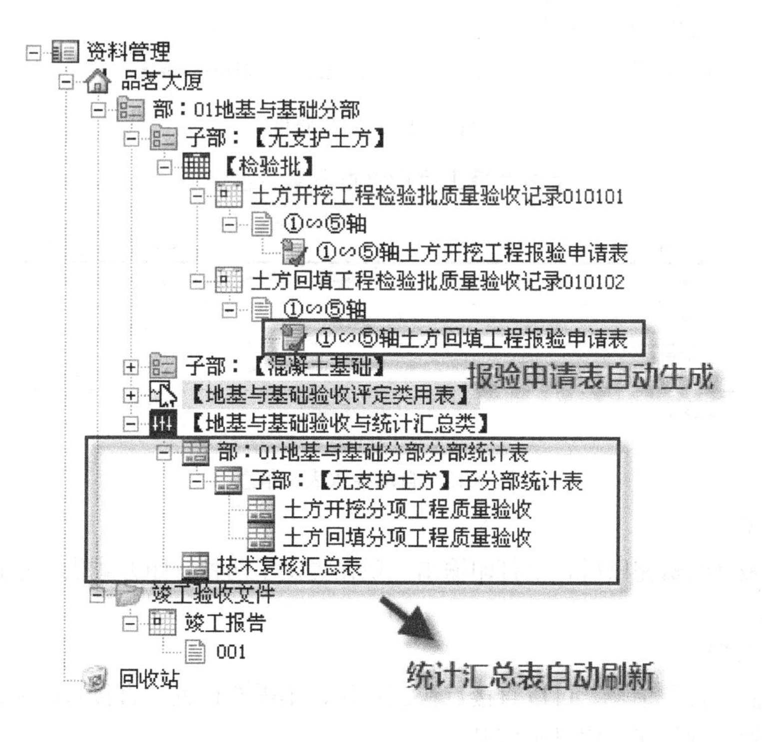

图 7-11　自动刷新

[小技巧]　填写检验批（图 7-12）

步骤一：双击某验收部位的检验批表格，进入表格编辑状态

步骤二：自动导入表头信息（图 7-13）

表头信息和顺序号已经自动导入，无需手动填写。

步骤三：评定（图 7-14）

填写好的实测数据需要进行评定，点击下图表格编辑条上的“评定”按钮，或选择评定下拉菜单中的“施工单位评定”或“监理单位评定”，系统给出评定结果。

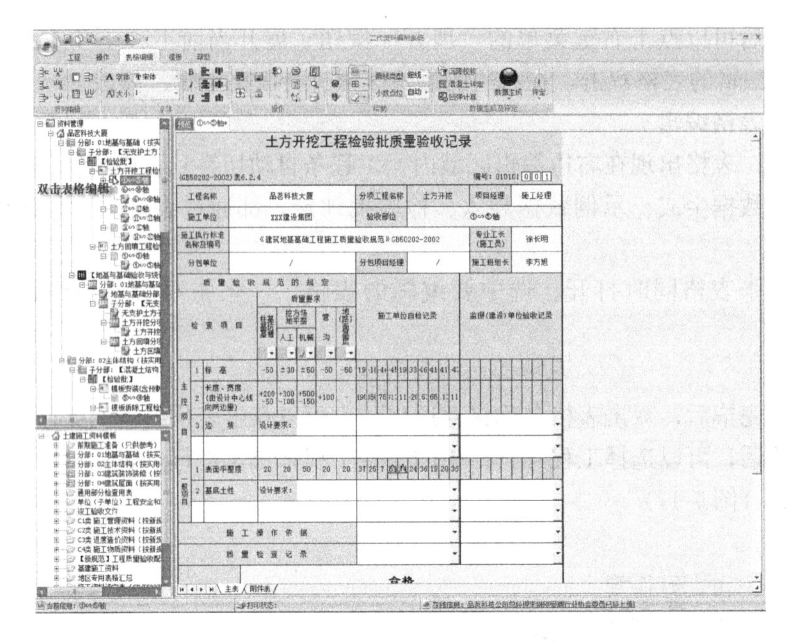

图 7-12　填写检验批

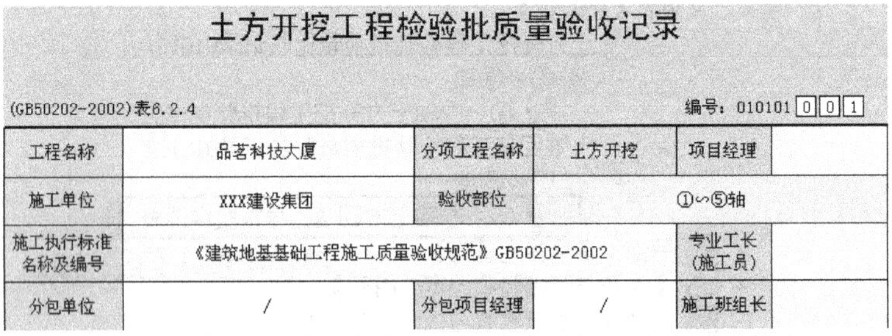

土方开挖工程检验批质量验收记录

(GB50202-2002)表6.2.4　　编号：010101 0 0 1

工程名称	品茗科技大厦	分项工程名称	土方开挖	项目经理	
施工单位	XXX建设集团	验收部位	①∽⑤轴		
施工执行标准名称及编号	《建筑地基基础工程施工质量验收规范》GB50202-2002			专业工长（施工员）	
分包单位	/	分包项目经理	/	施工班组长	

图 7-13　自动导入表头信息

五、表格打印

当所有表格编辑完以后，要打印输出。现在提供了两种打印方式供大家选择：普通打印和快速打印。

1. 快速打印

如果我们要打印单表，可以直接点快速打印，不需要设置，直接打印输出，是否打印成功可以查看软件的状态栏显示信息。

2. 普通打印

如果要多表打印，可以选择要打印的节点，例如“子部：‘无支付土方’”，再点击操作工具栏上的“普通打印”，在弹出的“打印管理”中点击“开始”，进行批量打印。

六、工程备份

默认当前工程是备份在软件的安装目录下，用户如需其他备份，只要选中要备份的工程，点击工程另存为按钮，在打开的备份界面中，输入要备份的文件名称，选择备份位置，点击保存即可。

需要打开备份工程，只要点击打开工程按钮选择保存工程所在的位置即可。

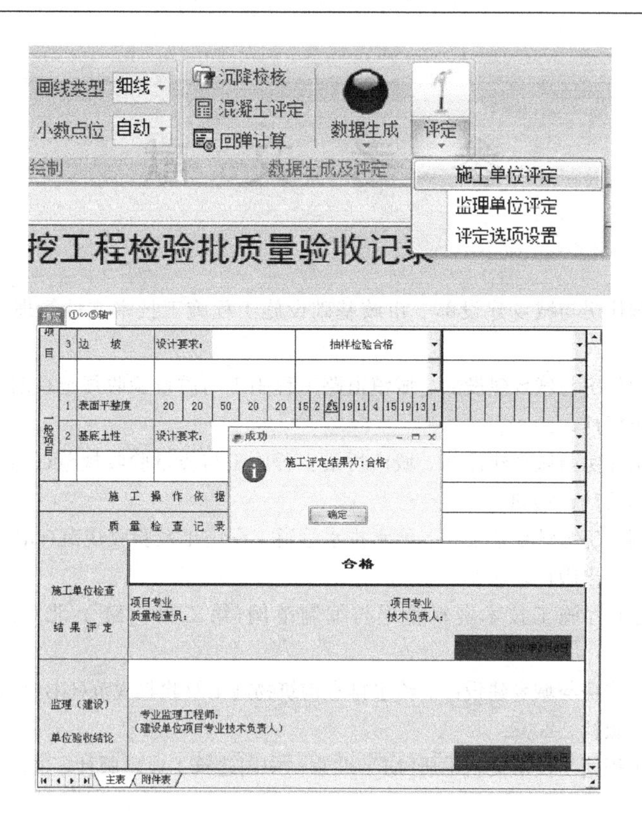

图 7-14　检验批质量评定

参 考 文 献

[1] 中华人民共和国住房与城乡建设部．市政基础设施工程施工技术文件管理规定(城建[2002]221号).

[2] 中华人民共和国住房与城乡建设部．城镇道路工程施工与质量验收规范(CJJ 1—2008)[S]. 北京：中国建筑工业出版社，2008.

[3] 中华人民共和国住房与城乡建设部．城市桥梁工程施工与质量验收规范(CJJ 2—2008)[S]. 北京：中国建筑工业出版社，2008.

[4] 中华人民共和国住房与城乡建设部．给水排水管道工程施工及验收规范(GB 50268—2008)[S]. 北京：中国建筑工业出版社，2008.

[5] 王云江．市政工程施工技术资料管理与编制范例(第二版)[M]. 北京：中国建筑工业出版社，2011.

[6] 中华人民共和国住房与城乡建设部．给水排水构筑物施工及验收规范(GB 50141—2008)[S]. 北京：中国建筑工业出版社，2008.

[7] 李士轩．市政工程施工技术资料手册[M]. 北京：中国建筑工业出版社，2001.